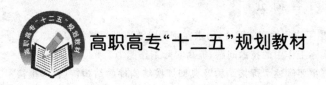

高职高专"十二五"规划教材

典型焊接结构件加工

主　编　闫　霞　罗　意
副主编　陈建华　　陈群燕
主　审　高卫明

北京航空航天大学出版社

内 容 简 介

本书根据高职高专教育培养目标编写，突出了应用性和实践性，力求在阐明必要典型焊接结构件加工所需基础知识和理论的同时，能够帮助读者解决实际工作中的技术问题，提高实际工作能力。

全书共分九个学习情境，学习情境一、二、三主要阐述了焊接结构及典型焊接结构件的结构特点、焊接接头的基本知识、焊接接头的强度与计算及焊接应力与焊接变形；学习情境四、五阐述了焊接结构零件的备料加工、焊接结构的装配、焊接工艺及装备所必备的基础知识；学习情境六主要阐述了焊接结构工艺性审查的目的、步骤、内容和焊接结构加工工艺规程编制的原则、主要内容及步骤；学习情境七重点阐述了学习情境五中典型焊接结构(压力容器、桥式起重机桥架、船舶、车辆板壳、飞机起落架和油箱)的加工工艺；学习情境八阐述了焊接结构生产组织与安全技术；学习情境九阐述了焊接结构课程设计的目的和设计说明书规范且通过实例分析加深其理解。每个学习情境均附有思考与练习题。

本书可作为高职高专院校焊接专业教材，也可供从事焊接专业工作的工程技术人员参考。

图书在版编目(CIP)数据

典型焊接结构件加工 / 闫霞等主编. --北京 ：北京
航空航天大学出版社,2013.11
ISBN 978 - 7 - 5124 - 1215 - 6

Ⅰ. ①典… Ⅱ. ①闫… Ⅲ. ①焊接结构—焊接工艺
Ⅳ. ①TG44

中国版本图书馆 CIP 数据核字(2013)第 179759 号

典型焊接结构件加工

主编 闫霞 罗意

责任编辑 李宁

*

北京航空航天大学出版社出版发行

北京市海淀区学院路 37 号(邮编 100191)　http://www.buaapress.com.cn
发行部电话:(010)82317024　传真:(010)82328026
读者信箱: goodtextbook@126.com　邮购电话:(010)82316936
北京时代华都印刷有限公司印装　各地书店经销

*

开本:787×1 092　1/16　印张:18.75　字数:480 千字
2013 年 11 月第 1 版　2013 年 11 月第 1 次印刷　印数:3 000 册
ISBN 978 - 7 - 5124 - 1215 - 6　定价:34.00 元

前　言

本书是为了加强职业教育教材建设,满足职业院校深化教学改革对教材建设的要求,并根据高等职业学校焊接专业教学计划和职业教育培养目标组织编写的。在编写过程中,从现代高职人才培养目标出发,注重教学内容的实用性,特别是结合焊接专业技术岗位特点及培养符合社会的高级焊接技能型人才需要,结合生产实际组织内容,以满足焊接工程技术人员及各级焊工对焊接结构加工知识的要求。本书图解丰富、直观,内容通俗易懂;编写模式新颖,将需要掌握的知识点进行分解,以学习情境、任务分析、相关知识、工作过程作为层次进行编写,每个学习情境开始部分安排有"知识目标",学习情境末安排有"思考与练习题",部分学习情境中还编写了扩展与延伸等内容,满足使读者接触更多新知识的需要。

本书主要介绍焊接结构的基本知识;焊接应力与焊接变形;焊接结构零件的备料加工;焊接结构的装配、焊接工艺及装备;焊接结构工艺性审查与工艺规程;典型焊接结构的加工工艺;焊接结构生产组织与安全技术;焊接结构课程设计及实例分析。为便于教学,本书配备了电子教案和课件。本书既可作为高等职业技术院校焊接技术及自动化专业的教材,也可作为各类成人教育焊接专业的教材及各级焊工职业技能鉴定培训教材,同时可供有关工程技术人员参考。

本书由闫霞(学习情境一、二、六)、罗意(学习情境七)、四川中达石化装备有限公司总工程师陈建华(学习情境八)、山东淄博职业学院教师陈群燕(学习情境三、四)、提学超(学习情境五、九)共同编写;闫霞、罗意任主编,陈建华、陈群燕任副主编,高卫明任主审。在编写过程中,得到了参编、参审单位以及许多学校和工厂有关人员的大力支持和热情帮助,并为本书提供了资料,在此一并表示衷心感谢。

由于编者水平有限,书中难免存在错误和不妥之处,恳请广大读者批评指正。

编　者

目　　录

学习情境一　绪论

知识目标

1. 了解焊接结构的发展现状与前景。
2. 了解焊接结构的特点、分类及应用领域。
3. 清楚认识焊接结构的生产工艺过程。
4. 明确本课程的性质、主要内容和学习目标。

任务一　焊接结构概述

一、任务分析

本任务介绍了焊接结构的发展现状与前景；焊接结构的特点、分类及应用领域。目的是想让读者认识到焊接结构在现代工业发展中的重要地位。接着又介绍了焊接结构的生产工艺过程，让读者对焊接结构的生产有了整体的认识，为以后章节的学习做好了铺垫。

二、相关知识

（一）焊接结构的发展现状与前景

焊接结构是将各种经过轧制的金属材料及铸、锻等坯料采用焊接方法制成能承受一定载荷的金属结构。焊接结构的用钢量是衡量一个国家焊接技术总体水平的重要指标。根据 115 家企业提供的数据计算，我国企业当前焊材与钢材的比例为 1.82%。但考虑到所统计的企业中小型企业少，大多是中型以上企业，而小型企业焊条用量比中型以上企业焊条用量多很多，因此将这个比例数比较保守地调整为 2%。我国 2002 年消耗的焊接材料总量（包括进口）按 147 万吨计算，可焊的钢总量约为 7 350 万吨，而 2002 年钢产量为 1.85 亿吨，因此焊接结构的用钢量约占钢产量的 40%。可见，我国焊接加工的钢材总量大于其他冷、热加工方法。即使是这样，我国还是落后于工业发达国家。将收集到的日本和苏联在 20 世纪 80 年代经济发展较快时期年焊接结构用钢量的数据汇总分析。苏联焊接用钢量达到 60%，而日本超过 70%，其他发达国家大多在这个范围之内。我国钢产量还将继续增长，预计近年内将会提高到 2 亿吨以上。同时焊接结构的用钢比例也将逐步趋向 60% 的目标，国民经济建设中焊接的工作量将成倍地增加。焊接技术将迎来一个新的发展。

（二）焊接结构的特点、分类及应用领域

1. **焊接结构的特点**

设计和制造焊接结构时必须充分熟悉它的特点。与铆接、螺栓连接的结构相比，或者与铸造、锻造方法制造的结构相比，焊接结构具有下列特点：

（1）焊接接头强度高。铆钉或螺栓结构的接头，需要预先在母材上钻孔，因而削弱了接头的工作截面，其接头的强度低于母材，约低 20%。而现代的焊接技术已经能做到焊接接头的

强度等于甚至高于母材的强度。

(2) 焊接结构设计的灵活性大，主要表现在：

1) 焊接结构的几何形状不受限制。铆接、铸造和锻造等连接方法在制造空心封闭结构上很困难，但焊接技术可以解决这一难题。

2) 焊接结构的壁厚不受限制。被焊接的两个构件，其厚度可厚可薄，而且厚与薄相差很大的两个构件也能相互连接。

3) 焊接结构的外形尺寸不受限制。任何大型的金属结构，都可以在起重运输条件允许的尺寸范围，把它划分成若干个部件，分别制造，然后吊运到现场组装焊接成整体。铸造或锻造结构均受自身工艺和设备条件限制，外形尺寸不能做得很大。

4) 可以充分利用轧制型材焊成所需的结构。这些轧制型材可以是标准的，也可以是按需要设计成专用的，这样的结构质量轻，焊缝少。

5) 可以和其他工艺方法联合制造。例如设计成铸-焊、锻-焊、栓-焊和冲压-焊接等联合的金属结构。

6) 异种金属材料可以焊接。在一个结构上，可以按需要在不同的部位配置不同性能的金属，然后把它们焊接成一个实用的整体，以充分发挥材料各自的性能，做到物尽其用。

(3) 焊接接头密封性好。焊缝处的气密性能和水密性能是其他焊接方法无法比拟的。特别在高温、高压容器结构上，只有焊接才是最理想的连接方式。

(4) 焊前准备工作简单。近些年数控精密切割设备的发展，对于各种厚度或形状复杂的待焊件，不必预先划线就能直接从板料上切割出来，一般不需再机械加工就能投入装配和焊接。

(5) 结构的变更与改型快且容易。铸造需预先制作模样与铸型，锻压需制作模具等，生产周期长、成本高。而焊接结构可根据市场需求，很快改变设计或者转产其他类型焊接产品，并不因此而增加很多投资。

(6) 最适于制作大型或重型的、结构简单的而且是单件小批量生产的产品结构。由于受设备容量的限制，铸造或锻造制作大型金属结构困难，甚至不可能。对于焊接结构来说，结构越大越简单就越能发挥它的优越性。但是，对于结构小、形状复杂，而且是大批量生产的产品，从技术和经济上就不一定比铸造或锻造结构优越。随着焊接机器人的应用和发展，以及柔性制造系统的建立，焊接结构生产的这种劣势也将改变。如果在结构设计上能使焊缝有规则地布置，则很容易地实现高效率的机械化和自动化的焊接生产。

(7) 成品率高。如果出现焊接缺陷，修复容易，很少生产废品。

(8) 焊接结构对应力集中敏感。因为焊接结构中焊缝与基本金属组成一个整体，并在外力作用下与它一起变形，所以焊缝的形状和布置必然影响应力的分布，使应力集中在较大的范围内变化，从而严重影响结构的脆断和疲劳。

(9) 焊接结构有较大的残余应力和变形。绝大多数焊接方法采用局部加热，故不可避免会产生内应力和变形。焊接应力和变形不但容易引起工艺缺陷，而且影响结构的承载能力，还影响结构的加工精度和尺寸稳定性。

(10) 焊接结构的性能不稳定。由于焊缝金属的成分和组织与基本金属不同，以及焊接接头所经受的不同热循环和热塑性应变循环，所以焊接接头不同区域具有不同性能，形成一个不均匀体。

（11）焊接是不可拆卸的连接。焊接是使两个材料的原子或分子之间产生结合力的一种连接方法,只有把起连接作用的焊缝破坏后才能分开,再重装十分困难,也不易复原。而铆接和螺栓连接是机械连接,拆卸和重装很方便,并不破坏其原状。

2. 焊接结构的分类

焊接结构的种类繁多,其分类方法也不尽相同。

（1）按半成品的制造方法可分为板焊结构、冲焊结构等。

（2）按照结构的用途可分为车辆结构、船体结构、飞机结构等。

（3）根据焊件的材料厚度可分为薄壁结构和厚壁结构。

（4）根据焊件的材料种类可分为钢制结构、铝制结构、钛制结构等。

（5）根据焊接物体或结构的工作特性可分为梁及梁系结构、柱类结构、格架结构桁架、(如网络钢架和骨架等)、骨架结构(如船体骨架、客车棚架及汽车车厢和驾驶室等)、壳体结构(如容器、贮器和管道等,多用钢板焊制而成)、机器和仪器的焊接零件(属于该类结构的有机座、机身、机床横梁及齿轮、飞轮和仪表枢轴等)。

3. 焊接结构的应用领域

随着焊接技术的发展和进步,焊接结构的应用越来越广泛,焊接结构几乎渗透到国民经济的各个领域,如工业中的石油与化工机械、重型与矿山机械、起重与吊装设备、冶金建筑、各类锻压机械等;交通运输业中的汽车、船舶、车辆、拖拉机的制造;能源工业中的常规兵器、火箭、深潜设备;航空航天技术中的人造卫星和载人飞船等。甚至对于许多产品,例如用于核电站的工业设备以及开发海洋资源所必需的海上平台、海底作业机械或潜水装置等,为了确保加工质量和后期使用的可靠性,除了采用焊接结构外,难以找到比焊接更好的制造技术,也难以找到比只有通过焊接工艺才能保证这些机械结构满足其使用性能要求的更好的其他方法。

（三）焊接结构的生产工艺过程

焊接结构的生产工艺过程是根据生产任务的性质、产品的图样、技术要求和工厂条件,运用现代焊接技术及相应的金属材料加工和保护技术、无损检测技术来完成焊接结构产品的全部生产过程的各个工艺过程。由于焊接结构的技术要求、形状、尺寸和加工设备等条件的差异,使各个工艺过程有一定区别,但从工艺过程中各工序的内容以及相互之间的关系来分析,它们又都有着大致相同的生产步骤,即生产准备、材料加工、装配与焊接、质量检验与安全评定。

1. 生产准备

为了提高焊接产品的生产效率和质量,保证生产过程顺利进行,生产前需要作好以下准备工作。

（1）技术准备。首先研究将要生产的产品清单。因为在清单中按产品结构进行了分类,并注明了该产品的年产量,即生产纲领。生产纲领确定了生产的性质,同时也决定了焊接生产工艺的技术水平。其次研究和审查产品施工图样和技术条件,了解产品的结构特点,进行工艺分析,制定整个焊接结构生产工艺流程,确定技术措施,选择合理的工艺方法,并在此基础上进行必要的工艺试验和工艺评定,最后制定出工艺文件及质量保证文件。

（2）物质准备。根据产品加工和生产工艺要求,订购原材料、焊接材料以及其他辅助材料,并对生产中的焊接工艺设备、其他生产设备和工夹量具进行购置、设计、制造或维修。

2. 材料加工

焊接结构零件绝大多数是以金属轧制材料为坯料,所以在装配前必须按照工艺要求对制造焊接结构的材料进行一系列加工。其中包括以下两项内容:

(1)金属材料的预处理。主要包括验收、储存、矫正、除锈、表面保护处理和预落料等工序,其目的是为基本元件的加工提供合格的原材料,并获得优良的焊接产品和稳定的焊接生产过程。

(2)基本元件加工。主要包括划线(号料)、切割(下料)、边缘加工、冷热成型加工、焊前坡口清理等工序。基本元件加工阶段在焊接结构生产中约占全部工作量的 40%～60%。因此,制定合理的材料加工工艺,应用先进的加工方法,保证基本元件的加工质量,对提高劳动生产率和保证整个产品质量有着重要的作用。

3. 装配与焊接

装配与焊接在焊接结构生产中是两个相互联系又有各自加工内容的生产工艺。一般来讲,装配是将加工好的零件,采用适当加工方法,按照产品图样的要求组装成产品结构的工艺过程。而焊接是将已装配好的结构,用规定的焊接方法和焊接工艺,使零件牢固连接成一个整体的工艺过程。对于一些比较复杂的焊接结构总是要通过多次焊接、装配的交叉过程才能完成,甚至某些产品还要在现场进行再次装配和焊接。装配与焊接在整个焊接结构制造过程中占有很重要的地位。

4. 质量检验与安全评定

在焊接结构生产过程中,产品质量十分重要,因此生产中的各道加工工序中间都采用不同的方法进行不同内容的检验。焊接产品的质量包括整体结构质量和焊缝质量。整体结构质量是指结构产品的几何尺寸、形状和性能,而焊缝质量与结构的强度和安全使用有关。不论采用工序检查还是成品检查,都是对焊接结构生产的有效监督,也是保证焊接结构产品质量的重要手段。

焊接结构的安全性,不仅影响经济的发展,还关系到人民群众的生命安全。因此,发展与完善焊接结构的安全评定技术和在焊接生产中实施焊接结构安全评定,已经成为现代工业发展与进步的强烈要求。

图 1-1 所示为焊接结构生产的一般步骤及主要步骤。

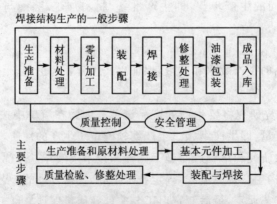

图 1-1　焊接结构生产的一般步骤及主要步骤

任务二　本课程的性质、主要内容和学习目标

一、任务分析

本任务明确了本课程的性质和学习目标,交代了授课的主要内容,提出了教学的方法与思想。使读者对本课程的学习有了全面、清楚的认识。

二、相关知识

(一) 本课程的性质与主要内容

本课程是焊接技术及自动化专业学生的必修课之一。它的主要任务是使学生具备焊接生产的基础知识和基本技能,为今后从事焊接专业或相关专业的工作打下基础。本书以焊接结构的基本知识和焊接结构、接头形式、焊接变形和焊接应力为基础,全面介绍了焊接结构零件的加工工艺、装配与焊接工艺及其所用工艺装备、典型产品加工工艺过程、焊接结构生产组织与安全技术和课程设计等方面的知识。

(二) 本课程的学习目标

通过本课程的教学,学习者应达到以下学习目标:

(1) 具备焊接结构生产准备能力。通过学习和实践训练,初步掌握容器、桁架焊接结构制造的一般工艺流程,并合理地制定工艺规程;掌握容器、桁架焊接结构下料方法、设备与成型工艺、设备;掌握容器、桁架零部件装配、焊接定位原理、装配工艺、焊接工艺。

(2) 具备结构生产施工能力。通过学习与实践训练,掌握焊条电弧焊、CO_2 气体保护焊、埋弧焊、氩弧焊等多种焊接设备的使用、操作与基本维护能力;能够根据技术及工艺要求进行焊接施工,同时了解容器、桁架焊接结构生产中常用的工艺装备的功能作用,并掌握一定工艺装备的选择。

(3) 具备焊接结构矫正与后处理能力。通过学习与实践训练,掌握焊接结构矫正的基本方法与操作;能够根据材料、工作环境及工艺要求进行正确的焊前、中后热处理。

(三) 实践性教学的方法与思想

本课程是一门实践性很强的专业课程,学习本书除了综合应用本专业已经学过的有关知识外,还应调整和总结自己的学习方法。首先要注意理论与实践的联系,在认识理解基础知识的基础上,善于捕捉焊接结构中的每一个实际问题,从中学习分析解决工程实际问题的基本方法。基于课程的特点,在教学实施过程中,根据教学内容需要将教学地点设在教室、实训室和产品生产现场。为保证教学效果,本课程开设前应安排学生到企业现场认知实习;课程结束后,安排学生在校内生产性实训基地实习;课程进行中,根据教学内容需要适时安排在校内焊接实训室或校外生产车间进行现场教学,校企教师边教、边示范,学生边学、边实践。提高学生对知识的综合运用能力,培养学生独立分析问题和解决问题的能力。

学习情境二　焊接结构的基本知识

知识目标

1. 了解典型焊接结构的特点。

2. 熟悉焊接接头和焊缝的基本形式，并能够根据实际情况选择相应的接头和焊缝形式。

3. 了解焊缝的符号的表示方法。

4. 明确焊接结构的生产工艺过程。

5. 了解典型焊接接头的工作应力分布情况，会对典型焊接接头进行强度计算。

6. 了解引起焊接结构脆断的原因，并能够根据脆断原因采取防止脆断的措施。

7. 了解焊接结构疲劳强度的影响因素，掌握提高焊接结构疲劳强度的措施。

任务一　焊接结构的基本构件

一、任务分析

本任务主要介绍了机器零部件焊接结构、锅炉、压力容器和管道焊接结构、梁、柱焊接结构、船舶焊接结构、车辆板壳结构、航空航天结构等典型焊接结构的特点，使读者对典型焊接结构有初步的认识，为后续章节中典型结构的加工学习作准备。

二、相关知识

下面介绍几种典型的焊接结构的特点。

（一）机器零部件焊接结构

机械零部件焊接结构主要包括金属切削机床大件（床身、立柱、横梁等）、压力机机身、减速器箱体、传动零件（轮类零件、筒体及偏心体、摇摆轴、轴承支座、连杆及摇臂等）以及其他大型机器零件等。这类结构通常是在交变载荷或多次重复载荷状态下工作的，因此这类焊接结构要求具有良好的动载性能和刚度，保证机械加工后的尺寸精度和使用稳定性等。下面介绍几种典型机械焊接构件的特点。

1. 金属切削机床大件

在金属切削机床中，尺寸和重量都较大的床身、立柱、横梁、工作台、底座、箱体等构件，统称为机床大件。过去采用铸造结构，为了提高机床的使用性能和降低生产成本，切削机床逐渐采用了焊接结构。其特点是可减轻结构重量；缩短生产周期和降低成本，尤其单件小批生产的大型和重型机床，采用焊接结构的经济效果更加明显。

生产中，床身选用轧制的板材和型钢组焊而成，可选用低碳钢和普通低合金结构钢作为基体材料。要求焊接床身具有较好的尺寸稳定性，主要是控制焊接变形和残余应力的问题。采用减小焊接变形的合理结构，减少焊缝数量，还可将复杂的结构分解成几个部件进行制造和矫正，尽量减少最后总装焊时的焊缝数量。残余应力通常采用热处理的办法加以消除。钢的减振性能不如铸铁,但减振性可以通过构造形式的设计加以改善。例如为了提高床身的减振性能,在结构允许的情况下,向工件的内腔等部位填充(如混凝土等)吸振材料,使床身的减振性能大大提高。

2. 压力机机身

压力机是在锻压生产中得到广泛应用的锻压设备之一。它几乎可以完成所有的锻压工艺。压力机主要分为机械压力机和液压机两大类,其中尤其以机械压力机在汽车制造等领域应用最为广泛。机械压力机和液压机的工作条件有区别,但其机身结构形式却是类似的,立式的机身结构都设计成开式的或闭式的,如图 2-1 所示。在机械压力机中,最为典型的结构为闭式组合式压力机,如图 2-2 所示。

压力机加工的零件精度要求比切削加工件低,但在运行过程中会产生很大的作用力要由机身承受,因此压力机除保证必要的刚度要求外,还要求具有较高的强度。

焊接机身主要承受动载荷的作用,因此生产过程中应尽可能降低关键部位的应力集中,以免产生疲劳破坏。焊接完成后,还要经过热处理消除残余应力。

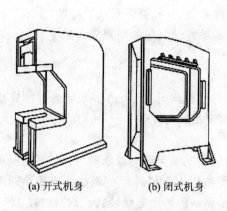

(a) 开式机身　　　(b) 闭式机身

图 2-1　压力机机身结构基本形式

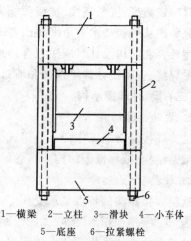

1—横梁　2—立柱　3—滑块　4—小车体
5—底座　6—拉紧螺栓

图 2-2　压力机结构示意图

3. 减速箱体焊接结构

减速箱是安装传动轴的基体,要求箱体具有足够的刚度。采用焊接钢结构箱体能获得较大的强度和刚度,且结构紧凑,成本低。钢制箱体比铸铁箱体轻很多,特别适用于起重机、运输机械等经常运动的结构上。生产中,一般把整个箱体沿某一剖面划分成两半,分别加工制造,然后在剖分面处通过法兰和螺栓把两个半箱连接成整体。

剖分面上的 3 个轴承座连成一个整体(在一块厚钢板上用精密气割切成),轴承座下侧用垂直肋板加强,并与壁板焊接成整体。壁板焊接时必须采用连续焊缝以防止渗漏,焊后还应进行渗漏检查。下箱体主要承受传动轴的作用力并与地基固定,因此必须采用较厚的钢板(特别是底板和法兰)。箱体选用的材料多为低碳钢,焊接成形后必须热处理消除残余应力。

4. 轮的焊接结构

轮可分为工作部分和基体部分,工作部分是直接与外界接触并实现轮的功能的部分,如齿轮巾的轮齿等;基体部分对工作部分起支承和传递动力的作用,由轮缘、辐板和轮毂组成。图 2-3 所示为焊接轮体的组成。

焊接齿轮结构有以下特点：

（1）按齿轮结构受力条件可使用不同强度等级的材料，如以中碳合金结构钢作齿圈，Q345钢作轮辐，普通碳钢作轮毂，最大限度地合理使用材料。其力学性能、承载能力及经济效果均超过整体铸件的铸造齿轮。

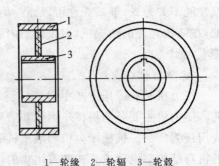

（2）结构紧凑，体积小，用料省，使齿轮的整体重量减轻，满足向轻量化发展的趋势。

（3）不需制模，生产周期缩短。

1—轮缘　2—轮辐　3—轮毂

图2-3　焊接轮体的组成

（二）锅炉、压力容器和管道焊接结构

锅炉、压力容器与管道是各工业部门不可缺少的重要生产装备，用于供热、供电、生产及储存和运输各种工业原料及产品，完成工业生产过程必需的各种物理过程和化学反应。这些工业装备的运行条件相当复杂和苛刻。因此，这些结构有时候不仅要求承受内压和高温，还要经受各种介质的腐蚀。这就要求结构上的焊接接头不仅应具有良好的水密性和气密性，还要求其具有一定强度、抗断裂性、抗疲劳能力及抗腐蚀能力。因此，在设计和制造这些工业装备时，要充分考虑从焊接技术的角度提出基本要求。例如在选材时，应首先选用焊接性良好的材料。在强度计算和结构设计时应注意合理地选取焊缝强度系数、开孔补强形式。除此之外，还要合理布置焊缝、正确设计焊接接头和坡口形式、避免结构不连续引起的局部应力集中。

（三）梁、柱焊接结构

1. 梁及梁系结构

这类焊接结构的工作特点是组成梁系结构的元件受横向弯曲，当由多根梁通过刚性连接组成梁系结构（或称框架结构）时，各梁的受力情况将变得较为复杂。

2. 柱类结构

这类焊接结构的特点是承受压应力或在受压的同时又承受纵向弯曲应力。结构的断面形状多为"工"字形、"箱形"或管式圆形断面。柱类焊接结构也常用各种型钢组合成所谓的虚腹虚壁式组合截面。采用这些形式都可增大惯性矩，提高结构的稳定性，同时节约材料。

（四）船舶焊接结构

船舶是一种在水中（或水下）的浮动结构物。其船体（俗称船壳或壳体）是由一系列板材和骨架（简称板架）所组成的。板材和骨架间相互连接，又相互支持。骨架是壳体的支撑件既提高了壳板的强度与刚度，又增强了板材的抗失稳能力。船体结构的组成及其板架简图如图2-4所示。

与铆接相比，船舶焊接有着巨大的优越性：

（1）焊接船舶结构形式合理，性能优良，密封性好。

（2）船舶焊接结构节省材料，增加效益。

（3）船舶焊接技术适应性强，特别适合船舶结构的复杂性。

（4）船舶焊接工艺生产率高，设备投资少。

（5）船舶焊接结构劳动条件较好。

但也存在不足，例如焊接结构的刚性大，整体性强，结构中存在应力集中区，往往诱发裂纹，一旦裂纹扩展，就会导致船舶破损、开裂，从而造成海损事故。

因此，在建造船舶时，要根据船舶的特点，采用合理的焊接方法和焊接工艺，以减少焊接应

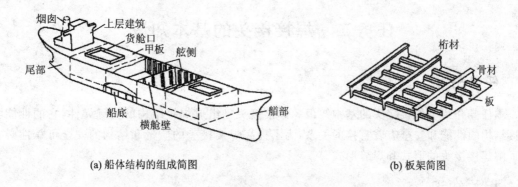

(a) 船体结构的组成简图　　　　　　　　　　(b) 板架简图

图 2 - 4　船体结构的组成及其板架简图

力和变形以及焊接缺陷。所以确定先进的船舶焊接工艺,必须首先熟悉各种焊接材料和焊接方法及其特点,才能真正发挥焊接技术的优越性,建造更多的优质船舶。

(五) 车辆板壳结构

汽车车身除了承受静载荷外,还要承受汽车行驶时产生的动载荷,因此必须要有足够的强度和刚度,以保证汽车在正常使用时不因各种应力而破损或变形。由于焊接质量问题或者焊接结构不合理,在碰撞、高速行驶、颠簸道路、转弯等情况下导致焊接结构断裂而引起事故,或者由于强度不够而导致的驾乘人员伤亡事故,都是交通事故中后果比较严重的。

虽然发生脆断事故的焊接结构数量相对比较少,但是它具有突然发生不易预防的特点,其后果往往十分严重,甚至是灾难性的。例如,当汽车高速行驶时,后桥结构发生脆断,其结果就是灾难性的。

造成焊接结构脆断的原因是多方面的,主要是材料选用不当、设计不合理和制造工艺及检验技术不完善等。要解决这一问题,首先要正确地选用材料,选材时既要保证结构的安全使用,又要考虑经济效果。其次要采用合理的焊接结构设计,来减少焊接构件中的应力集中和附加应力。

(六) 航空航天结构

航空航天结构多为薄壁结构,如飞机机身、燃料箱和发动机壳体等。在使用熔焊焊接方法焊接时,这类结构往往出现失稳翘曲变形,尤其是对于板材厚度在 4 mm 以下的结构,这一问题尤为突出。失稳翘曲变形给结构制造带来很多问题:使得结构不能满足设计的尺寸要求和外观要求;结构变形超出装配公差使得装配困难甚至无法进行。因此,以往的结构制造往往伴有费时耗力的变形去除过程。从结构服役的可靠性来看,失稳翘曲变形降低了结构的刚性,损害了结构的质量。

在薄壁结构制造过程中,可以在装配和焊接阶段选择合适的工艺方法、合适的焊接过程阻止失稳翘曲变形的发生。采用一系列去除变形的工艺方法可以方便经济地焊接薄壁结构,这些结构的质量和可靠性也将会得到保证。

任务二　焊接接头的基本知识

一、任务分析

本任务介绍了焊接接头的基本知识。焊接接头是组成焊接结构的关键元件,它的性能与焊接结构的性能和安全有着直接的关系,为了提高焊接接头的质量和结构的安全可靠性必须要了解焊接接头的形式和焊缝形式。

二、相关知识

(一)焊接接头及坡口

1. 焊接接头的组成、作用及特点

(1)焊接接头的组成和作用。焊接接头是用焊接方法连接的不可拆卸接头(简称接头)。它是由焊缝、熔合区、热影响区及其邻近的母材组成。在焊接结构中,焊接接头通常要承担两方面的作用:第一是连接作用,即把被焊件连接成一个整体;第二是传力作用,即传递被焊工件所承受的载荷。下面以熔焊的焊接接头为例说明焊接接头的组成,如图2-5所示。

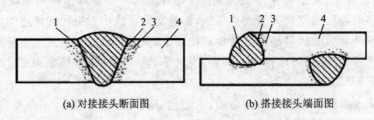

(a) 对接接头断面图　　　　　　　(b) 搭接接头端面图

1—焊缝金属　2—熔合区　3—热影响区　4—母材

图 2-5　熔焊的焊接接头的组成

焊缝金属是由焊接填充金属及部分母材金属熔化结晶后形成的,其组织和化学成分不同于母材金属。受焊接热循环的影响,组织和性能都发生变化,特别是熔合区的组织和性能变化更为明显。因此,焊接接头是一个成分、组织和性能都不均匀性和应力集中是焊接接头的两个基本属性。

影响焊接接头性能的主要因素见图2-6,这些因素可归纳为力学和材质的两个方面。力学方面影响焊接接头性能的因素有接头形状的不连续性、焊接缺陷(如未焊透和焊接裂纹)、残余应力和残余变形等。接头形状的不连续性,如焊缝的余高和施焊过程中可能造成的接头错边等,都是应力集中的根源。

材质方面影响焊接接头性能的因素主要有焊接热循环所引起的组织变化、焊接材料引起的焊缝化学成分的变化、焊后热处理所引起的组织变化以及矫正变形引起的加工硬化等。

(2)焊接接头的特点。焊接作为现代理想的连接手段,与其他连接方法相比,具有许多明显的优点。但是,在许多情况下,焊接接头又是焊接结构上的薄弱环节。选择焊接作为结构的连接方法,不仅要求了解焊接接头的明显优点,还需要深刻地把握焊接接头存在的突出问题。

焊接接头的优点:

1)承载的多向性。特别是焊透的熔焊焊接接头,能很好地承受各向载荷。

2)结构的多样性。能很好地适应不同几何形状尺寸、不同材料类型结构的连接要求,材

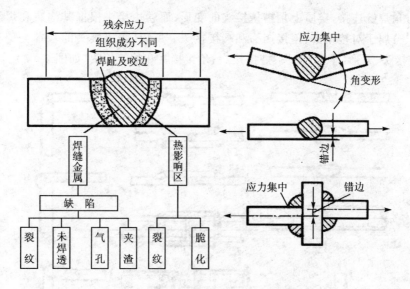

图 2-6　影响焊接接头性能的主要因素

料的利用率高,接头所占空间小。

　　3)连接的可靠性。现代焊接和检验技术水平可保证获得高品质、高可靠性的焊接接头,这是现代各种金属结构特别是大型结构理想的、不可代替的连接方法。

　　4)加工的经济性。施工难度较低,可实现自动化,检查维护简单,修理容易,制造成本相对较低,可以做到几乎不产生废品。

　　焊接接头存在的问题:

　　1)几何上的不连续性。接头在几何上可能存在着突变,同时可能存在着各种焊接缺陷,从而引起应力集中,减小承载面积,导致形成断裂源。

　　2)力学性能的不均匀性。接头区不大,但可能存在脆化区、软化区、各种劣质性能区。

　　3)存在焊接变形与残余应力。接头区常常存在角变形、错边等焊接变形和接近材料屈服应力水平的残余内应力。此外,还容易造成整个结构的变形。

　　焊接接头是组成焊接结构的关键元件,它的性能与焊接结构的性能和安全有着直接的关系。因此,不断提高焊接接头质量,是保证焊接结构安全可靠的重要方面。

　　2. 焊接接头的基本形式和坡口设计

　　(1)焊接接头的分类。焊接接头的种类和形式很多,可以从不同的角度分类。例如,可按所采用的焊接方法、接头构造形式、坡口形状、焊缝类型等来分类。

　　根据所采用的焊接方法的不同,焊接接头可以分为熔焊接头、压焊接头和钎焊接头三大类。这三类接头又因采用的具体焊接方法的不同而可进一步细分。例如,属于熔焊接头的有焊条电弧焊接头、埋弧焊接头、气体保护焊接头、电渣焊接头等;属于压焊接头的有点焊接头、缝焊接头、对焊接头、摩擦焊接头等;属于钎焊接头的有软钎焊接头、硬钎焊接头等。

　　根据接头的构造形式不同,焊接接头可以分为对接接头、T形接头、十字接头、搭接接头、盖板接头、套管接头、塞焊(槽焊)接头、角接接头、卷边接头和端接接头 10 种类型。如果同时考虑到构造形式和焊缝的传力特点,这 10 种类型的接头中,又有若干类型接头具有本质上的构造类似性。例如,十字接头可视为两个 T 形接头的组合;盖板接头、套管接头和塞焊及槽焊接头,都通过角焊缝连接,实质上是搭接接头的变形;而卷边接头根据其构造和焊缝传力特点的不同,可以分属于对接接头、角接接头和端接接头。所以,焊接接头的基本类型实际上共有5种,即对接接头、T形(十字)接头、搭接接头、角接接头和端接接头,如图2-7所示。

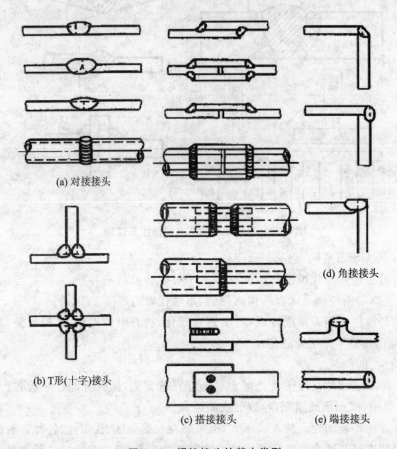

图 2-7　焊接接头的基本类型

(2) 焊接接头的基本形式。实际上,不同接头构造形式有不同的特点,只有明确各接头形式的特点,才能根据结构设计选择正确的接头形式,以获得可靠而有效的连接。下面分别介绍基本类型的接头。

1) 对接接头。两个焊件端面相对平行的接头称为对接接头。图2-8所示是对接接头的几种形式。它是各种焊接结构中采用最多、最完善的一种接头形式,具有受力好、强度大和节省金属材料的特点。

但是,由于是两焊件对接连接,所以被连接件边缘加工及装配要求较高。在焊接生产中,通常使对接接头的焊缝略高于母材板面。由于余高的存在造成构件表面的不光滑,所以在焊缝与母材的过渡处会引起应力集中。

2) T形(十字)接头。一个焊件的端面与另一个焊件表面构成直角或近似直角的接头,称为T形(十字)接头。T形(十字)接头的形式如图2-9所示。T形(十字)接头在焊接结构中被广泛地采用,特别是造船厂的船体结构中,约70%的焊缝是这种接头形式。T形(十字)接头能承受各种方向的力和力矩。T形(十字)接头是各种箱型结构中最常见的接头形式,在压力容器制造中,插入式管子与筒体的连接、人孔加强圈与筒体的连接等都属于这类。

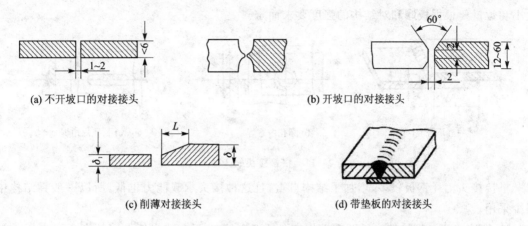

(a) 不开坡口的对接接头   (b) 开坡口的对接接头

(c) 削薄对接接头   (d) 带垫板的对接接头

图 2-8 对接接头的几种形式

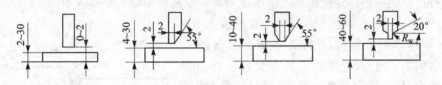

图 2-9 T 形(十字)接头的几种形式

由于 T 形(十字)接头焊缝向母材过渡较急剧,所以接头在外力作用下力线扭曲很大,造成应力分布极不均匀且比较复杂,在角焊缝根部和趾部都有很大的应力集中。保证焊透是降低 T 形(十字)接头应力集中的重要措施之一。

3) 角接接头。两个焊件端面间构成大于 30°且小于 135°夹角的接头,称为角接接头。角接接头形式如图 2-10 所示。角接接头多用于箱形构件,骑座式管接头和筒体的连接,小型锅炉中火筒和封头连接也属于这种形式。与 T 形(十字)接头类似,单面焊的角接接头承受反向弯矩的能力极低,除了钢板很薄或不重要的结构外,一般都应开坡口两面焊,否则不能保证质量。

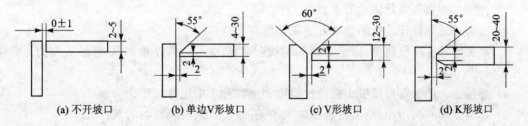

(a) 不开坡口   (b) 单边V形坡口   (c) V形坡口   (d) K形坡口

图 2-10 角接接头的几种形式

4) 搭接接头。两个焊件部分重叠构成的接头称为搭接接头。搭接接头根据其结构形式和对强度的要求不同,可分为不开坡口、圆孔内塞焊和长孔内角焊 3 种形式,如图 2-11 所示。

不开坡口的搭接接头,一般用于 12 mm 以下的钢板,其重叠部分为 3~5 倍板厚,并采用双面焊接。这种接头的装配要求不高,也易于装配,但这种接头承载能力低,所以只用在不重要的结构中。

当遇到重叠钢板的面积较大时,为了保证结构强度,可根据需要选用圆孔内塞焊或长孔内角焊的接头形式。这种形式特别适合于被焊结构狭小处以及密闭的焊接结构,圆孔和长孔的大小和数量要根据板厚和对结构的强度要求而定。

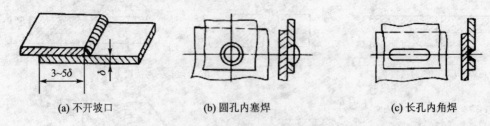

(a) 不开坡口   (b) 圆孔内塞焊   (c) 长孔内角焊

图 2-11　搭接接头的 3 种形式

搭接接头消耗钢板较多,增加了结构自重,且这种接头承载能力也低,所以一般钢结构中很少采用。

5) 端接接头。端接接头是两个被焊工件重叠放置或两个被焊件之间的夹角不大于 30°,在端部进行连接的接头。这种接头通常用于密封。端接接头的典型形式如图 2-12 所示。

（3）焊接接头设计和选用的原则。选择接头形式时,主要根据产品的结构,并综合考虑受力条件、加工成本等因素。例如,对接接头具有受力均匀、节省金属等优点,所以应用最多。但是,对接接头对下料尺寸和组装的要求比较严格;T 形接头焊缝大多数情况下只承受较小的切应力或仅作为联系焊缝;

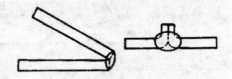

图 2-12　端接接头的典型形式

搭接接头对装配要求不高,也易于装配,但接头承载能力低,一般用在不重要的结构中。

焊接接头的设计中对焊缝质量的要求、焊缝尺寸大小、焊缝位置、工件厚度、几何尺寸、施工条件等不同,决定了在选择焊接方法和制定工艺时的多样性。

合理的焊接接头设计与选择不仅能保证钢结构的焊缝和整体的强度,还可以简化生产工艺,节省制造成本。

设计和选择焊接接头的一般原则如下:

1) 保证焊接接头满足使用要求。

2) 接头形式能保证选择的焊接方法正常施焊。

3) 接头形式应尽量简单,尽量采用平焊和自动焊,少采用仰焊和立焊,且最大应力尽量不设在焊缝上。

4) 焊接工艺能保证焊接接头在设计温度和腐蚀介质中正常工作。

5) 焊接变形和应力小,能满足施工要求所需的技术、人员和设备的条件。

6) 尽量使焊缝设计成联系焊缝。

7) 焊接接头便于检验。

8) 焊接前的准备和焊接所需费用低。

9) 对角焊缝不宜选择和设计过大的焊角尺寸。试验证明,大尺寸角焊缝的单位面积承载能力较低。

焊接接头的其他设计原则及不合理设计与合理设计举例如表 2-1 所列。

表 2 - 1　焊接接头的其他设计原则与正、误设计举例

焊接接头的设计原则	不合理的设计	改进的设计
焊缝应布置在工作时最有效的地方,用最少量的焊接量得到最佳的效果	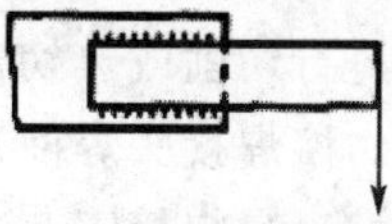	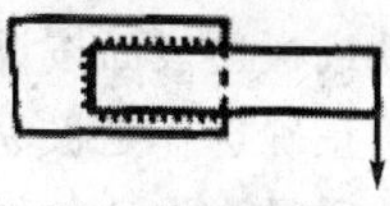
焊缝的位置应便于焊接及检查	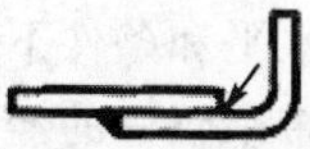	
在焊缝连接板端部应当有较和缓的过渡	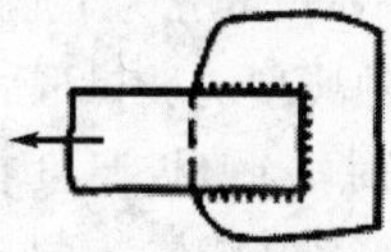	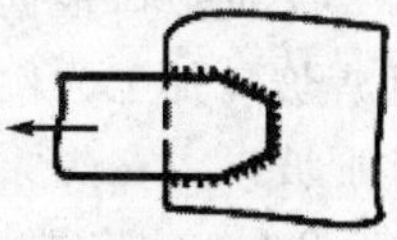
加强肋等端部的锐角应切去,板的端部应包角	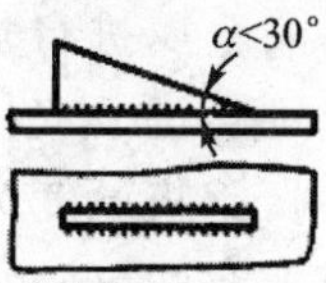 $\alpha<30°$	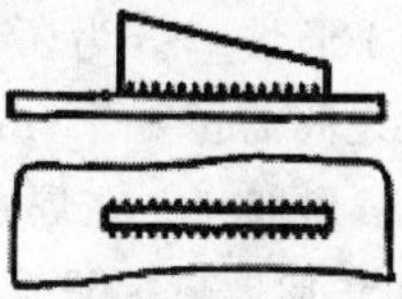
焊缝不宜过分密集	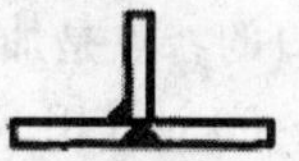	
避免焊缝交叉	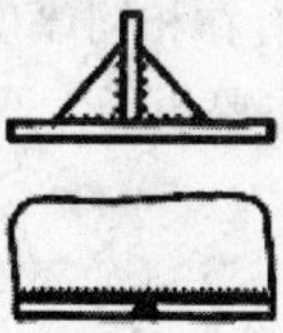	
焊缝布置尽可能对称并靠近中心轴	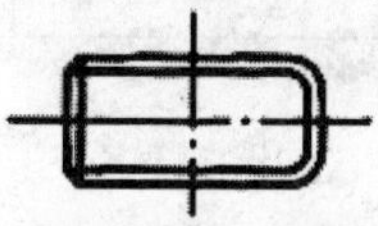	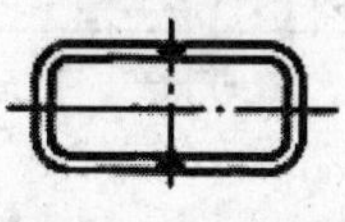
受弯曲作用的焊缝未焊侧不要位于受拉应力处	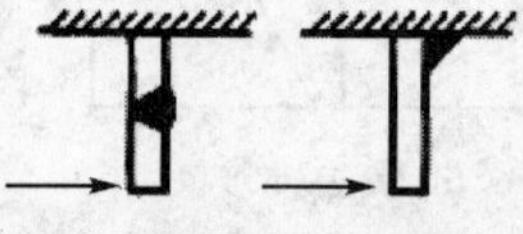	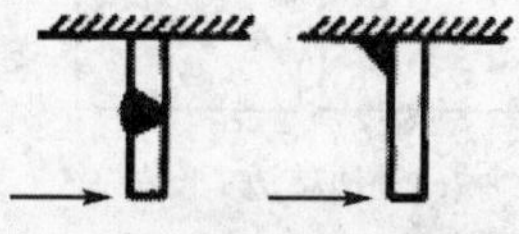
避免将焊缝布置在应力集中处,对于动载结构尤应注意	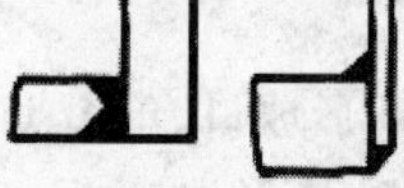	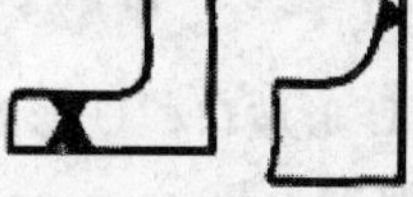
避免将焊缝布置在应力最大处	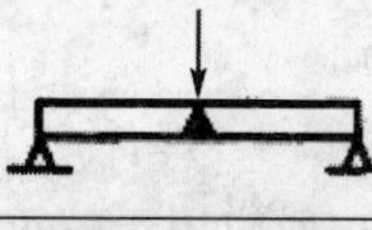	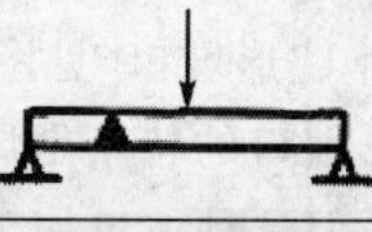
焊缝应避开加工表面	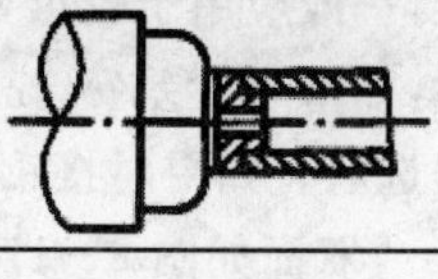	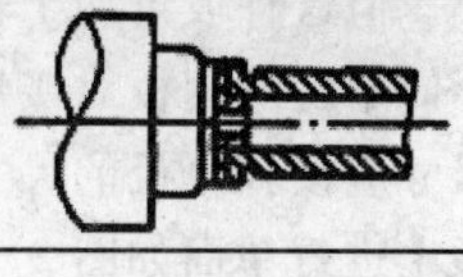

（4）焊接接头的坡口设计。

1）坡口与坡口类型。对于熔焊接头，根据工艺需要和设计要求，将被焊工件的待焊部位加工并装配成一定几何形状尺寸的沟槽，称之为焊接坡口，简称坡口。坡口加工就是对被焊工件的板端或板边表面按设计要求进行切削或热切割加工，其中坡口的几何设计即坡口的形状和尺寸的正确选择是极为重要的。熔焊接头焊前加工坡口的目的在于使焊接易于进行，从而保证焊接质量。设计并加工焊接坡口是焊接工艺与焊接质量要求较高时，熔焊接头所必须采取的技术措施，至少在当今的技术水平和条件下，不是可有可无的，往往是必不可少的，虽然增加了加工工序和成本，但是最终将带来较好的经济效果。

熔焊接头的坡口根据其形状不同，可分为 I 形坡口、V 形坡口、X 形坡口、U 形坡口等。以焊条电弧焊坡口加工为例介绍几种典型的坡口形式。

① I 形坡口。在焊条电弧焊时，当钢板厚度在 6 mm 以下，一般不开坡口，将被焊工件的待焊部位装配成 I 形的沟槽，称为 I 形坡口。为了使电弧深入金属进行加热，保证焊透，接头之间需留 1～2 mm 的接缝间隙，如图 2-13 所示。

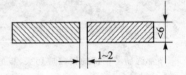

图 2-13 I 形坡口

② V 形坡口。在焊条电弧焊时，钢板厚度为 7～40 mm 时，采用 V 形坡口。V 形坡口有 V 形坡口、钝边 V 形坡口、单边 V 形坡口、钝边单边 V 形坡口 4 种，如图 2-14 所示。V 形坡口的特点是加工容易，但焊后焊件易产生角变形。

③ X 形坡口。钢板厚度为 12～60 mm 用 X 形坡口，也称为双面 V 形坡口，如图 2-15 所示。X 形坡口与 V 形坡口相比，具有在相同厚度下，能减少焊着金属量约 1/2，焊件焊后变形和产生的内应力也小些。因此，它主要用于大厚度以及要求变形较小的焊接结构中。

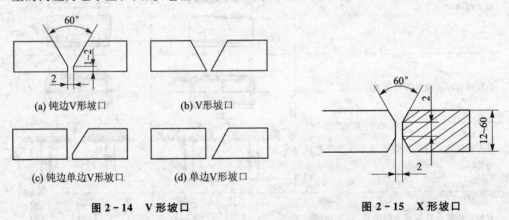

（a）钝边V形坡口   （b）V形坡口

（c）钝边单边V形坡口   （d）单边V形坡口

图 2-14 V 形坡口   **图 2-15 X 形坡口**

④ U 形坡口。U 形坡口有 U 形坡口、单边 U 形坡口、双面 U 形坡口，如图 2-16 所示。当钢板厚度为 20～60 mm 时，采用 U 形坡口[见图 2-16(a)]；当钢板厚度为 40～60 mm 时，采用双面 U 形坡口[见图 2-16(c)]。

U 形坡口的特点是焊着金属量最少，焊件产生的变形也小，焊缝金属中母材金属占的比例也小。但这种坡口加工较困难，一般应用于较重要的焊接结构。

不同厚度的钢板对接焊时，如果厚度差$(\delta-\delta_1)$不超过表 2-2 的规定，则接头的基本形式与尺寸应按较厚板的尺寸数据选取。如果对接钢板的厚度差超过表 2-2 的规定，则应在较厚的板上进行单面如图 2-17(a)或双面如图 2-17(b)所示的削薄，其削薄长 $l \geqslant 3(\delta-\delta_1)$。

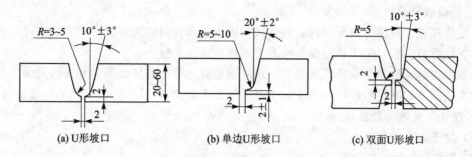

(a) U形坡口　　　　(b) 单边U形坡口　　　　(c) 双面U形坡口

图 2 - 16　U 形坡口

表 2 - 2　不同厚度钢板对接的厚度差范围表

(单位：mm)

较薄板的厚度 δ_1	≥2~5	>5~9	>9~12	>12
允许厚度差($\delta-\delta_1$)	1	2	3	4

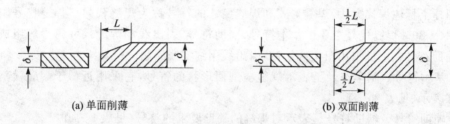

(a) 单面削薄　　　　　　　　　　(b) 双面削薄

图 2 - 17　不同厚度钢板的对接焊接

在钢板厚度相同时，X 形坡口比 V 型坡口，U 形坡口比 V 形坡口，双 U 形坡口比 X 形坡口节省焊条，焊后产生的角变形小。一般在厚度较大以及要求变形较小的结构中，X 形坡口比较常用。

2) 坡口的几何设计原则。坡口的形式和尺寸主要根据焊接方法和板材的厚度来选择和设计，同时应考虑以下原则：

① 保证焊接质量。满足焊接质量要求是选择和设计坡口形状和尺寸首先要考虑的原则，也是选择和设计坡口的最基本的要求。

② 便于焊接施工。对于不能翻转或内径较小的容器，为避免大量的仰焊工作和便于采用单面焊双面成形的工艺方法，宜采用 V 形坡口或 U 形坡口。

③ 坡口加工简单。由于 V 形坡口是加工最简单的一种，所以能采用 V 形坡口或 X 形坡口就不宜采用 U 形坡口或双 U 形坡口等加工工艺较复杂的坡口类型。

④ 应尽可能地减小坡口的断面积。这样可以降低焊接材料的消耗，减少焊接工作量，节省电能。

⑤ 便于控制焊接变形。不适当的坡口形状和尺寸容易产生较大的焊接变形。

(二) 焊缝类型及焊缝符号

1. 焊缝类型

焊缝是焊件经焊接后所形成的结合部分。焊缝按不同分类的方法可分为下列几种形式：

(1) 按焊缝在空间位置的不同，可分为平焊缝、立焊缝、横焊缝和仰焊缝 4 种形式。

(2) 按焊缝结合形式不同，可分为对接焊缝、角焊缝和塞焊缝 3 种形式。

（3）按焊缝断续情况，可分为：

1）定位焊缝。焊前为装配和固定焊件接头的位置而焊接的短焊缝称为定位焊缝。

2）连续焊缝。沿接头全长连续焊接的焊缝称为连续焊缝。

3）断续焊缝。沿接头全长焊接具有一定间隔的焊缝称为断续焊缝。它又可分为并列断续焊缝和交错断续焊缝。断续焊缝只适用于对强度要求不高，以及不需要密闭的焊接结构。

2．焊缝布置的一般原则

（1）避开应力最大处。

（2）焊缝远离加工面。

（3）对称布置变形小。

（4）焊缝布置求分散。

（5）便于操作想周到。

（6）尽量平焊效率高。

3．焊缝符号

在图样上标注焊接方法、焊缝形式和焊缝尺寸的符号称为焊缝代号。焊缝代号国家标准为 GB 324—80。焊缝代号主要由基本符号、辅助符号、引出线和焊缝尺寸符号等组成。基本符号和辅助符号在图样上用粗实线绘制，引出线用细实线绘制。

（1）基本符号。基本符号是表示焊缝横剖面形状的符号，它采用近似于焊缝横剖面形状的符号来表示（见表 2-3）。

（2）辅助符号。辅助符号是表示对焊缝的辅助要求的符号（见表 2-4）。

表 2-3　基本符号

序　　号	焊缝名称	焊缝形式	符　　号
1	I 形焊缝		‖
2	V 形焊缝		 V
3	钝边焊缝		 Y
4	单边 V 形焊缝		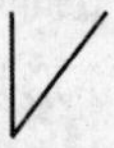 V
5	钝边单边 V 形焊缝		 Y
6	U 形焊缝		 U

序　号	焊缝名称	焊缝形式	符　号
7	单边 U 形焊缝		
8	喇叭形焊缝		
9	单边喇叭形焊缝		
10	角焊缝		
11	塞焊缝		
12	点焊缝		
13	缝焊缝		
14	封底焊缝		
15	堆焊缝		

表 2－4　辅助符号

序　号	名　称	形　式	符　号	说　明
1	平面符号			表示焊缝表面平齐
2	凹陷符号			表示焊缝表面内陷
3	凸起符号			表示焊缝表面凸起
4	带垫板符号			表示焊缝底部有垫板

序 号	名 称	形 式	符 号	说 明
5	三面焊缝符号		⊏	要求三面焊缝符号的开口方向与三面焊缝的实际方向画得基本一致
6	周围焊缝符号		○	表示环绕工件周围焊缝
7	现场符号		▶	表示在现场或工地上进行焊接
8	交错断续焊缝符号		Z	表示双面交错断续分布焊缝

（3）引出线。引出线一般由指引线和横线组成。指引线应指向有关焊缝处，横线一般应与主标题栏平行。焊缝符号标注在横线上，其位置如表 2-5 所列，必要时可在横线末端加一尾部，作为其他说明用（如焊接方法等），如图 2-18 所示。

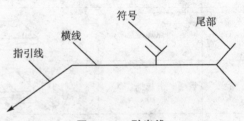

图 2-18　引出线

表 2-5　焊缝符号在横线上的位置

焊缝形式	表示法	标注法	位置说明
			如果焊缝的外表面（焊缝面）在接头的箭头侧，则标注在横线上
			如果焊缝的外表面（焊缝面）在接头的箭头其他侧，则标注在横线下
			如果焊缝在接头的平面内，则穿过横线

注：用焊缝焊接的点焊缝，其叠面作为焊缝的外表面。

（4）焊缝尺寸符号及其标注方法。

焊缝尺寸一般不标注。如果设计或生产需注明焊缝尺寸，则其尺寸符号如表 2-6 所列。

焊缝标注时,应注意其标注位置的正确性。标注位置具体规定如下:

1) 在焊缝符号左边标注。钝边高度 p,坡口高度 H,焊角高度 K,焊缝余高 h,熔透深度 s,根部半径 R,焊缝宽度 c,焊点直径 d。

2) 在焊缝符号右边标注。焊缝长度 l,焊缝间隙 e,相同焊缝数量 n。

3) 在焊缝符号上边标注。坡口角度 α,根部间隙 b。

表 2-6 焊缝尺寸符号

符 号	名 称	示意图	符 号	名 称	示意图
δ	板材厚度		c	焊缝宽度	
a	坡口角度		p	钝边高度	
b	根部间隙		R	根部半径	
l	焊缝长度		s	熔透深度	
e	焊缝间隙		n	相同焊缝数量符号	
K	焊角高度		H	坡口高度	
d	焊点直径		h	焊缝增高量(也称为余高)	

焊缝尺寸标注方法的示例如表 2-7 所列。

表 2-7 焊缝尺寸标注方法的示例

序 号	焊缝名称	焊缝形式	标注方法
1	断续角焊缝		K $n \times l(e)$

序　号	焊缝名称	焊缝形式	标注方法
2	交错断续角焊缝	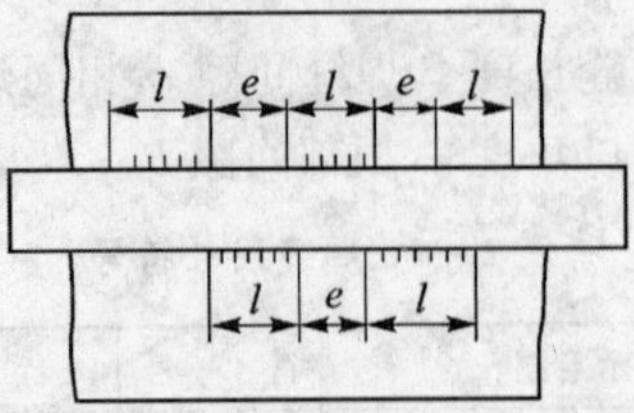	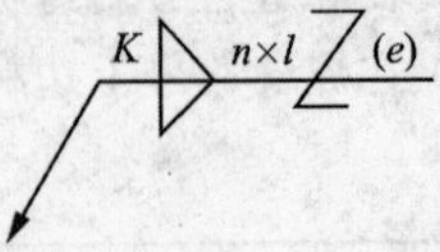
3	塞焊缝	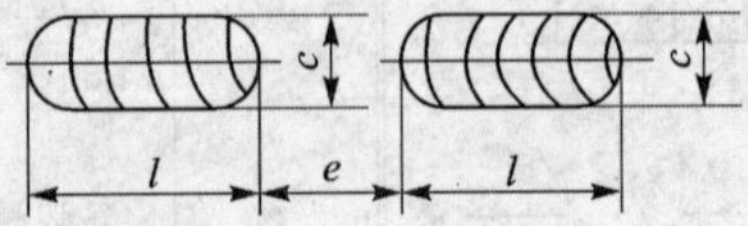	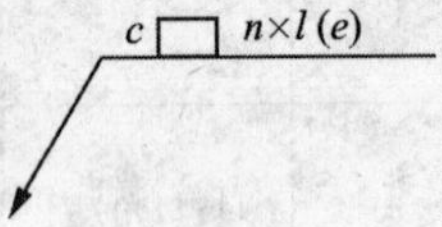
4	缝焊缝	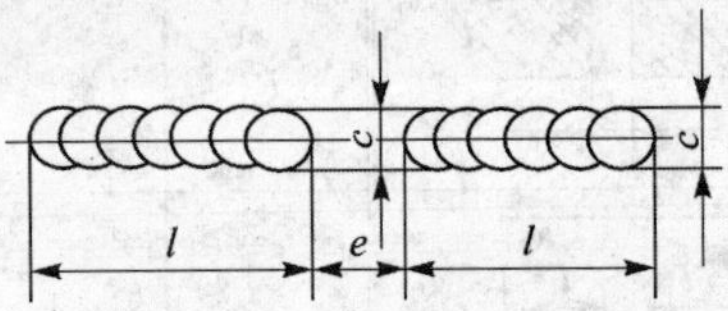	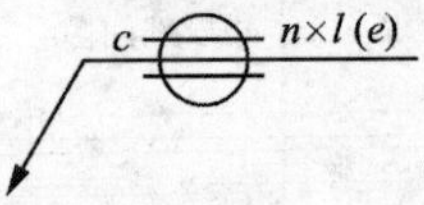
5	点焊缝	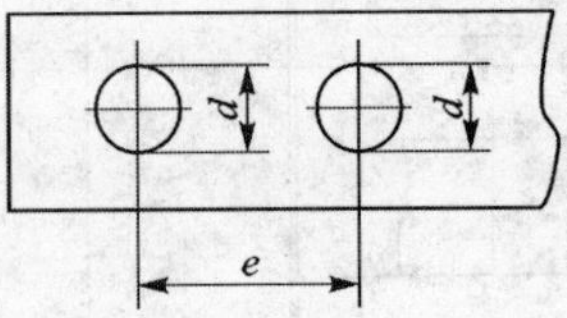	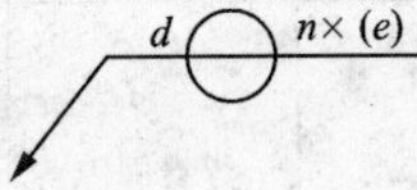

注:①焊缝相对于板材边缘的边距尺寸应在图样上标注。

②带锥度的塞焊缝应在图样上标注孔底部尺寸。

4. 焊接方法代号

在焊接结构图样上,为简化焊接方法的标注和文字说明,可采用国家标准 GB/T5185—2005《焊接及相关工艺方法代号》规定的阿拉伯数字表示的金属焊接及钎焊等各种焊接方法的代号。常用的焊接方法代号如表2-8所列。

表 2-8　常用的焊接方法代号

焊接方法名称	焊接方法代号	焊接方法名称	焊接方法代号
电弧焊	1	扩散焊	45
焊条电弧焊	111	冷压焊	48
埋弧焊	12	其他焊接方法	7
熔化极惰性气体保护焊	131	铝热焊	71
熔化极非惰性气体保护焊	135	电渣焊	72
钨极惰性气体保护焊	141	气电立焊	73
等离子弧焊	15	激光焊	751
电阻焊	2	电子束焊	76
点焊	21	储能焊	77
缝焊	22	螺柱焊	78

续表 2 - 8

焊接方法名称	焊接方法代号	焊接方法名称	焊接方法代号
凸焊	23	硬钎焊、软钎焊、钎接焊	9
闪光焊	24	硬钎焊	91
电阻对焊	25	火焰硬钎焊	912
高频电阻焊	291	炉中硬钎焊	913
气焊	3	盐浴硬钎焊	915
氧-燃气焊	31	扩散硬钎焊	919
氧-乙炔焊	311	软钎焊	94
氧-丙烷焊	312	火焰软钎焊	942
压焊	4	炉中软钎焊	943
超声波焊	41	盐浴软钎焊	945
摩擦焊	42	扩散软钎焊	949
爆炸焊	441	钎接焊	97

三、工作过程

1. 识别焊缝代号的基本方法

（1）根据箭头的指引方向了解焊缝在焊件上的位置。

（2）看图样上焊件的结构形式（即组焊焊件的相对位置）识别出接头形式。

（3）通过基本符号可以识别焊缝形式、基本符号上下标有坡口角度及装配间隙。

（4）通过基准线的尾部标注可以了解采用的焊接方法、对接接头质量要求以及无损检测要求。

2. 焊缝代号应用举例

（1）例一：如图 2 - 19（a）所示，表示 T 形接头交错断续角焊缝，焊脚尺寸为 5 mm，相邻焊缝的间距为 30 mm，焊缝段数为 35，每段焊缝长度为 50 mm。

（2）例二：如图 2 - 19（b）所示，表示对接接头周围焊缝。由埋弧焊焊成的 V 形焊缝在箭头一侧，要求焊缝表面平齐；由焊条电弧焊焊成的封底焊缝在非箭头一侧，也要求焊缝表面平齐。

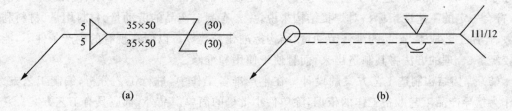

图 2 - 19　焊缝符号、焊接方法代号的标注举例

任务三　焊接结构的生产工艺过程

一、任务分析

在焊接结构生产过程中，需要参与结构生产的人员对焊接结构生产工艺过程有全面的认

识,这样才能使生产过程有序、有效地进行。本任务详细地介绍了焊接结构生产工艺过程的相关知识。

二、相关知识

焊接结构生产工艺过程是指由金属材料(包括板材、型材和其他零部件等)经过一系列加工工序、装配焊接成焊接结构成品的过程。其包括根据生产任务的性质、产品的图样、技术要求和工厂条件,进行生产准备、备料加工、装配与焊接、质量检验与安全评定等来完成焊接结构产品的全部生产过程中的一系列工艺过程。

(一) 生产准备

焊接结构生产的准备工作是焊接结构制造工艺过程的开始。它包括了解生产任务,审查(重点是工艺性审查)与熟悉结构图样,了解产品技术要求,在进行工艺分析的基础上,制定全部产品的工艺流程,进行工艺评定,编制工艺规程及全部工艺文件、质量保证文件,订购金属材料和辅助材料,编制人员需求计划(以便着手进行人员调整与培训)、能源需求计划(包括电力、水、压缩空气等),根据需要订购或自行设计制造装配-焊接设备和装备,根据工艺流程的要求,对生产面积进行调整等。生产准备工作很重要,由于计算机辅助焊接生产的应用,使这项工作完成得更快、更好、更细致、更完善,这样将来组织生产会顺利,生产效率更高,质量更好。

生产准备工作大致包括明确生产纲领、进行焊接结构设计的工艺性审查、设计焊接结构制造工艺方案、设计焊接结构生产工艺规程等。

(1) 生产纲领。在市场经济的条件下,企业的生产任务是由市场提供的,即由市场订单确定的。企业从业主手里拿到的待制品清单汇总就是生产纲领。它包括产品名称、型号、规格、性能和参数、重量(每台产品、构件、零件的重量)、年产台数和重量(台、件或吨/年);产品的简要说明并附总图和关键件的图样;产品的部件、构件与零件的明细表(包括名称、尺寸、材料、数量与重量)。在计算机辅助设计条件下,也包括大量文字文件。生产纲领决定了生产的规模,从而影响了采用的生产工艺,生产组织、设备和装备。

(2) 焊接结构设计的工艺性审查。焊接结构设计的工艺性审查是生产准备工作最重要的任务之一。对产品结构进行工艺性审查的目的是设计的产品满足技术要求、使用功能的前提下,符合一定的工艺性指标。对焊接结构来说,主要有制造产品的劳动量、材料用量、材料利用系数、产品工艺成本、产品的维修劳动量、结构标准化系数等。以便在现有的生产条件下,能用比较经济、合理的方法将其制造出来,而且便于使用和维修。

(3) 焊接结构制造工艺方案的设计。在生产准备工作中,进行工艺分析,编制工艺方案,是作为指导产品工艺准备工作的依据,除单件小批量的简单产品外,都应具有工艺方案。它是工艺规程设计的依据。进行工艺分析可以设计出不止一个工艺方案,进行比较,确定一个最优方案供编制工艺规程和继续进行其他的焊接生产准备工作。

(4)焊接结构生产工艺规程的设计。焊接结构的生产准备工作中生产工艺规程编制占有重要地位。在进行生产工艺规程设计时,编制各种工艺规程文件。按工艺方案和工艺规程设计提出的工艺装备设计任务书,进行工艺装备的设计和制造,编制工艺定额(材料消耗和劳动量消耗的工艺定额)等,形成日后组织生产所依据的统称为工艺文件的各种图表和文件。焊接结构生产的工艺文件是焊接结构制造厂质量体系运转和法规贯彻的见证件,也是生产的指导,更是焊接结构制造质量和实物质量描述档案,是第三方监检和制造资格认证审查的重要考核依据之一。它应该是科学、实用、真实和有效的。

（二）备料加工

焊接结构生产的备料加工工艺包括钢材预处理在内的备料加工工艺是装配-焊接前必需的工序。备料加工的质量将直接或间接影响产品的质量和生产效率。例如，装配前零件加工质量或板料边缘坡口不符合图样要求，将增加装配困难，降低生产效率，恶化焊接质量，严重限制了先进焊接工艺的应用，增大焊接应力与变形，甚至产生焊接缺陷。因此，为获得优良的焊接产品和稳定的焊接生产过程，应制定合理的备料加工工艺。备料加工工艺的工作量占相当大比重，如重型机械焊接结构中，约占全部加工工时的 $25\%\sim60\%$。因此，提高备料加工的机械化、自动化水平，采用先进的加工工艺，改善加工质量，对提高焊接生产的质量和生产率有重要的作用。

备料加工工艺的内容有钢材的预处理（一般步骤是矫正、清理、表面防护处理、预落料等）、材料的放样、划线与号料、下料和边缘加工等。

（三）装配与焊接

装配-焊接工艺是指焊接结构生产完成了生产准备和备料加工之后，直至产品出厂，所要进行的加工工艺。其中，装配-焊接是焊接结构生产过程的核心，直接关系到产品的质量和生产率。

装配-焊接工艺充分体现焊接生产的特点，它是两个既不相同又密不可分的工序。它包括边缘清理、装配、焊接。绝大多数焊接结构要经过多次装配-焊接才能制成，有的在工厂只完成部分装配-焊接和预装配，到使用现场再进行最后的装配-焊接。装配-焊接过程中时常还需穿插其他的加工，例如机械加工、预热及焊后热处理、零部件的矫形等，贯穿整个生产过程的检验工序也穿插其间。装配-焊接工艺复杂和种类多，采用何种装配-焊接过程要由产品结构、生产规模、装配-焊接技术的发展决定。例如，轿车车体为薄板结构，大量生产，多采用冲压零件装配-焊接制成。决定了它采用专用的装配-焊接装备和辅助机具，如专用的焊接夹具，专用的焊接翻转机和变位机，高质高效的激光焊、压力焊工艺，以及把以上结合在一起的机器人焊接生产线。

（四）质量检验与安全评定

检验工序贯穿整个生产过程，检验工序从原材料的检验（如入库的复检）开始，随后在生产加工每道工序中都要采用不同的工艺进行不同内容的检验。最后，制成成品还要进行总检。检验是对生产实行有效监督，从而保证产品质量的重要手段。

（五）焊接结构生产工艺流程

图 2-20 所示是焊接结构生产的一般工艺流程图。实际上由于最终产品的不同，分属不同制造业的工厂，其流程不尽相同。

任务四　焊接接头的强度与计算

一、任务分析

本任务介绍了焊接接头的强度与计算。焊接接头是组成焊接结构的关键元件，其强度和可靠性直接影响着整个焊接结构的安全使用。对焊接接头进行强度计算，实际上是对连接各

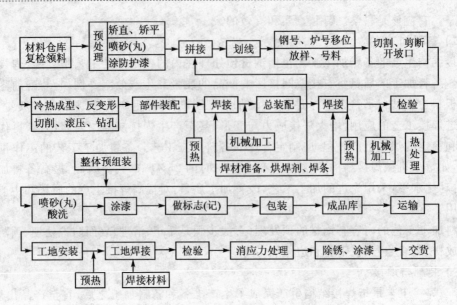

图 2 - 20   焊接结构生产的一般工艺流程图

种接头的焊缝进行工作应力分析和计算,然后按不同准则建立强度条件,满足这些条件就认为该接头工作安全可靠。

二、相关知识

(一) 焊接接头的工作应力分布

1. 应力集中的概念

为了表示焊接接头工作应力分布的不均匀程度,这里引入应力集中的概念。所谓应力集中,是指接头局部区域的最大应力值(σ_{max})较平均应力值(σ_{av})高的现象。而应力集中的大小,常以应力集中系数 K_T 表示。

$$K_T = \frac{\sigma_{max}}{\sigma_{av}}$$

在焊接接头中产生应力集中的原因是:

(1)焊缝中有工艺缺陷。焊缝中经常产生的缺陷,如气孔、夹杂、裂纹和未焊透等,都会在其周围引起应力集中,其中尤以裂纹和未焊透引起的应力集中最严重。

(2)焊缝外形不合理,如焊缝的余高(加厚高、加强高)过大。

(3)焊接接头设计不合理,如接头截面的突变、加盖板的对接接头等,均会造成严重的应力集中。

(4)焊缝布置不合理,如只有单侧焊缝的 T 形接头,也会引起应力集中。

2. 焊接接头的工作应力分布

不同的焊接接头在外力作用下,其工作应力分布都不一样。

(1)熔焊接头的工作应力分布。

1) 对接接头。对接接头几何形状变化较小,故应力集中程度较小,工作应力分布较均匀。对接接头的应力集中只出现在焊趾处,如图 2 - 21 所示。应力集中系数 K_T 与焊缝余高 h、焊趾处的 θ 角和转角半径 r 有关。增大 h,增加 θ 角,或减小 r,则 K_T 增大(见图 2 - 22),结果使接头的承载能力下降。反之,若削平焊缝余高,或在焊趾处加工成较大的过渡圆弧半径,则会消除或减小应力集中,提高接头的疲劳强度。

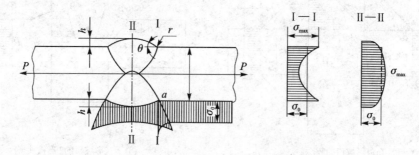

图 2-21　对接接头的工作应力分布

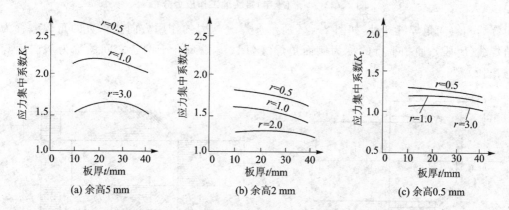

(a) 余高5 mm　　　　　(b) 余高2 mm　　　　　(c) 余高0.5 mm

图 2-22　对接接头的几何尺寸与应力集中系数的关系

对接接头外形的变化与其他形式的接头相比是不大的,所以它的应力集中较小,而且易于降低和消除。因此,对接接头是最好的接头形式,不但静载可靠,而且疲劳强度较高。

2) T 形(十字)接头。由于 T 形(十字)接头焊缝向母材金属过渡较急剧,接头在外力作用下力线扭曲很大,造成应力分布极不均匀,在角焊缝的根部和过渡处,易产生很大的应力集中,如图 2-23 所示。

图 2-23(a)所示是 I 形坡口 T 形(十字)接头中正面焊缝的应力分布状况。由于整个厚度没有焊透,焊缝根部应力集中很大。在焊趾截面 $B-B$ 上应力分布也不均匀,B 点的应力集中系数 K_T 值随角焊缝的形状而变,应力集中系数 K_T 随 θ 角减小而减小,也随焊脚尺寸 K 增大而减小。

图 2-23(b)所示是开 K 形坡口并焊透的 T 形(十字)接头,这种接头使应力集中程度大大降低,应力集中系数 $K_T<1$,事实上已经不存在应力集中问题了。这是因为:由于 θ 角大幅度降低而使焊缝向母材金属过渡平缓,消除了焊趾截面的应力集中;由于开坡口并焊透而消除了焊缝根部的应力集中。因此,保证焊透是降低 T 形(十字)接头应力集中的重要措施之一。因此,在焊接结构生产中,对重要的 T 形(十字)接头必须开坡口焊透或采用深熔法进行焊接。

3) 搭接接头。搭接接头使构件形状发生较大的变化,其应力集中比对接接头的情况要复杂得多。在搭接接头中,根据搭接角焊缝受力的方向,可以将搭接角焊缝分为正面角焊缝、侧

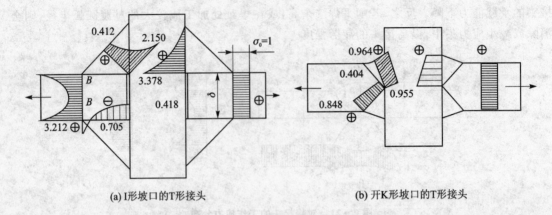

(a) I形坡口的T形接头　　　　　　　　(b) 开K形坡口的T形接头

图 2-23　T形(十字)接头的工作应力分布

面角焊缝和斜向角焊缝 3 种,如图 2-24 所示。焊缝与力的作用方向相垂直的角焊缝称为正面角焊缝(L_3 段);而相平行的称为侧面角焊缝(L_1、L_5 段);介于两者之间的称为斜向角焊缝(L_2、L_4 段)。

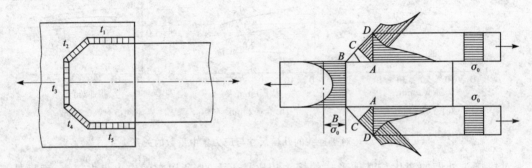

图 2-24　搭接接头的角焊缝

① 正面角焊缝的工作应力分布。在正面角焊缝的搭接接头中,应力分布很不均匀,如图 2-25 所示。在角焊缝的焊根 A 点和焊趾 B 点,都有较大的应力集中。焊趾 B 点的应力集中系数随角焊缝的斜边与水平边的夹角 θ 而改变。减小 θ 角、增大熔深或焊透根部,都可以降低焊趾处和焊根处的应力集中系数。

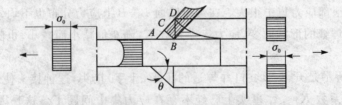

图 2-25　正面角焊缝搭接接头的工作应力分布

板厚中心线不重合的搭接接头用正面角焊缝连接时,在外力的作用下,使被连接板严重变形,而且使焊缝中产生了附加应力。双面焊接时,焊趾处受到很大的拉力;单面焊接时,焊根处应力集中更为严重。因此,一般在受力接头中,禁止使用单面角焊缝连接。

② 侧面角焊缝的工作应力分布。侧面角焊缝的工作应力分布如图 2-26 所示。其特点是最大应力在两端,中部应力最小,若被连接板的断面面积不相等,则靠近小断面一端的应力

高于靠近大断面的一端,而且焊缝较短时应力分布较均匀,焊缝较长时,应力分布不均匀的程度就增加。因此,采用过长的侧面角焊缝是不合理的,通常规定侧面角焊缝不宜大于 $40K$(动载时)或 $60K$(静载时)(K 为焊脚尺寸)。

③ 联合角焊缝的工作应力分布。既有侧面角焊缝,又有正面角焊缝的搭接接头称为联合角焊缝搭接接头。图 2-27 分别是侧面角焊缝接头和正、侧面联合角焊缝接头中不同横截面上的工作应力分布,比较两种接头应力分布情况可以看出,联合角焊缝接头有利于工作应力分布的均匀化。

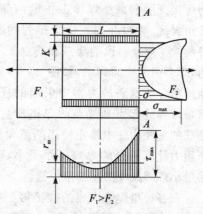

图 2-26 侧面角焊缝的工作应力分布

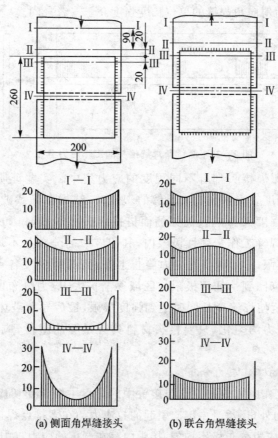

(a) 侧面角焊缝接头   (b) 联合角焊缝接头

图 2-27 侧面角焊缝和联合角焊缝不同横截面上的工作应力分布

由于作用在正面角焊缝和侧面角焊缝上的作用力方向不同,所以两种角焊缝的刚度和变形量也不同,在外力作用下,其应力大小并不按照截面积的大小平均分配,而是正面角焊缝比侧面角焊缝中的工作应力要大些,如图 2-28 所示。这两种角焊缝具有完全相同的力学性能和截面尺寸,如果角焊缝的塑性变形能力不足,则正面角焊缝将首先产生裂纹,接头可能在低于设计的承载能力的情况下破坏。

④ 断续角焊缝接头的工作应力分布。对于作用力不大的角焊缝接头,为降低角焊缝引起

的焊接变形和减小焊接工作量，有时采用单边的断续角焊缝、两边并列或交错排列的断续角焊缝。这种断续角焊缝每段的起点和终点处不论应力方向如何，都会引起应力集中，如图 2-29 所示。为了减小断续角焊缝这种应力集中引起的危害性，应严格要求每段焊缝起点和终点的焊接质量，并规定在承受动载的重要构件中禁止使用断续角焊缝。如果根据作用力计算所得的焊脚尺寸很小，则只能采用规定的最小焊脚尺寸的连续角焊缝。

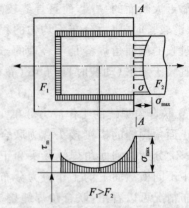

图 2-28 联合角焊缝接头的工作应力分布

在各种角焊缝构成的搭接接头中，实验证明，在相同的焊脚尺寸的条件下，正面角焊缝的单位长度强度较侧面角焊缝高，而斜向角焊缝的单位长度强度介于二者之间。

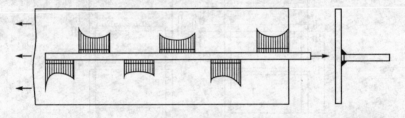

图 2-29 断续角焊缝接头的工作应力分布

综合上述，各种电弧焊接头都有不同程度的应力集中。实践证明，并不是在所有情况下应力集中都将影响强度。当材料具有足够的塑性时，结构在静载破坏之前就有显著的塑性变形，应力集中对其强度无影响。例如侧面搭接接头在加载时，如果母材和焊缝金属都有较好的塑性，则起初焊缝工作于弹性极限内，其切应力的分布是不均匀的。继续加载，焊缝的两端点达到屈服极限(τ_s)，则该处应力停止上升，而焊缝中段各点的应力尚未达到 τ_s，故应力随着加载继续上升，到达屈服极限的区域逐渐扩大，应力分布曲线变平，最后各点都达到 τ_s。若再加载，直至使焊缝全长同时达到强度极限，最后导致破坏。这说明接头在塑性变形的过程中能发生应力均匀化，只要接头材料具有足够的塑性，应力集中对静载强度就没有影响。

（2）电阻焊接接头的工作应力分布。

1）点焊缝接头的工作应力分布。点焊接头中的焊点主要承受切应力。在单排点焊接头中，焊点除了承受切应力外，还承受由偏心引起的拉应力。在多排点焊接头中，拉应力较小。

在焊点区沿板厚的应力分布极不均匀，接头中存在严重的应力集中，如图 2-30 所示。当点焊接头由多排焊点组成时，各点承受的载荷是不同的，两端焊点受力最大，中间焊点受力最小，如图 2-31 所示。排数越多，应力分布越不均匀。试验表明，焊点多于 3 排并不能明显增加承载能力，所以焊点排数以不超过 3 排为宜。

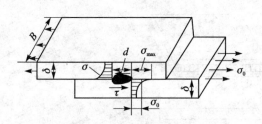

图 2 - 30　点焊接头沿板厚的应力分布

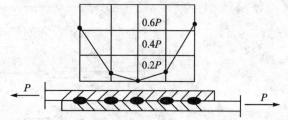

图 2 - 31　多排点焊接头的载荷分布

在单排点焊接头中,焊点附近的应力分布很不均匀,如图 2 - 32 所示。不均匀的程度与焊点间距 t 和焊点直径 d 有关,t/d 值越大,则应力分布越不均匀。

点焊接头的焊点承受拉力时,焊点周围产生极为严重的应力集中(见图 2 - 33),接头的抗拉强度很低。因此,设计点焊接头时,应避免接头承受这种载荷。

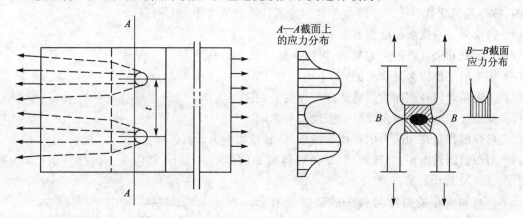

图 2 - 32　单排点焊接头的工作应力分布　　　**图 2 - 33　点焊焊点受拉时的应力分布**

2) 缝焊接头的工作应力分布。缝焊接头的焊缝是由一个个焊点局部重叠构成的,所以缝焊接头的工作应力分布比点焊接头均匀。

(二) 焊接接头的静载强度计算

1. 工作焊缝和联系焊缝

任何一个焊接结构上,都有若干条焊缝,根据其传递载荷的方式和重要程度,一般可分为两种:一种焊缝与被连接的元件是串联的,它承担着传递全部载荷的作用,即焊缝一旦断裂,结构就立即失效,这种焊缝称为工作焊缝[见图 2 - 34(a)],其应力称为工作应力;另一种焊缝与被连接的元件是并联的,它仅传递很小的载荷,主要起元件之间相互联系的作用,焊缝一旦断裂,结构不会立即失效,这种焊缝称为联系焊缝[见图 2 - 34(b)]其应力称为联系应力。在结构设计时无需计算联系焊缝的强度,只计算工作焊缝的强度。对于具有双重性的焊缝,它既有工作应力又有联系应力,则只计算工作应力,而不考虑联系应力。

2. 焊接接头强度计算的假设

焊接接头的强度计算,与其他结构的强度计算相同,均需要计算在一定载荷作用下产生的应力值。但是焊接接头的工作应力分布,尤其是角焊缝构成的 T 字接头和搭接接头等的工作应力分布非常复杂,精确计算接头的强度是困难的,常用的计算方法都是在一些假设的前提下

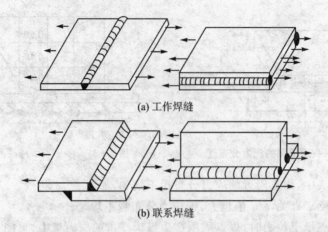

(a) 工作焊缝

(b) 联系焊缝

图 2-34　工作焊缝和联系焊缝

进行的,称之为简化计算法。在静载条件下为了计算方便常作如下假设:

(1) 残余应力对接头强度没有影响。

(2) 焊趾处和余高处的应力集中,对接头强度没有影响。

(3) 接头的工作应力是均布的,以平均应力计算。

(4) 正面角焊缝与侧面角焊缝的强度没有差别。

(5) 焊脚尺寸的大小对角焊缝的强度没有影响。

(6) 角焊缝都是在切应力的作用下被破坏,故按切应力计算强度。

(7) 角焊缝的破断面(计算断面)在角焊缝截面的最小高度上,其值等于内接三角形高 a (见图 2-35),a 称为计算高度。

(8) 余高和少量的熔深对接头的强度没有影响,但是在采用熔深较大的埋弧焊和 CO_2 气体保护焊时,应予以考虑。如图 2-35 所示,其角焊缝计算断面高度 a 为

$$a = (K + p)\cos45°$$

$$a = \frac{K}{\sqrt{2}} = 0.7K$$

当 $K \leqslant 8$ mm 时,可取 a 等于 K;当 $K > 8$ mm 时,可取 $p = 3$ mm。

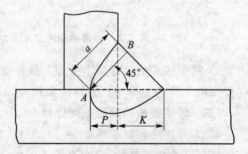

图 2-35　深熔焊的角焊缝

3. 焊接接头的静载强度计算

(1) 熔焊接头的静载强度计算。静载强度计算方法,目前仍然采用许用应力法。而接头的强度计算实际上是计算焊缝的强度。因此,强度计算时的许用应力值均为焊缝的许用应力。

电弧焊接头的静载强度计算的一般表达式为

$$\sigma \leqslant [\sigma'] \text{ 或 } \tau \leqslant [\tau']$$

式中,σ 和 τ 为平均工作应力;$[\sigma']$ 和 $[\tau']$ 为焊缝的许用应力。

下面分析各类接头的静载强度计算式及其应用。

1) 对接接头的静载强度计算。计算对接接头的强度时,可不考虑焊缝余高,所以计算基本金属强度的公式完全适用于计算这种接头。焊缝计算长度取实际长度,计算厚度取两板中较

薄者。如果焊缝金属的许用应力与基本金属相等,则可不必进行强度计算。

全部焊透的对接接头的受力情况如图 2-36 所示。图中 F 为接头所受的拉力(或压力),Q 为切力,M_1 为平面内弯矩,M_2 为垂直平面的弯矩。

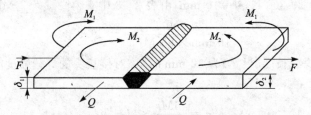

图 2-36　对接接头的受力情况

各种受力情况的强度计算公式如下:

① 受拉或受压。

受拉时,

$$\sigma_t = \frac{F}{L\delta_1} \leqslant [\sigma'_t] \tag{2-1}$$

受压时,

$$\sigma_p = \frac{F}{L\delta_1} \leqslant [\sigma'_p]$$

式中　F——接头所受的拉力或压力(N);

　　　L——焊缝长度(mm);

　　　δ_1——接头中较薄板的厚度(mm);

　　　σ_t、σ_p——接头受拉或受压时焊缝中所承受的工作应力(MPa);

　　　$[\sigma'_t]$——焊缝受拉或受弯时的许用应力(MPa);

　　　$[\sigma'_p]$——焊缝受压时的许用应力(MPa)。

例1　两块板厚为 5 mm、宽为 500 mm 的钢板对接在一起,两端受 28 400 N 的拉力,材料为 Q235—A 钢,$[\sigma'_t]$=142 MPa,试求其焊缝强度。

解　已知 F=284 000 N,L=500 mm,δ_1=5 mm,$[\sigma'_t]$=142 MPa,代入式(2-1),得

$$\sigma_t = \frac{F}{L\delta_1} = \frac{284\ 00\text{N}}{500\ \text{mm} \times 5\ \text{mm}} = 113.6\ \text{MPa} < [\sigma'_t] = 142\ \text{MPa}$$

所以该对接接头的焊缝强度满足要求,结构工作时是安全的。

②受剪切。

$$\tau = \frac{Q}{L\delta_1} \leqslant [\tau'] \tag{2-2}$$

式中　q——接头所受的切力(N);

　　　l——焊缝长度(mm);

　　　δ_1——接头中较薄板的厚度(mm);

　　　τ——接头焊缝中所承受的切应力(MPa);

　　　$[\tau']$——焊缝许用切应力(MPa)。

例2　两块板厚为 10 mm 的钢板对接,焊缝受 29 300 N 的切力,材料为 Q235—A 钢,试设计焊缝的长度(钢板宽度)。

解 由式(2-2)可得

$$L \geqslant \frac{Q}{\delta_1 [\tau']}$$

由已知条件可知,$Q = 29\,300$ N,$\delta_1 = 10$ mm;由表 2-3 中查得 $[\tau'] = 93$ MPa,代入上式,得

$$L \geqslant \frac{29\,300\text{N}}{10\text{ mm} \times 98\text{ MPa}} = 29.9\text{ mm}$$

取 $L = 32$ mm,即当焊缝长度(板宽)为 32 mm 时,该对接接头的焊缝强度能满足要求。

③受弯矩。

受板平面内弯矩 M_1, $\qquad\qquad \sigma = \frac{6M_1}{\delta_1 L^2} \leqslant [\sigma'_t]$ $\qquad\qquad$ (2-3)

受垂直板面弯矩 M_2, $\qquad\qquad \sigma = \frac{6M_2}{\delta_1^2 L} \leqslant [\sigma'_t]$ $\qquad\qquad$ (2-4)

式中 $\quad M_1$——板平面内弯矩(N·mm);

$\qquad M_2$——垂直板面弯矩(N·mm);

$\qquad L$——焊缝长度(mm);

$\qquad \delta_1$——接头中较薄板的厚度(mm);

$\qquad \sigma$——接头受弯矩作用时焊缝中所承受的工作应力(MPa);

$\qquad [\sigma'_t]$——焊缝受拉或受弯时的许用应力(MPa)。

例 3 两块相同厚度的钢板对接接头,材料为 Q345,钢板宽度为 300 mm,焊缝质量用普通方法检查,受垂直板面弯矩 3 000 000 N·mm,试计算焊缝所需的厚度(板厚)。

解 由式(2-4)可得, $\qquad\qquad \delta_1 \geqslant \sqrt{\frac{6M_2}{L[\sigma']}}$

由已知条件 $M_2 = 3\,000\,000$ N·mm,$L = 300$ mm;由表 2-3 中查得 $[\sigma'] = 201$ MPa。代入上式,得

$$\delta_1 \geqslant \sqrt{\frac{6 \times 3\,000\,000\text{ N·mm}}{300\text{ mm} \times 201\text{ MPa}}} = 17.2\text{ mm}$$

取 $\delta_1 = 18$mm,即当焊缝厚度(板厚)为 18mm 时,该对接接头的焊缝强度能满足要求。

2) 搭接接头的静载强度计算。各种搭接接头的受力情况如图 2-37 所示。由于焊缝和受力方向相对位置的不同,可分成正面搭接受拉或受压、侧面搭接受拉或受压和联合搭接受拉或受压 3 种焊缝。

3 种焊缝的计算公式如下:

①正面搭接受拉或受压的计算公式。

$$\tau = \frac{F}{1.4KL} \leqslant [\tau'] \qquad\qquad (2-5)$$

② 侧面搭接受拉或受压的计算公式。

$$\tau = \frac{F}{1.4KL} \leqslant [\tau'] \qquad\qquad (2-6)$$

③ 联合搭接受拉或受压的计算公式。

$$\tau = \frac{F}{0.7K \sum L} \leqslant [\tau'] \qquad\qquad (2-7)$$

式中　f——搭接接头所受的拉力或压力（N）；

　　　　K——焊脚尺寸（mm）；

　　　　l——焊缝长度（mm）；

　　　　$\sum L$——正面、侧面焊缝总长度（mm）；

　　　　τ——搭接接头角焊缝所承受的切应力（MPa）；

　　　　$[\tau']$——焊缝金属许用切应力（MPa）。

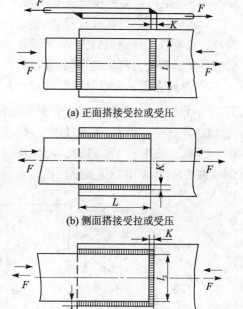

(a) 正面搭接受拉或受压

(b) 侧面搭接受拉或受压

(c) 联合搭接受拉或受压

图 2-37　各种搭接接头的受力情况

例4　将 $100\ \text{mm} \times 100\ \text{mm} \times 10\ \text{mm}$ 的角钢用角焊缝搭接在一块钢板上，如图 2-38 所示。受拉伸时要求与角钢等强度，试计算接头的合理尺寸 K 和 L 应该是多少？

解　从材料手册查得角钢断面面积 $A = 19.2\text{cm}^2$；许用拉应力 $[\sigma'_t] = 160\ \text{MPa} = 160\ \text{N/mm}^2$，焊缝许用切应力 $[\tau'] = 100\ \text{MPa} = 100\ \text{N/mm}^2$。

角钢的允许载荷 $[F] = A[\sigma'_t] = 1\ 920\ \text{mm}^2 \times 160\ \text{N/mm}^2 = 307\ 200\ \text{N}$。

假定接头上各段焊缝中切应力都达到焊缝许用切应力值，即 $\tau = [\tau']$。若取 $K = 10\ \text{mm}$，用焊条电弧焊，则所需的焊缝总长度为

$$\sum L = \frac{[F]}{0.7K[\tau']} = \frac{307\ 200\ \text{N}}{0.7 \times 10\ \text{mm} \times 100\ \text{N/mm}^2} = 439\ \text{mm}$$

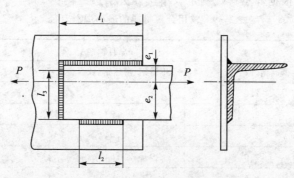

图 2-38　角钢与钢板组成搭接接头

角钢一端的正面角焊缝 $L_3 = 100\ \text{mm}$，则两侧焊缝总长度为 339 mm。根据材料手册查得角钢的拉力作用线位置 $e = 28.3\ \text{mm}$，按杠杆原理，则侧面角焊缝 L_2 应承受全部侧面角焊缝应该承受载荷的 28.3%。故

$$L_2 = 339 \times \frac{28.3}{100}\ \text{mm} = 96\ \text{mm}$$

另外一侧的侧面角焊缝长度应该是

$$L_1 = 339 \times \frac{100 - 28.3}{100}\ \text{mm} = 243\ \text{mm}$$

取 $L_1 = 250\ \text{mm}$，$L_2 = 100\ \text{mm}$。

（2）电阻焊接头的静载强度计算。

1）点焊接头。焊点具有较高抗剪能力，而抗撕裂能力低，故设计时要使焊点受剪而避免受撕拉。根据接头传递载荷大小，可设计成单点搭接和多点搭接。为保证多点搭接接头上每点的焊接质量和受力尽可能均匀，要注意焊点直径和焊点排列。

① 焊点直径 d 按母材厚度确定。表 2-9 给出几种常用金属材料的最小焊点直径的参考值。也可按 $d = 5\sqrt{\delta}$ 估算，式中 δ 为较小板厚。

② 焊点中心距 t。焊点过密时，焊接分流大而影响质量，一般 $t \geqslant 3d$，如图 2-39 所示。

③ 焊点边距 e。为了防止焊点沿板边缘处撕开，焊点中心至板端距离 $e_1 \geqslant 2d$；为防止焊点熔核被挤出，焊点中心至板侧的距离 $e_2 \geqslant 1.5d$，如图 2-39 所示。

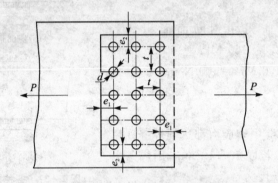

图 2-39　点焊接头的设计

④ 最小搭接宽度根据焊点排数确定。单排要大于边距两倍。

表 2-9　常用金属材料的最小焊点直径

（单位：mm）

板　厚	焊点直径		
	低碳钢、低合金钢	不锈钢、耐热钢、钛合金	铝合金
0.3	2.0	2.5	—
0.5	2.5	2.5	3.0
0.6	2.5	3.0	—
0.8	3.0	3.5	3.5
1.0	3.5	4.0	4.0
1.2	4.0	4.5	5.0
1.5	5.0	5.5	6.0
2.0	6.0	6.5	7.0
2.5	6.5	7.5	8.0
3.0	7.0	8.0	9.0
4.0	9.0	10.0	12.0

精确计算焊点上的工作应力较困难，为了简化计算，作如下假定：

a. 每个焊点都在切应力作用下破坏；

b. 忽略因搭接接头的偏心力而引起的附加应力；

c. 焊点上的应力集中对静载强度没有影响；

d. 同一个搭接接头上的焊点受力是均匀的。

基于上述假定,得出表 2 - 10 所列点焊接头的静载强度计算公式。

表 2 - 10　点焊接头的静载强度计算公式

简　图	计算公式	备　注
 单面剪切 双面剪切	受拉或受压:单面剪切, $$\tau = \frac{4P}{ni\pi d^2} \leqslant [\tau_0']$$ 双面剪切, $$\tau = \frac{2P}{ni\pi d^2} \leqslant [\tau_0']$$	$[\tau_0']$ 表示焊点的许用切应力 i 表示焊点的排数 n 表示每排的焊点数 d 表示焊点直径 y_{max} 表示焊点距 x 轴最大距离 y_j 表示 j 焊点距 x 轴距离
	受弯:单面剪切, $$\tau_{max} = \frac{4My_{max}}{i\pi d^2 \sum\limits_{j=i}^{n} y_j^2} \leqslant [\tau_0']$$ 双面剪切, $$\tau_{max} = \frac{2My_{max}}{i\pi d^2 \sum\limits_{j=i}^{n} y_j^2} \leqslant [\tau_0']$$	

2) 缝焊接头。设计缝焊接头要注意焊件的敞开性和搭接宽度。一般是先根据焊件材质和板厚确定滚轮压痕的宽度,然后确定搭接宽度。

缝焊焊缝工作时受剪,其静载强度为

$$\tau = \frac{p}{bl} \leqslant [\tau_0'] \tag{2-8}$$

式中　b——焊缝宽度,可取滚轮压痕宽度(mm);

　　　l——焊缝长度(mm);

　　　$[\tau_0']$——焊缝许用切应力。

电阻点焊和缝焊的许用切应力均按 $[\tau_0'] = (0.3 \sim 0.5)$。$[\sigma_1]$ 选用,$[\sigma_1]$ 为低碳钢、低合金钢或铝合金的许用拉应力。

任务五　焊接结构的脆性断裂与疲劳破坏

一、任务分析

20 世纪 20 年代之前,大型金属结构(如船舶、桥梁、储罐等)都采用铆接结构。虽然也发生过破坏事故,但是为数不多,损失也不大。20 世纪 30 年代以后,随着焊接结构的大量制造,焊接结构得到广泛的应用,但结构破坏特别是脆性事故的频繁发生,迫使人们对焊接结构的破坏问题进行广泛的研究。本任务主要介绍了引起焊接结构的脆性断裂和疲劳破坏的原因和防止措施。

二、相关知识

（一）焊接结构的特点与分类

1. 焊接结构的特点

焊接结构与铸造结构和铆接结构相比，有自己的优缺点。

（1）焊接结构的优点

1）采用焊接结构可以减轻结构的重量，提高产品的质量，特别是大型毛坯件的重量（相对铸造毛坯）。例如起重机采用焊接结构，其重量往往可以减轻 $15\%\sim20\%$，建筑钢结构一般可减轻 $10\%\sim20\%$。

2）与铆接相比，焊接结构有很好的气密性和水密性，这是贮罐、压力容器、船壳等结构必备的性能。

3）与铸件相比，焊接结构的工序简单，生产周期短，且节省材料。

4）焊接结构多用轧材制造，它的过载能力，承受冲击载荷能力较强（和铸造结构相比）；对于复杂的连接，用焊接接头来实现要比用铆接简单得多。

5）焊接结构可以在同一个零件上，根据不同要求采用不同的材料或分段制造来简化工艺。

（2）焊接结构的缺点

1）焊接结构中存在焊接残余应力和变形，残余应力和变形不但可能引起工艺缺陷，而且在一定条件下将影响结构的承载能力。

2）焊接结构有较大的性能不均匀性，它的不均匀性远远超过铸件和焊件，对结构的力学性能特别是断裂行为必须予以一定的重视。

3）焊接结构是一个整体，刚度大，在焊接结构中易产生裂纹等缺陷，且裂纹一旦扩展不易制止。

4）科学技术的进步，使无损检测手段获得了重大发展，但到目前为止，能百分之百检出焊缝缺陷的检测手段仍然缺乏。

2. 焊接结构的分类

按焊接结构工作的特征，并参照其设计和制造工艺，结构的分类如下：

（1）梁、柱和桁架结构。焊接梁是由钢板或型钢焊接成形的实腹受弯构件，主要承受横向弯曲载荷的作用。在钢结构中，梁是最主要的一种构件形式，是组成各种建筑钢结构的基础，同时又是机器结构中的重要组成部分。焊接柱是由钢板或型钢经焊接成形的受压构件，并将其所受到的载荷传递至基础的构件，如塔架、网架结构中的压杆及厂房和高层建筑的框架柱。由多种杆件被节点联成承担梁或柱的载荷，而各杆都是主要工作在拉伸或压缩载荷下的结构称为桁架，如输变电钢塔、电视塔等。

（2）壳体结构。它包括各种焊接容器，立式和卧式贮罐（圆筒形）、球形容器，各种工业锅炉、电站锅炉的汽包、各种压力容器，以及冶金设备（高炉炉壳、除尘器、洗涤塔等），水泥窑炉壳、水轮发电机的蜗壳等。这类结构要求焊缝致密，应按国家标准规定设计和制造。

（3）薄板结构。它包括汽车结构（轿车车体、载货车的驾驶室等），铁路敞车、客车车体、船体结构、集装箱、各种机器外罩及控制箱等。这类结构多属于受力较小或不受载荷作用的壳体。

(4) 复合结构及机械零部件。主要包括机床大件(床身、立柱、横梁等)、压力机机身、减速器箱体及大型机器零件等。常见的有铸、压-焊结构、铸-焊结构和锻-焊结构等。这类结构通常是在交变载荷作用下工作的,因此对于这类焊接结构应要求具有良好的动载性能和刚度,保证机械加工后的尺寸精度和使用稳定性等。

(二) 焊接结构的脆性断裂

1. 金属断裂的分类

根据金属断裂过程的一些现象,以及断后断口的宏观和微观形貌特征,从不同角度进行分类:

(1) 按断裂前塑性变形量大小分成脆性断裂和塑性断裂(又称为延性断裂)两大类。但对于判断金属发生多大程度上的塑性变形属于塑性变形,小于何种程度的塑性变形量属于脆性断裂,仍需根据具体情况而定。

(2) 按断裂面的取向分析分为正断和切断。正断是指断裂的宏观表面垂直于最大正应力方向,切断是指断裂的宏观表面平行于最大切应力方向。

(3) 按断裂的位置分为晶间断裂和穿晶断裂。

(4) 按断裂机制分为解理断裂和剪切断裂。其中,剪切断裂又分为纯剪切断裂和空穴聚积断裂。

其他类型的断裂一般都是脆性断裂和韧性断裂的不同表现形式。例如,解理断裂、晶界断裂和大部分正断都因无明显塑性变形而归为脆性断裂,而切断、纯剪切断裂及大部分空穴聚积型断裂基本上属于塑性断裂。

2. 脆性断裂的危害

(1) 脆断事故事例。

1) 焊接船舶的脆性断裂。1943 年 1 月 16 日,Schenectady 号 T－2 型油船在码头发生断裂,沿甲板扩展,几乎使这条船完全断开。破坏是突然发生的,当时海面平静,天气温和,其计算的甲板应力只有 7.0 kg/mm^2。1943 年 4 月,美国海军部建立了一个研究焊接钢制商船设计和建造方法的委员会,于 1946 年公布:在第二次世界大战期间,美国制造的 4 694 艘船舶中,970 艘船上经历了约为 1 300 起大小不同的结构破坏事故,其中甲板和底板完全断裂的约为 25 艘,很多都是发生在风平浪静的情况下。

2) 焊接桥梁的脆断。第二次世界大战前,在 Albert 运河上建了约 50 座威廉德式桥,桥梁为全焊结构。1938 年 3 月,在比利时的阿尔拜特运河上跨度为 74.52 m 的哈塞尔桥在使用 14 个月后,在载荷不大的情况下,断成 3 段掉入河中。1941 年 1 月,另两座桥又发生局部脆断事故。1951 年 1 月,加拿大魁北克的杜柏莱斯桥突然倒掉入河中,这些桥梁的破坏都是在温度较低的情况下发生的。

3) 圆筒形贮罐和球形贮罐的破坏事故。1944 年 10 月 20 日,美国俄亥俄州煤气公司液化天然气贮存基地,该基地装有台内径 17.4 m 的球形贮罐,一台直径为 21.3 m,高为 12.8 m 的圆筒形贮罐。事故是由圆筒形贮罐开始的,首先在其 1/3～1/2 的高度处喷出气体和液体,接着听见雷鸣般的响声,倾即化为火焰,然后贮罐爆炸,酿成大火。20 分钟后,一台球罐因底脚过热而倒塌爆炸,使灾情进一步扩大。这次事故造成 133 人死亡,损失达 680 万美元;另一起事故发生在 1971 年西班牙马德里,一台 5 000 m³ 球形煤气贮罐,在水压试验时有 3 处开裂而破坏,死伤 15 人。

(2)脆性断裂的危害。脆断一般都在应力不高于结构的设计许用应力和没有显著的塑性变形的情况下发生,并瞬时扩展到结构整体,具有突然破坏的性质,不易事先被发现和预防,因此往往造成人员伤亡和财产的巨大损失。这些不幸事件,引起了科学技术人员对金属结构脆性破坏的注意,推动了对脆性破坏机理的研究,采用许多试验方法研究各种有关因素的影响,取得了不少成果,使脆断事故大为减少。但由于引起焊接结构脆断的原因是多方面的,它涉及材料选用、构造设计、制造质量和运行条件等。防止焊接结构脆断是一个系统工程,光靠个别试验或计算方法是不能确保安全使用的。

3. 焊接结构脆断的特征

通过大量焊接结构脆断事故分析发现有下述一些现象和特点:

(1)断裂一般都在没有显著塑性变形的情况下发生,具有突然破坏的性质。破坏一经发生,瞬时就能扩展到结构大部分或全体,因此脆断不易发现和预防。

(2)多数脆断是在环境温度或介质温度降低时发生,也称为低温脆断。

(3)脆断的名义应力较低,通常低于材料的屈服点,往往还低于设计应力,故又称为低应力脆性破坏。

(4)破坏总是从焊接缺陷处或几何形状突变、应力和应变集中处开始的。

(5)破坏时没有或极少有宏观塑性变形产生,一般都有断裂碎片散落在事故周围。断口是脆性的平断口,宏观外貌呈人字纹和晶粒状,根据人字纹的尖端可以找到裂纹源。微观上多为晶界断裂和解理断裂。

(6)脆断时,裂纹传播速度极高,一般是声速的 1/3 左右,在钢中可达 1 200~1 800 m/s。当裂纹扩展进入更低的应力区或材料的高韧性区时,裂纹就停止扩展。

4. 焊接结构脆断的原因

对各种焊接结构脆断事故分析和研究,发现焊接结构发生脆断是材料(包括母材和焊材)、结构设计和制造工艺三方面因素综合作用的结果。就材料而言,主要是在工作温度下韧性不足;就结构设计而言,主要是造成极为不利的应力状态,限制了材料塑性的发挥;就制造工艺而言,除了因焊接工艺缺陷造成严重应力集中外,还因为焊接热的作用改变了材质(如热影响区的脆化)和焊接残余应力与变形等。

(1)影响金属材料脆断的主要因素。研究表明,同一种金属材料由于受到外界因素的影响,其断裂的性质会发生改变,其中最主要的因素是温度、加载速度和应力状态,而且这三者往往是共同起作用。

1)温度的影响。温度对材料断裂性质影响很大,图 2-40 所示为热轧低碳钢的温度-拉伸性能关系曲线。从图中可看出,随着温度降低,材料的屈服应力 σ_s 和断裂应力 σ_b 增加。而反映材料塑性的断面收缩率 Ψ 却随温度降低而降低,约在 $-200℃$ 时为零。这时对应的屈服应力与断裂应力接近相等,说明材料断裂的性质已从延性转化为脆性。图中屈服应力 σ_s 与断裂应力 σ_b 汇交处所对应的温度或温度区间,被称为材料从延性向脆性转变的温度,又称为临界温度。其他钢材也有类似规律,只是脆性转变温度的高低不同。因此,可以用来衡量材料抗脆性断裂的指标。脆性转变温度受试验条件影响,如带缺口试样的转变温度高于光滑试样的转变温度。

温度不仅对材料的拉伸性能有影响,也对材料的冲击韧度、断裂韧度有类似的影响。

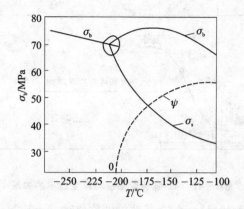

图 2-40　热轧低碳钢的温度-拉伸性能关系曲线

2）加载速度的影响。实验证明，钢的屈服点 σ_s 随着加载速度提高而提高，如图 2-41 所示。这说明了钢材的塑性变形抗力随加载速度提高而加强，促进了材料脆性断裂。提高加载速度的作用相当于降低温度。

应当指出，在同样加载速度下，当结构中有缺口时，应变速率可呈现出加倍的不利影响，因为此时有应力集中的影响，应变速率比无缺口高得多，从而大大降低了材料的局部塑性，这就说明了为什么结构钢一旦开始脆性断裂，就很容易产生扩展现象。当缺口根部小范围发生断裂时，则在新裂纹前端的材料立即突然受到高应力和高应变载荷，也就是一旦缺口根部开裂，就有高的应变速率，而不管其原始加载条件是动载的还是静载的，此时随着裂纹加速扩展，应变速率更急剧增加，致使结构最后破坏。韧-脆转变温度与应变速率的关系[见图 2-42]，随着厚度和应变速率的增加，转变温度向高温转移。

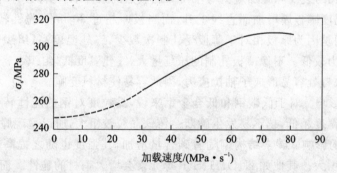

图 2-41　钢的屈服点 σ_s 随着加载速度提高而提高

3）应力状态的影响。塑性变形主要是由于金属晶体内沿滑移面发生滑移，引起滑移的力学因素是切应力。因此，金属内有切应力存在，滑移可能发生。

物体受外载时，在不同截面上产生不同的正应力 σ 和切应力 τ，在主平面上作用有最大正应力 σ_{max}，另一与之垂直的主平面上作用着最小正应力 σ_{min}，与主平面成 45°角的平面上作用着最大切应力 τ_{max}，当 τ_{max} 达到屈服强度后产生滑移，表现为塑性变形。若 τ_{max} 先达到材料的切断抗力，则发生延性断裂。若最大拉正应力 σ_{max} 首先达到材料的正断抗力，则发生脆性断裂。因此，发生断裂的性质，既与材料的正断抗力和切断抗力有关，又与 τ_{max}/σ_{max} 的比值有关。后者描述了材料的应力状态。显然比值增大，塑断可能性大。反之，脆断可能性大。τ_{max}/σ_{max} 的

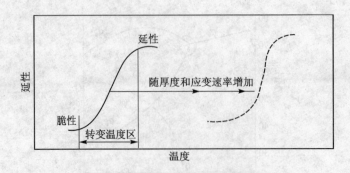

图 2-42　韧-脆转变温度与应变速率的关系

比值与加载方式和材料的形状尺寸有关,杆件单轴拉伸时,$\tau_{max}/\sigma_{max}=2/1$;圆棒纯扭转时,$\tau_{max}/\sigma_{max}=1$;前者发生脆断可能性大于后者。厚板结构易出现三向拉应力状态,若 $\sigma_1=\sigma_2=\sigma_3$,则 $\tau_{max}/\sigma_{max}=0$ 这时塑性变形受到拘束,必然发生脆断。实验证明,许多材料处于单轴或双轴拉伸压力下,呈现塑性,当处于三轴拉伸应力下,因不易发生塑性变形,呈现脆性。裂纹尖端或结构上其他应力集中点和焊接残余应力容易出现三向应力状态。

4)材料状态的影响。前述 3 个因素均属引起材料脆断的外因。材料本身的性质则是引起脆断的内因。

① 厚度的影响。厚度增大,发生脆断可能性增大。一方面原因已如前所述,厚板在缺口处容易形成三向拉应力,沿厚度方向的收缩和变形受到较大的限制而形成平面应变状态,约束了塑性的发挥,使材料变脆。曾经把厚度为 45 mm 的钢板,通过加工制成板厚为 10 mm、20 mm、30 mm、40 mm 的试件,研究其不同板厚所造成不同应力状态对脆性破坏的影响。发现在预制 40 mm 长的裂纹和施加应力等于 1/2 屈服点的条件下,当厚度小于 30 mm 时,发生脆断的脆性转变温度随板厚增加而直线上升;而当板厚超过 30 mm,脆性转变温度增加得较为缓慢。另一方面是因为厚板相对于薄板受轧制次数少,终轧温度高,组织较疏松,内外层均匀性差,抗脆断能力较低。不像薄板轧制的压延量大,终轧温度低,组织细密而均匀,具有较高抗断能力。板在缺口处容易形成子轴拉应力,因此容易使材料变脆。

② 晶粒度的影响。对于低碳钢和低合金钢来说,晶粒度对钢的脆性转变温度影响很大,晶粒度越细,转变温度越低,越不易发生脆断。铸铁晶粒较粗大,所以呈现脆性断裂。

③ 化学成分的影响。碳素结构钢随着碳含量增加,其强度也随之提高,而塑性和韧性却下降,即脆断倾向增大。其他如 N、O、H、S、P 等元素会增大钢材的脆性。而适量加入 Ni、Cr、V、Mn 等元素则有助减小钢的脆性。

必须指出,金属材料韧性不足,发生脆断既有内因,又有外因,内因通过外因起作用。但是上述 3 个外因的作用往往不是单独的,而是共同作用相互促进。同一材料光滑试样拉伸要达到纯脆性断裂,其温度一般都很低,如果是带缺口试样,则发生脆性断裂的温度将大大提高。缺口越尖锐,提高脆断的温度幅度就越大。说明不利的应力状态提高了脆性转变温度。如果厚板再加上带有尖锐的缺口(如裂纹的尖端),则在常温下也会产生脆性断裂。提高加载速度(如冲击)也同样使材料的脆性转变温度大幅度提高。

(2)影响结构脆断的设计因素。焊接结构是根据焊接工艺特点和使用要求而设计的。设计上,有些不利因素是这类结构固有特点造成的,因而比其他结构更易于引起脆断;有些则是设计不合理而引起脆断。

1) 焊接连接是刚性连接。焊接接头通过焊缝把两母材熔合成连续的、不可拆卸的整体，连接的构件不易产生相对位移。在焊接结构中，由于在设计时没有考虑这个因素，往往引起较大的附加应力，结构一旦开裂，裂纹很容易从一个构件穿越焊缝传播到另一构件，继而扩展到结构整体，造成整体断裂。另外，由于焊接结构比铆接结构刚性大，所以焊接结构对应力集中因素特别敏感。铆钉连接和螺栓连接不是刚性连接，接头处两母材是搭接，金属之间不连续。靠搭接面的摩擦传递载荷。遇到偶然冲击时，搭接面有相对位移可能，起到吸收能量和缓冲作用。万一有一构件开裂，裂纹扩展到接头处因不能跨越而自动停止，不会导致整体结构的断裂。

2) 焊接结构的整体性。焊接结构的整体性强，如果设计不当或制造不良，则焊接结构的整体性将给裂纹的扩展创造十分有利条件。当采用焊接结构时，一旦有不稳定的脆性裂纹出现，就有可能穿越接头扩展至结构整体，而使结构全部破坏。但是对于铆接结构，当出现不稳定脆性裂纹并扩展到接头处时有可能自动停止，因而避免了更大的灾难出现。因此在某些大型焊接结构上，有时仍保留少量的铆接接头或在关键部位采用优质钢的异种材料接头，原因就在于此。

3) 构造设计上存在有不同程度的应力集中因素。焊接接头中的搭接接头、T字（或十字）接头和角接头，本身就是结构上不连续部位。连接这些接头的角焊缝，在焊趾和焊根处便是应力集中点。对接接头是最理想的接头形式，但也随着余高的增加，使焊趾的应力集中趋于严重。

4) 结构细部设计不合理。焊接结构设计，重视选材和总体结构的强度和刚度计算是必须的，但构造设计不合理，尤其是细部设计考虑不周，也会导致脆断的发生。因为焊接结构的脆断总是从焊接缺陷处或几何形状突变、应力和应变集中处开始的。

（3）影响结构脆断的工艺因素。在焊接结构的生产制造过程中，由于金属材料要经受冷（热）加工、焊接热循环、焊后热处理、装配等工艺流程的影响，不可避免地要产生应变时效和焊接残余应力与变形。所有的这些过程都会影响焊接接头的性能，使焊接接头成为最薄弱的环节，易引发脆性裂纹。因此，必须对焊接接头部位予以充分关注。一般来说，焊接过程对焊接接头的影响如下：

1) 应变时效引起的局部脆性。钢材经过冷加工后，产生一定的塑性变形。例如，在焊接结构生产过程中的剪切、冷作矫形、弯曲随后又经过 $150\sim450$ ℃温度范围的加热就会引起应变时效。焊接时金属受到热循环的作用，特别是在热影响区的某些刻槽尖端附近或多层焊道中已焊完焊道中的缺陷附近，产生较大的应力-应变集中，从而引起较大的塑性变形。这种塑性变形在焊接热循环的作用下，也会引起应变时效，通常称为热应变脆化。其结果使接头局部脆化，同时热应变脆化大大降低了材料塑性，提高了材料的脆性转变温度，使材料的缺口韧性和断裂韧性值下降。

焊后热处理（$550\sim560$ ℃）可以消除热应变时效对低碳钢及某些合金结构钢的影响，恢复其韧性。因此，对时效应变敏感的一些钢材，焊后热处理不但能消除焊接残余应力，而且能改变局部脆性，这对防止结构脆断是很有利的。

2) 金相组织改变对脆性的影响。焊接过程的快速加热和冷却，使焊缝的本身和热影响区发生了一系列金相组织的变化，使接头各部位的缺口韧性不同。热影响区是焊接接头薄弱环节之一，有些钢材的试验表明，它的脆性转变温度可比母材提高 $50\sim100$ ℃。

热影响区的金相组织主要取决于钢材的原始金相组织、材料的化学成分、焊接方法和焊接线能量。对于一定的钢材和焊接方法来说，热影响区的组织主要取决于焊接参数，即焊接线能量。因此，合理地选择线能量十分重要，特别是对高强度钢更是如此。实践证明，过小的焊接线能量会引起淬硬组织并容易产生裂纹；过大的线能量又会造成晶粒粗大和脆化，降低材料的韧性。

日本德山球形容器的材料采用抗拉强度为 800 MPa 级的高强度钢，板厚 30 mm。焊后经检查合格，进行水压试验时发生破坏。事故分析结果表明破坏的直接原因是焊接时采用了不适当的线能量所致。

3）焊接缺陷的影响。在焊接接头中，焊缝和热影响区容易产生各种缺陷。据美国对船舶脆断事故的调查表明，大约 40% 的脆断事故是从焊缝缺陷处开始的。

焊接缺陷对结构脆断的影响与缺陷产生的应力集中程度和缺陷附近材料的性能有关。以缺陷对脆断的影响而言，可将焊接缺陷分为平面缺陷和非平面缺陷两大类：

① 平面缺陷，如裂纹、分层和未焊透等，对断裂的影响最大。

② 非平面缺陷，如气孔、夹杂等，对断裂的影响程度一般低于平面缺陷。

在所有缺陷中，裂纹是最危险的。在外载作用下，裂纹前沿附近会产生少量塑性变形，同时尖端有一定量的张开位移，使裂纹缓慢发展；当外载增加到某一临界值时，裂纹即以高速扩展，此时裂纹如果位于高值拉应力区，则往往引起整个结构的脆性断裂。

除去裂纹以外，其他焊接缺陷如咬边、未焊透、焊缝外表成形不良等，都会产生应力集中和可能引起脆件破坏，所以若在结构的应力集中区（如压力容器的接管处）产生焊接缺陷就更加危险，因此最好将焊缝布置在应力集中区以外。

4）角变形和错边的影响。在焊接接头中，角变形和错边都会引起附加弯曲应力，这对结构脆性破坏有影响，尤其是对塑性较低的高强度钢，影响更大。在角变形比较大的接头中，如承受拉应力，由于作用力的轴线不通过重心，而产生附加弯矩。在拉力和弯矩共同作用下，可造成接头低应力破坏。如果再考虑焊接的余高在熔合线处的应力集中，则情况更为严重。因为在韧性较低的熔合线处，同时承受了角变形和余高所造成的应力集中，所以，角变形越大，破坏应力越低。对接接头错边的影响，类似于搭接接头，由于载荷与重心不同轴，而造成附加弯曲内力，因此要注意对错边量的控制。

5）残余应力和塑性变形的影响。试验表明，当试验温度在材料的脆性转变温度以上时，焊接残余应力对脆断强度无不利影响；试验温度在材料的脆性转变温度以下时，如果焊接残余应力为拉伸应力，则有不利影响：拉伸残余应力将和工作应力叠加共同起作用，在外加载荷很低时，发生低应力破坏，即脆性破坏。

由于拉伸残余应力具有局部性质，一般它只限于在焊缝附近部位，离开焊缝区其值迅速减小，所以在焊缝附近的峰值残余应力有助于断裂的发生。裂纹离开焊缝一定距离后，残余应力影响急剧减小，当工作应力较低时，裂纹可能中止扩展。当工作应力较大时，裂纹将一直扩展至结构破坏。

工程中常采用振动时效消除焊接残余应力。

5. 防止焊接结构脆性破坏的措施

材料在工作条件下韧性不足，结构上存在严重应力集中（包括设计上和工艺上）和过大的拉应力（包括工作应力、残余应力和温度应力）是造成结构脆性破坏的主要因素。若能有效地解决其中一方面因素所存在的问题,则发生脆断的可能性将显著降低。通常是从选材、设计和制造三方面采取措施来防止结构的脆性破坏。

(1) 正确选用材料。选择材料的基本原则是既要保证结构的安全性,又要考虑经济性。一般所选钢材和焊接填充金属材料应保证在使用温度下具有合格的缺口韧性。其具体含义是:

1) 在结构工作条件下,焊缝、热影响区、熔合线等部位应有足够的抗开裂性能,母材应具有一定的止裂性能。

2) 随着钢材强度的级别的提高,其断裂韧性和工艺性都有不同程度的下降,因此选材时,钢材的强度和韧度要兼顾,不能片面追求强度指标。通常是从缺口韧性和断裂韧度两方面进行材料选定。

① 按缺口韧性试验来选择材料。冲击试验简单易行,且已积累较多的经验,故仍然是目前广泛采用的选用、验收和评定材料韧性的试验方法。由于冲击韧度(A_K 或 a_k)不能与包括设计应力在内的计算结合起来,所以只能间接地凭经验和了解去估计它们对构件强度及安全可靠性的影响。因此,对某一用途的钢材,在什么温度下,用什么冲击试样以及冲击值应达到多少才符合设计要求,各个国家和部门都有不同标准和规定。

② 按断裂韧度来选择材料。断裂韧度 K_{IC}、δ_c、J_{IC} 等是评定材料抗断裂性能的指标,同样也可作为选择材料的依据。但是当选择某一用途的结构材料时,必须综合考虑强度和韧度两方面的要求。常用金属材料普遍存在着屈服强度与断裂韧度成反比的关系。K_{IC}/σ_s 的比值称为抗裂比,抗裂比大的材料(即韧性好而强度低的材料)容易因强度不够而失效,这属于传统强度条件解决的问题。抗裂比小的材料(即高强度材料),则容易因断裂韧度不足而引起低应力的脆性断裂,而使强度未得到充分发挥。因此,选材最理想的情况是同时满足传统的强度条件和断裂力学断裂准则,这样确定材料的屈服极限可达到最优的强度水平。

由于温度对材料的断裂韧度有显著影响,所以,所选材料其工作温度也应高于断裂韧度的试验温度。

(2) 合理的结构设计。设计有脆断倾向的焊接结构,应注意以下几个原则:

1) 全面了解焊接结构的工作条件。对于焊接结构,应当详细了解其工作环境下的最低气温和气温变化情况,以供设计参考之用。

2) 减少结构或焊接接头部位的应力集中。

① 应尽量采用应力集中系数小的对接接头,避免采用搭接接头。若有可能把 T 形接头或角接接头改成对接接头,如图 2-43 所示。

② 尽量避免断面有突变。当不同厚度的构件对接时,应尽可能采用圆滑过渡,如图 2-44 所示。同样,宽度不同的板拼接时,也应平缓过渡,避免出现尖角,如图 2-45 所示。

③ 避免焊缝密集,焊缝之间应保持一定的距离,如图 2-46 所示。

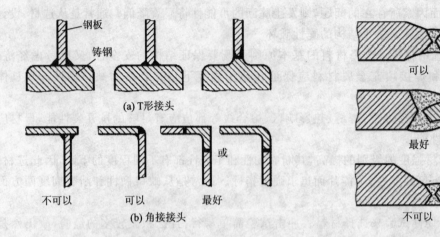

图 2-43　T形接头和角接接头的设计方案

图 2-44　不同板厚接头的设计方案

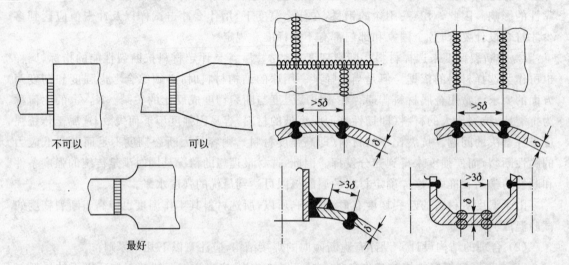

图 2-45　不同宽度钢板的拼接方案

图 2-46　焊接容器中焊缝之间的最小距离

④ 焊缝应布置在便于施焊和检验的部位,以减少焊接缺陷。

3) 在满足使用要求下,尽量减小结构的刚度。刚度过大会引起对应力集中的敏感性和大的拘束应力。

4) 不采用过厚的截面,厚截面结构容易形成三向拉应力状态,约束塑性变形,而降低断裂韧性并提高脆性转变温度,增加了脆断危险。此外,厚板的冶金质量也不如薄板。

5) 对附件或不受力的焊缝设计给予足够重视。应和主要承力构件或焊缝一样对待,精心设计,因为脆性裂纹一旦从这些不受重视部位产生,就会扩展到主要受力的构件中,使结构破坏。

(3) 焊接结构的制造。有脆断倾向的焊接结构制造应注意:

1) 对结构上任何焊缝都应看成是"工作焊缝",焊缝内外质量同样重要。在选择焊接材料和制定工艺参数方面应同等看待。

2) 在保证焊透的前提下减少焊接线能量,或选择线能量小的焊接方法。因为焊缝金属和热影响区过热会降低冲击韧度,尤其是在焊接高强度钢时更应注意。

3）充分考虑应变时效引起局部脆性的不利影响。尤其是结构上受拉边缘,要注意加工硬化,一般采用气割或刨边机加工边缘。若焊后进行热处理,则不受此限制。

4）减小或消除焊接残余内应力。焊后热处理可消除焊接残余应力,同时也能消除冷作引起的应变时效和焊接引起的动应变时效的不利影响。

5）严格生产管理,加强工艺纪律,不能随意在构件上打火引弧,因为任何弧坑都是微裂纹源;减少造成应力集中的几何不连续性,如错边、角变形、焊接接头内外缺陷(如裂纹及类裂纹缺陷)等。凡超标缺陷需返修,焊补工作必须在热处理之前进行。

为防止重要焊接结构发生脆性破坏,除采取上述措施外,在制造过程中要加强质量检查,采用多种无损检测手段,及时发现焊接缺陷。在使用过程中也应不间断地进行监控,如用声发射技术监测。发生不安全因素及时处理,能修复的必须及时修复。在役的结构修复要十分慎重,有可能因修复引起新的问题。

(三) 焊接结构的疲劳断裂

1. 疲劳破坏的基本特征和类型

金属材料、零件和构件在循环应力或循环应变作用下经过较长时间而形成裂纹或发生断裂的现象称为疲劳。疲劳断裂是金属结构失效的一种主要形式。大量统计资料表明,由于疲劳而失效的金属结构,约占失效结构的 90%。疲劳断裂和脆性断裂从性质到形式都不一样。两者比较,断裂时的变形都很小,但疲劳需要多次加载,而脆性断裂一般不需要多次加载;结构脆断是瞬时完成的,而疲劳裂纹的扩展则是缓慢的、有时需要长达数年时间。此外,脆断受温度的影响特别显著,随着温度的降低,脆断的危险性迅速增加,但疲劳强度受温度的影响比较小。

（1）疲劳破坏的基本特征。从许多疲劳破坏现象中观察与研究,发现有以下共同特征:

1）疲劳断裂都经历裂纹萌生、稳定扩展和失稳扩展 3 个阶段。对于焊接结构,裂纹多起源于应力集中处,如焊趾、弧坑、火口、咬边、单面焊根未焊透、角变形或错边等。少数起源于接头内部较大的焊接缺陷,如气孔、夹渣、未熔合等。首先,从裂纹源处形成微裂纹,随后逐渐稳定地扩展。当裂纹扩展到某一临界尺寸后,构件剩余断面不足以承受外载时,裂纹失稳扩展而发生突然断裂。

2）疲劳裂纹宏观断口呈脆性,无明显塑性变形。在断口上可观察到裂纹源、光滑或贝壳状的疲劳裂纹扩展区和粗糙的瞬时断裂区,如图 2-47 所示。它们与断裂的 3 个阶段一一对应。

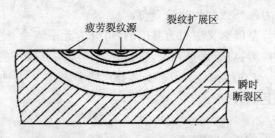

图 2-47 沿焊趾出现多个裂纹源的疲劳断口

3）疲劳破坏具有突发性和灾难性。疲劳裂纹的萌生和稳定扩展不易发现,失稳扩展(断裂)则是突然发生的,没有预兆,难以预防。

（2）疲劳破坏的基本类型。导致疲劳破坏的交变应力或应变主要是由变动载荷、温度变化、振动、超载试验、开停工、检修、周期性接触等引起的。而疲劳的寿命与交变应力或应变的变化幅度、频率和循环次数，应力集中，残余应力，缺陷的性质、尺寸大小和方位，环境温度和介质，材料特性等因素有关。根据结构不同的工况条件，疲劳可分为下列基本类型：

1）高周疲劳。它是指低应力、高循环周次的疲劳。其破坏应力常低于材料的屈服点，应力循环周次在 10^5 以上，交变应力幅 σ_a 是决定高周疲劳寿命的主要因素。它是最常见的一种疲劳破坏类型。例如，飞机燃气涡轮发动机在使用过程中，由于高周疲劳所导致的风扇、涡轮及压气机的过早故障，在某些情况下导致发动机和飞机的损失。

2）低周疲劳。它是指高应力、低循环周次的疲劳。其工作应力接近或高于材料的屈服点，应力循环周次在 $10^4 \sim 10^5$ 以下，加载频率在 $0.2 \sim 0.5$ Hz。每一次循环中材料均产生一定量的塑性应变，而且该交变的塑性应变在这种疲劳中起着主要作用，故又称为塑性疲劳或应变疲劳。压力容器、炮筒、飞机起落架等高应力水平的零件，常发生这种疲劳。例如，锅炉及压力容器的每一次升压-降压便产生了一次塑性变形循环，在使用期间这种反复塑性变形循环的积累，就可能造就其低周疲劳破坏。

3）热疲劳。在工作过程中，受反复加热和冷却的元件，在反复加热和冷却的交变温度下，元件内部产生较大的热应力，由于热应力反复作用而产生的破坏称为热疲劳。涡轮机的转子、热轧轧辊和热锻模等常产生这种疲劳。热疲劳破坏是塑性变形损伤积累的结果，具有与低周疲劳相似的应变——寿命规律，可看成是温度周期变化下的低周疲劳。例如，某电厂水冷壁下的集箱（15 钢）在长期运行中受热不均匀经受较大的交变热应力，致使集箱产生热疲劳破坏。

4）腐蚀疲劳。它是在交变载荷和腐蚀介质（如酸、碱、海水和活性气体等）共同作用下产生的疲劳破坏。船用螺旋桨、涡轮机叶片、蒸汽管道、海洋金属结构等常产生这种疲劳。

5）接触疲劳。它是机件的接触表面在接触应力反复作用下出现麻点剥落或表面压碎剥落，从而造成机件失效的破坏。

2. 疲劳极限的表示法

（1）疲劳寿命和疲劳极限。用以表征材料或零件疲劳抗力的指标中，最常用的有疲劳寿命和疲劳极限两种。

1）疲劳寿命。疲劳损伤发生在受交变应力（或应变）作用的零件和构件。零件和构件在低于材料屈服极限的交变应力（或应变）的反复作用下，经过一定的循环次数以后，在应力集中部位萌生裂纹，裂纹在一定条件下扩展，最终突然断裂，这一失效过程称为疲劳破坏。材料在疲劳破坏前所经历的应力循环数称为疲劳寿命。

常规的疲劳强度计算是以名义应力为基础的，可分为无限寿命计算和有限寿命计算。零件的疲劳寿命与零件的应力、应变水平有关，它们之间的关系可以用应力-寿命曲线（σ-N 曲线）和应变-寿命曲线（δ-N 曲线）表示。应力-寿命曲线和应变-寿命曲线，统称为 S-N 曲线。根据试验可得其数学表达式为

$$\sigma m N = C$$

式中，N 为应力循环数；m、C 为材料常数。

在疲劳试验中，实际零件尺寸和表面状态与试样有差异，常存在由圆角、键槽等引起的应力集中，所以，在使用时必须引入应力集中系数 K、尺寸系数 ε 和表面系数 β。

提高疲劳寿命的方法有：

① 工件外观。工件外观光洁度高，过渡圆滑。

② 应力处理。消除拉应力，预置压应力。

③ 具体实施。利用豪克能技术可以使工件表面达到高光洁度，并可预置压应力，可以大大提高疲劳寿命。

2）疲劳极限。按国家标准 GB/T4337—1984 用一组试样进行疲劳试验，试样受"无数次"应力循环而不发生疲劳破坏的最大应力值，称为材料的疲劳极限，也称为无限寿命疲劳强度。

① 应力循环特性。疲劳强度的数值与应力循环特性有关。应力循环特性主要用下列参量表示：

$\sigma_{\max}$——应力循环内的最大应力；

$\sigma_{\min}$——应力循环内的最小应力；

$\sigma_m=(\sigma_{\max}+\sigma_{\min})/2$——平均应力；

$\sigma_a=(\sigma_{\max}-\sigma_{\min})/2$——应力振幅；

$r=\sigma_{\min}/\sigma_{\max}$，$r$ 的变化范围在 $-1\sim1$ 之间。

② 疲劳强度的常用表示方法。几种具有特殊循环特性的变动载荷如图 2-48 所示。

对称交变载荷，$\sigma_{\min}=-\sigma_{\max}$ 而 $r=-1$［见图 2-48(a)］，其疲劳强度用 σ_{-1} 表示。

脉动载荷，$\sigma_{\min}=0$ 而 $r=0$［见图 2-48(b)］，其疲劳强度用 σ_0 表示。

拉伸变载荷，$\sigma_{\min}$ 和 $\sigma_{\max}$ 均为拉应力，但大小不等，$r=0\sim1$ 之间。其疲劳强度用 σ_r 表示。

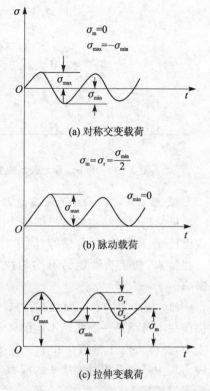

图 2-48　具有特殊循环特性的变动载荷

(a) 对称交变载荷

(b) 脉动载荷

(c) 拉伸变载荷

为了表示疲劳强度和循环特性之间的关系，应当绘出疲劳图。在各种循环特征下对材料进行疲劳试验，可测得一系列疲劳极限 σ_r，选取一定坐标绘出的曲线图，即为疲劳图，又称为材料的疲劳极限曲线。由于曲线上各点的疲劳寿命相等，故又称为等寿命曲线。从疲劳图中可以得出各种循环特性下的疲劳强度。利用这种图很容易根据应力的循环特征 r 确定出材料的疲劳极限，或进行疲劳强度设计。下面是常用的两种疲劳图的形式：

a. $\sigma_{\max}-r$ 曲线。它是以 r 为横坐标，以 $\sigma_{\max}$ 为纵坐标绘出的疲劳图，如图 2-49 所示。该图直观明了，直接将 $\sigma_{\max}$ 与 r 的关系表示出来，ACB 曲线上任意一点的纵坐标即该点所对应循环特征 r 的疲劳极限。

b. $\sigma_m-\sigma_a$ 曲线。它是以平均应力 σ_m 为横坐标，应力振幅 σ_a 为纵坐标作出的疲劳图，如图 2-50 所示。图中 ACB 为试验曲线，曲线上任意一点的纵、横坐标之和就等于该点相应循环特征的疲劳极限，即 $\sigma_r=\sigma_m+\sigma_a$。$A$ 点为对称循环的疲劳极限（$\sigma-1$）；B 点为 σ_m 接近于零的疲劳极限，它等于材料的静载强度（$\sigma_{+1}=\sigma_b$）；C 点为脉动循环的疲劳极限（σ_0）。在曲线 ACB 以内的任意一点，表示不发生疲劳破坏。在曲线以外的点，表示经一定的应力循环数后发生疲劳破坏。若已知某循环特性 r，则可从坐标原点 O 按 $\tan\alpha=\sigma_a/\sigma_m=(1-r)/(1+r)$ 作倾角为 α 的射线，交 ACB 曲线于 E 点，该点纵、横坐标之和即为该循环特征下的疲劳极限。

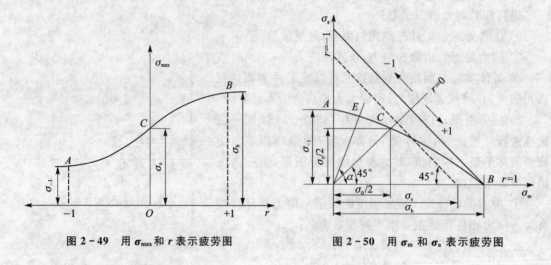

图 2-49 用 σ_{max} 和 r 表示疲劳图　　　　图 2-50 用 σ_m 和 σ_a 表示疲劳图

3. 影响焊接结构疲劳强度的因素

母材是焊接接头的组成部分,凡是对母材疲劳强度有影响的因素,如应力集中、表面状态、截面尺寸、加载情况、介质等,同样对焊接结构的疲劳强度有影响。除此之外,焊接结构自身的一些特点,如接头性能的不均匀性、焊接残余应力、焊接缺陷等,都对焊接结构疲劳强度有影响。

(1) 应力集中和表面状态。结构上几何不连续的部位都会产生不同程度的应力集中。焊接接头本身就是一个几何不连续体,不同的接头形式和不同的焊缝形状,就有不同程度的应力集中,总体来说 T 形接头和十字形接头由于在焊缝向基本金属过渡处有明显的截面变化,其应力集中系数要比对接接头的应力集中系数高。因此,T 形接头和十字形接头的疲劳强度远低于对接接头。

图 2-51 所示为低、中强度结构钢焊接接头脉动疲劳强度与缺口效应的关系。图中横坐标表示自左向右的构件其缺口效应增大,说明缺口越尖锐,应力集中越严重,疲劳强度降低也越大。不同材料或同一材料因组织和强度不同,缺口的敏感性(或缺口效应)是不相同的。高强度钢较低强度钢对缺口敏感,即具有同样的缺口下,高强度钢的疲劳强度比低强度钢降低很多。在焊接接头中,承载焊缝的缺口效应比非承载焊缝强烈,而承载焊缝中又以垂直焊缝轴线方向的载荷对缺口最敏感。

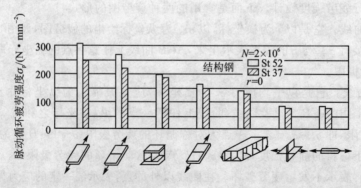

图 2-51 低、中强度结构钢焊接接头脉动疲劳强度与缺口效应的关系

　　图 2－52 所示为低碳钢搭接接头疲劳试验结果比较。图 2－52(a)中只有侧面焊缝的搭接接头,其疲劳强度只达母材的 34％;焊脚为 1∶1 的正面焊缝的搭接接头[见图 2－52(b)],其疲劳强度比只有侧面焊缝的接头略高一些,但仍然很低。增加正面焊缝焊脚比例,如 1∶2[见图 2－52(c)],则应力集中获得改善,疲劳强度有所提高,但效果不大。如果在焊缝向母材过渡区进行表面机械加工[见图 2－52(d)],也不能显著地提高接头的疲劳强度。只有当盖板的厚度比按强度条件所要求的增加一倍,焊脚比例为 1∶38 并经机械加工使焊缝向母材平滑地过渡[见图 2－52(e)],才可提高到与母材一样的疲劳强度。这样的接头成本太高,不宜采用。

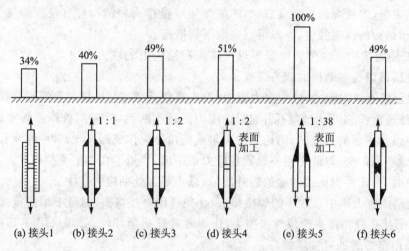

图 2－52　低碳钢搭接接头疲劳试验结果对比

　　图 2－52(f)是在接头上加盖版,这种接头极不合理,原来疲劳强度较高的对接接头被大大地削弱了。

　　表面状态粗糙相当于存在很多微缺口,这些缺口的应力集中导致疲劳强度下降。表面越粗糙,疲劳极限降低就越严重。材料的强度水平越高,表面状态的影响也越大。焊缝表面波纹过于粗糙,对接头的疲劳强度是不利的。

　　(2) 焊接残余应力。焊接结构的残余应力对疲劳强度是有影响的。焊接残余应力的存在,改变了平均应力 σ_m 的大小,而应力振幅 σ_a 却没有改变。在拉伸残余应力区使平均应力增大,其工作应力有可能达到或超出疲劳极限而破坏,故对疲劳强度有不利影响。反之,残余压应力对提高疲劳强度是有利的。对于塑性材料,当循环特征 $r>1$ 时,材料是先屈服后才疲劳破坏,这时残余应力已不发生影响。

　　由于焊接残余应力在结构上是拉应力与压应力同时存在。如果能调整到残余压应力位于材料表面或应力集中区,则是十分有利;如果在材料表面或应力集中区存在的是残余拉应力,则极为不利,应设法消除。

　　(3) 焊接缺陷。焊接缺陷对疲劳强度影响的大小与缺陷的种类、尺寸、方向和位置有关。片状缺陷(如裂纹、未熔合、未焊透)比带圆角的缺陷(如气孔等)影响大;表面缺陷比内部缺陷影响大;与作用力方向垂直的片状缺陷的影响比其他方向的大;位于残余拉应力场内的缺陷,其影响比在残余压应力场内的大;同样的缺陷,位于应力集中场内(如焊趾裂纹和根部裂纹)的影响比在均匀应力场中的影响大。

　　(4) 热影响区金属性能变化的影响。低碳钢焊接接头热影响区的研究结果表明,在常用的热输入下焊接,热影响区和基本金属的疲劳强度相当接近。只有在非常高的热输入下焊接(在生产实际中很少采用),能使热影响区对应力集中的敏感性下降,其疲劳强度可比基本金属高得多。因此,低碳钢热影响区金属力学性能的变化对接头的疲劳强度影响较小。低合金钢焊接接头在热循环作用下,热影响区的力学性能变化比低碳钢大,但试验结果表明,化学成分、金相组织和力学性能的不一致性,在有应力集中或无应力集中时,都对疲劳强度的影响不大。

4. 提高焊接结构疲劳强度的措施

应力集中是降低焊接接头和结构疲劳强度的主要原因,只有当焊接接头和结构的构造合理,焊接工艺完善,焊接金属质量良好时,才能保证焊接接头和结构具有较高的疲劳强度。提高焊接接头和结构的疲劳强度,一般可以采取下列措施:

(1) 降低应力集中。疲劳裂纹源于焊接接头和结构上的应力集中点,消除或降低应力集中的一切手段,都以提高结构的疲劳强度。

1) 采用合理的结构形式,减少应力集中,以提高疲劳强度。尽量避免偏心受载的设计,使构件内力的传递流畅、分布均匀,不引起附加应力。减小断面突变,当板厚或板宽相差悬殊而需对接时,应设计平缓的过渡区;结构上的尖角或拐角处应作成圆弧状,其曲率半径越大越好。避免三向焊缝空间汇交;焊缝尽量不设置在应力集中区,尽量不在主要受拉构件上设置横向焊缝;不可避免时,一定要保证该焊缝的内外质量,减小焊趾处的应力集中。

2) 尽量采用应力集中系数小的焊接接头,优先选用对接接头,尽量不用搭接接头,重要结构最好把 T 形接头或角接头改成对接接头,让焊缝避开拐角部位;必须采用 T 形接头或角接头时,希望采用全熔透的对接焊缝。

3) 只能单面施焊的对接焊缝,在重要结构上不允许在背面放置永久性垫板;避免采用断续焊缝,因为每段焊缝的始末端有较高的应力集中。

4) 采用表面机械加工的方法,消除焊缝及其附近的各种刻槽,可以降低构件中的应力集中程度,提高接头疲劳强度,但成本较高。

5) 采用电弧整形的方法来代替机械加工,使焊缝与母材之间平滑过渡。用钨极氩弧焊在焊接接头的过渡区重熔一次,使焊缝与母材之间平滑过渡,同时减少该部位的微小非金属夹杂物,因而可使接头部位的疲劳强度提高。

6) 正确的焊缝形状和良好的焊缝内外质量。对接接头焊缝的余高应尽可能小,焊后最好能刨(或磨)平而不留余高;T 形接头最好采用带凹度表面角焊缝,不用有凸度的角焊缝;焊缝与母材表面交界处的焊趾应平滑过渡,必要时对焊趾进行磨削或氩弧重熔,以降低该处的应力集中。

任何焊接缺陷都有不同程度应力集中,尤其是片状焊接缺陷如裂纹、未焊透、未熔合和咬边等对疲劳强度影响最大。因此,在结构设计上要保证每条焊缝易于施焊,以减少焊接缺陷,同时发现超标缺陷必须清除。

(2) 调整残余应力场。

1) 进行焊后消除应力热处理。消除接头应力集中处的应力可以提高接头的疲劳强度,但是用焊后消除应力的退火方法不一定都能提高构件的疲劳强度。一般情况下,在循环应力较小或应力循环系数较低,应力集中较高时,利用焊后整体或局部消除应力的热处理将取得较好的效果。

2) 调整残余压应力。残余压应力可提高疲劳强度,而拉应力降低疲劳强度。因此,若能调整构件表面或应力集中处存在的残余压应力,就能提高疲劳强度。例如,通过调整施焊顺序、局部加热等都有可能获得有利于提高疲劳强度的残余应力场。图 2-53 所示为工字梁对接,对接焊缝 1 受弯曲应力最大且与之垂直。若在接头两端预留一段角焊缝 3 不焊,先焊焊缝 1,再焊腹板对接缝 2,焊缝 2 的收缩,使焊缝 1 产生残余压应力。最后焊预留的角焊缝 3,它的收缩使缝 1 与缝 2 都产生残余压应力。试验表明,这种焊接顺序比先焊焊缝 2 后焊焊缝 1 疲劳强度提高 30%。

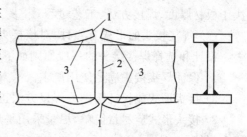

图 2-53　工字梁对接的焊接顺序

　　此外,还可以采取表面形变强化,如滚压、锤击或喷丸等工艺使金属表面塑性变形而硬化,并在表层产生残余压应力,以提高疲劳强度。对有缺口的构件,采取一次性预超载拉伸,可以使缺口顶端得到残余压应力,也可提高疲劳强度。

　　(3)改善材料的组织和性能。提高母材金属和焊缝金属的疲劳抗力还应从材料内在质量考虑,提高材料的冶金质量、减少钢中夹杂物。重要构件可采用真空熔炼、真空除气,甚至电渣重熔等冶炼工艺的材料,以保证纯度;在室温下细化晶粒钢可提高高周和低周疲劳寿命;通过热处理可以获得最佳的组织状态,应当在提高(或保证)强度同时,提高其塑性和韧性。回火马氏体、低碳马氏体(一般都有自回火效应)和下贝氏体等组织都具有较高抗疲劳能力。

　　强度、塑性和韧性应合理配合。强度是材料抵抗断裂的能力,但高强度材料对缺口敏感。塑性的主要作用是通过塑性变形、可吸收变形功、削减应力峰值,使高应力重新分布。同时,也使缺口和裂纹尖端得以钝化,裂纹的扩展得到缓和甚至停止。塑性能保证强度作用充分发挥。因此,对于高强度钢和超高强度钢,设法提高一点塑性和韧性,将显著改善其抗疲劳能力。

　　介质往往对材料的疲劳强度有影响,所以采用一定的保护涂层是有利的。例如,在应力集中处涂上加填料的塑料层,这是一种比较实用的改进方法。

小　结

　　焊接结构的基本知识是后续章节的学习基础。本章的重点是焊接接头的基本知识、焊接接头的强度与计算和焊接结构的脆断和疲劳破坏。难点是焊接接头的强度与计算,焊接结构的脆性断裂和疲劳破坏的分析和防止措施。

　　(1)焊接结构的基本构件。几种典型的焊接结构:机器零部件焊接结构,锅炉、压力容器和管道焊接结构,梁、柱焊接结构,船舶焊接结构,车辆板壳结构,航空航天结构等。

　　(2)焊接接头的基本知识。

　　1)焊接接头是用焊接方法连接的不可拆卸接头(简称接头)。它是由焊缝、熔合区、热影响区及其邻近的母材组成。

　　2)影响焊接接头性能的主要因素是力学和材质两个方面。力学方面影响焊接接头性能的因素有接头形状不连续性、焊接缺陷(如未焊透和焊接裂纹)、残余应力和残余变形等。接头形状的不连续性,如焊缝的余高和施焊过程中可能造成的接头错边等,都是应力集中的根源。材质方面影响焊接接头性能的因素主要有焊接热循环所引起的组织变化、焊接材料引起的焊缝化学成分的变化、焊后热处理所引起的组织变化以及矫正变形引起的加工硬化等。

　　(3)焊接接头的坡口形式较多,根据焊件的厚度、工艺过程、焊接方法等因素进行选择。焊缝开坡口的根本目的,是为了确保接头的质量,同时也从经济效益考虑。坡口形式的选择取决于板材厚度、焊接方法、工艺过程。

（4）焊接接头的形式有 4 种：对接接头、搭接接头、T 形接头、角接接头和端接接头。

设计和选择焊接接头的一般原则如下：

1）保证焊接接头满足使用要求。

2）接头形式能保证选择的焊接方法正常施焊。

3）接头形式应尽量简单，尽量采用平焊和自动焊，少采用仰焊和立焊，且最大应力尽量不设在焊缝上。

4）焊接工艺能保证焊接接头在设计温度和腐蚀介质中正常工作。

5）焊接变形和应力小，能满足施工要求所需的技术、人员和设备的条件。

6）尽量使焊缝设计成联系焊缝。

7）焊接接头便于检验。

8）焊接前的准备和焊接所需费用低。

9）对角焊缝不宜选择和设计过大的焊角尺寸，试验证明，大尺寸角焊缝的单位面积承载能力较低。

（5）焊缝是焊件经焊接后所形成的结合部分。焊缝按不同分类的方法可分为下列几种形式：

1）按焊缝在空间位置的不同可分为平焊缝、立焊缝、横焊缝和仰焊缝 4 种形式。

2）按焊缝结合形式不同，可分为对接焊缝、角焊缝和塞焊缝 3 种形式。

3）按焊缝断续情况，可分为定位焊缝、连续焊缝和断续焊缝。

焊缝布置的一般原则有：

1）避开应力最大处。

2）焊缝远离加工面。

3）对称布置变形小。

4）焊缝布置求分散。

5）便于操作想周到。

6）尽量平焊效率高。

（6）在图样上标注焊接方法、焊缝形式和焊缝尺寸的符号称为焊缝代号。焊缝代号主要由基本符号、辅助符号、引出线和焊缝尺寸符号等组成。基本符号和辅助符号在图样上用粗实线绘制，引出线用细实线绘制。

（7）焊接结构生产工艺过程是指由金属材料（包括板材、型材和其他零部件等）经过一系列加工工序、装配焊接成焊接结构成品的过程。其包括根据生产任务的性质、产品的图样、技术要求和工厂条件，进行生产准备、备料加工、装配与焊接、质量检验与安全评定等来完成焊接结构产品的全部生产过程中的一系列工艺过程。

（8）焊接接头的强度与计算。

1）应力集中是指接头局部区域的最大应力值（σ_{max}）较平均应力值（σ_{av}）高的现象。而应力集中的大小，常以应力集中系数 K_T 表示。

$$K_T = \frac{\sigma_{max}}{\sigma_{av}}$$

不同的焊接接头在外力作用下，其工作应力分布都不一样。

2）静载强度计算方法，目前仍然采用许用应力法。而接头的强度计算实际上是计算焊缝的强度。因此,强度计算时的许用应力值均为焊缝的许用应力。

（9）焊接结构的脆性断裂。

1）焊接结构发生脆性断裂的原因。焊接结构发生脆断是材料（包括母材和焊材）、结构设计和制造工艺三方面因素综合作用的结果。就材料而言,主要是在工作温度下韧性不足;就结构设计而言,主要是造成极为不利的应力状态,限制了材料塑性的发挥;就制造工艺而言,除了因焊接工艺缺陷造成严重应力集中外,还因为焊接热的作用改变了材质（如热影响区的脆化）和焊接残余应力与变形等。

2）防止焊接结构发生脆断的措施。

① 正确选用材料。选择材料的基本原则是既要保证结构的安全性,又要考虑经济性。一般所选钢材和焊接填充金属材料应保证在使用温度下具有合格的缺口韧性。

② 合理的结构设计。

③ 在焊接结构制造过程中采用合理的工艺方法。

（10）焊接结构疲劳破坏。

1）影响焊接结构疲劳破坏的因素。母材是焊接接头的组成部分,凡是对母材疲劳强度有影响的因素,如应力集中、表面状态、截面尺寸、加载情况、介质等,同样对焊接结构的疲劳强度有影响。除此之外,焊接结构自身的一些特点,如接头性能的不均匀性、焊接残余应力、焊接缺陷等,都对焊接结构疲劳强度有影响。

2）提高焊接结构疲劳强度的措施。

① 降低应力集中。

② 调整残余应力场。

③ 改善材料的组织和性能。

思考与练习题

1. 焊接接头的两个基本属性是什么?

2. 焊接接头及焊缝有哪几种基本形式? 各有何特点?

3. 为什么不能过多地增加对接焊缝的余高值?

4. 从强度观点看,为什么说对接接头是最好的接头形式?

5. 为什么说搭接接头不是一种理想的接头形式?

6. 搭接接头为什么宜采用联合搭接接头形式?

7. 设计搭接接头时,增加正面角焊缝有什么好处?

8. 什么是应力集中? 焊缝外形上什么地方容易产生应力集中?

9. 焊接接头产生应力集中的原因有哪些?

10. T形接头在什么地方有较大的应力集中? 怎样减小 T 形接头的应力集中?

11. 应力集中系数 $K_T = 1.8$,表示什么意思?

12. 什么是工作焊缝? 什么是联系焊缝? 设计结构时要计算哪种焊缝的强度? 为什么?

13. 对接接头的板厚 10 mm,宽 600 mm,两端受 400 000N 的拉力,材料为 Q235A 钢,焊缝质量用普通方法检查,试计算其焊缝强度?

学习情境三　焊接应力与焊接变形

知识目标

1. 了解焊接应力和焊接变形的概念。
2. 了解残余应力的分布规律及其对焊接结构的影响。
3. 学习残余应力的检测方法、减小及消除残余应力的措施。
4. 学习残余变形的种类、预防及消除残余变形的措施。

任务一　焊接应力与焊接变形产生的原因

一、任务分析

在焊接结构生产中，由于受到局部高温加热而造成焊件上不同区域温度分布不平衡，从而使其产生不均匀受热膨胀，高温区的膨胀会受到低温区的束缚和制约而产生一定的塑性变形，并最终导致焊件在焊后产生残余应力和残余变形。这种在焊接结构生产过程中产生的焊接变形和焊接应力不仅影响到焊接结构的加工精度，而且还会影响到焊接结构的使用性能。本任务重点介绍焊接应力与焊接变形产生的主要原因；焊接应力分布的一般规律；焊接过程中如何消除和降低焊接应力；预防焊接变形的方法和焊后矫正焊接残余变形的措施。

二、相关知识

（一）焊接应力与焊接变形的概念

1. 应力及其产生原因

物体所受的力分为外力和内力，内力是平衡于物体内部的作用力。而物体单位截面上所受的内力称为应力。根据引起内力的原因不同，应力分为工作应力和内应力。

（1）工作应力。物体由于受到外力的作用而在其内部单位截面上出现的内力称为工作应力。工作应力的特点是因物体受到外力的作用而存在，所以，没有外力就不会有工作应力。

（2）内应力。物体在没有受到外力作用的情况下而内部平衡的应力称为内应力。内应力的产生原因很多，如物体内部成分不均匀、金相组织及温度的变化不均匀等。内应力存在于许多工程结构中，如焊接结构、铸造结构、铆接结构等。

内应力按其分布范围可分为宏观内应力和微观内应力。宏观内应力的分布范围较大，内应力在这一较大范围内平衡，该范围一般与结构尺寸相当。微观内应力在相当于原子大小的范围内存在和平衡。

内应力按其产生的原因不同又可分为热应力、相变应力和残余应力等。热应力又称为温度应力，它是在物体受到不均匀加热和冷却过程中产生的，其大小与加热温度的高低、温度分布的不均匀程度、材料的热物理性能及工件本身的刚度等有关。热应力比较广泛地出现在各种温度不均匀的工程结构中，如化工反应容器、热交换器、飞行器等；相变应力是金属相变时，由于不同组织的线膨胀系数不同而引起的,如奥氏体分解为珠光体或奥氏体转变为马氏体时都会引起体积膨胀,而体积膨胀受到周围材料的拘束作用,结果就会产生应力;残余应力是由于物体受热不均匀引起的,应力达到材料的屈服点时材料即发生局部塑性变形,当温度均匀化后,物体中仍然会残余一部分应力,这种应力是温度均匀后残存在物体中的,所以称为残余应力。

焊接应力属于内应力。它是由于焊接的不均匀加热和冷却而引起并存在于焊件中。焊接应力按其作用时间不同可分为焊接瞬时应力和焊接残余应力。焊接过程中某一瞬时存在于焊件中的内应力称为焊接瞬时应力,它是随时间而变化的;待焊件冷却后,残留于焊件中的内应力称为焊接残余应力。

2. 变形

物体在某些外界条件(外力或温度等因素)的作用下,其内部原子的相对位置发生改变,宏观表现为形状和尺寸的变化,这种变化称为物体的变形。

按物体变形的性质可分为弹性变形和塑性变形;按变形的拘束条件分为自由变形和非自由变形。

(1) 弹性变形与塑性变形。物体在外力或其他因素作用下发生变形,当外力或其他因素去除后变形也随之消失,物体可恢复原状,这样的变形称为弹性变形。当外力或其他因素去除后变形仍然存在,物体不能恢复原状的这种变形称为塑性变形。

(2) 自由变形与非自由变形。物体的变形不受外界任何阻碍自由地进行,这种变形称为自由变形。自由变形只与材料性质及温差有关,而与物体原长无关。以图 3-1 所示中的一根金属杆为例,当温度为 T_0 时,长度为 L_0,均匀加热,温度上升至 T 时,若金属杆膨胀变形不受阻,杆的长度会增加至 L,其长度的改变 $\Delta L_T = L - L_0$,ΔL_T 就是自由变形量,如图 3-1(a)所示。

单位长度的变形量称为变形率,自由变形率用 εT 表示,其数学表达式为

$$\varepsilon T = \Delta L_T / L_0 = \alpha(T - T_0) \tag{3-1}$$

式中,α 为金属的线膨胀系数,它的数值随材料及温度的变化而变化。

如果金属杆件在均匀加热时变形局部受阻,则变形量不能完全表现出来,就是非自由变形。如图 3-1(b)所示,把能表现出来的这部分变形称为外观变形(或可见变形),用 ΔL_e 表示。用外观变形率 ε_e 表示,即

$$\varepsilon_e = \Delta L_e / L_0 \tag{3-2}$$

把未表现出来的那部分变形称为内部变形用 ΔL 表示。

$$\Delta L = \Delta L_T - \Delta L_e \tag{3-3}$$

同样,内部变形率 ε 用下式表示:

$$\varepsilon = \Delta L / L_0 \tag{3-4}$$

3. 焊接应力与焊接变形

焊接应力是焊接过程中及焊接过程结束后,存在于焊件中的内应力。由焊接而引起焊件尺寸的改变称为焊接变形。焊接加热及冷却过程中产生的应力与变形,称为焊接瞬时应力和焊接瞬时变形;焊接过程结束后,残留在焊接结构中的应力与变形,称为焊接残余应力和焊接残余变形。

(二) 焊接应力与焊接变形的基本假定

焊接过程中产生焊接应力与焊接变形的原因比较复杂,为了研究问题方便,常作以下假定:

(1) 平截面假定。假定构件在焊前所取的横截面焊后仍保持为平面,即构件只发生伸长、缩短、弯曲变形,构件变形时整个横截面是平行移动或转动的,截面本身并不变形。

(2) 金属性能不变的假定。假定在焊接过程中材料的某些物理性能如线胀系数(α)、热容(C)、热导率(λ)等均不随温度的变化而变化。

(3) 金属屈服点的假定。低碳钢屈服点与温度的关系如图 3-2 中虚线所示,为了讨论问题的方便,假定为图中实线所示,即在 500℃ 以下,屈服点与常温下相同,不随温度变化,500～600℃ 之间屈服点迅速下降;600℃ 以上时呈全塑性状态,即屈服点为零。

(4) 应力应变关系的假设。材料呈理想弹-塑性状态,即材料屈服后不发生强化现象。

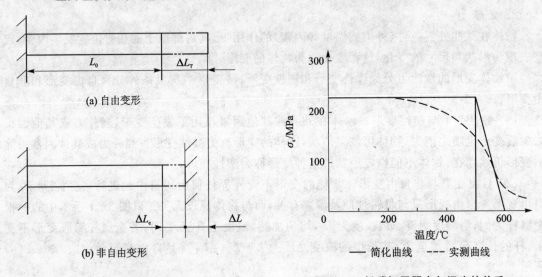

图 3-1　金属杆的变形　　　　　图 3-2　低碳钢屈服点与温度的关系

(三) 焊接应力与焊接变形产生的原因

影响焊接应力与焊接变形的因素很多,其中最根本的原因是焊件受热不均匀,其次是由于焊缝金属的收缩、金相组织的变化以及焊件的刚性不同所致。另外,焊缝在焊接结构中的位置、装配焊接顺序、焊接方法、焊接电流及焊接方向等对焊接应力与焊接变形也有一定的影响。下面着重介绍几个主要因素:

(1) 焊件的均匀及不均匀受热。焊件的焊接是一个局部的加热过程,焊件上的温度分布极不均匀,为了便于了解不均匀受热时应力与变形的产生,下面对不同条件下的应力与变形进行讨论。

1) 不受约束的杆件在均匀加热时的应力与变形 。根据前面对变形知识的讨论,不受约束的杆件在均匀加热与冷却时,其变形属于自由变形,因此在杆件加热过程中不会产生任何内应力,冷却后也不会有任何残余应力和残余变形,如图 3-3(a)所示。

2) 受约束的杆件在均匀加热时的应力与变形。根据前面对非自由变形情况的讨论,受约束杆件的变形属于非自由变形,既存在外观变形,也存在内部变形。

如果加热温度较低,没有达到材料屈服点温度时($T<T_0$),材料的变形为弹性变形,加热过程中杆件内部存在压应力的作用。当温度恢复到原始温度时,杆件自由收缩到原来的长度,压应力全部消失,不存在残余变形和残余应力。

如果加热温度较高,达到或超过材料屈服点温度时($T>T_0$),则杆件中产生压缩塑性变形,内部变形由弹性变形和塑性变形两部分组成,甚至全部由塑性变形组成($T>600℃$)。当

温度恢复到原始温度时,弹性变形恢复,塑性变形不可恢复,可能出现以下 3 种情况:

① 如果杆件加热时自由延伸,冷却时限制收缩,那么冷却后杆件内既有残余应力,又有残余变形,如图 3 - 3(b)所示。

② 如果杆件加热时不能自由延伸,可以自由收缩,那么杆件中没有残余应力只有残余变形,如图 3 - 3(c)所示。

③ 如果杆件受绝对拘束,那么杆件中存在残余应力而没有残余变形,如图 3 - 3(d)所示。

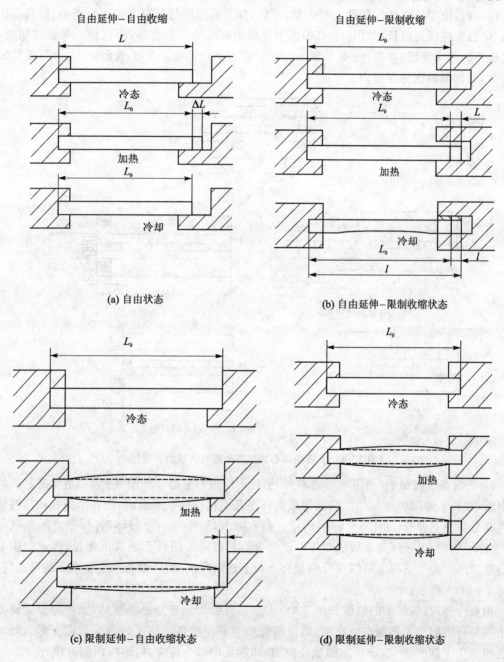

(a) 自由状态

(b) 自由延伸−限制收缩状态

(c) 限制延伸−自由收缩状态

(d) 限制延伸−限制收缩状态

图 3 - 3 杆件均匀加热时的应力与变形

3）长板条中心加热（类似于堆焊）引起的应力与变形。如图 3-4(a)所示，长度为 L_0，厚度为 δ 的长板条，材料为低碳钢，在其中间沿长度方向上进行加热。为简化讨论，将板条上的温度分为两种，中间为高温区，其温度均匀一致；两边为低温区，其温度也均匀一致。

加热时，如果板条的高温区与低温区是可分离的，则高温区将伸长，低温区不变，如图 3-4(b)所示。但实际上板条是一个整体，所以板条将整体伸长，此时高温区内产生较大的压缩塑性变形和压缩弹性变形，如图 3-4(c)所示。

冷却时，由于压缩塑性变形不可恢复，所以，如果高温区与低温区是可分离的，则高温区应缩短，低温区应恢复原长，如图 3-4(d)所示。因为板条是一个整体，所以板条将整体缩短，这就是板条的残余变形，如图 3-4(e)所示。同时在板条内部也产生了残余应力，中间高温区为拉应力，两侧低温区为压应力。

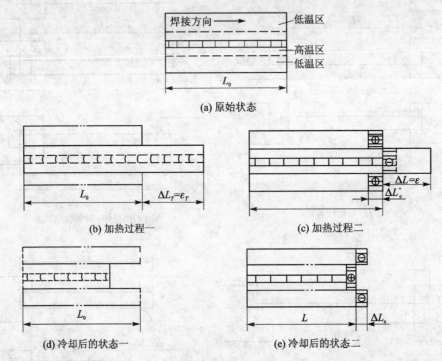

图 3-4　长板条中心加热与冷却时的应力和变形

4）长板条一侧加热（相当于板边堆焊）引起的应力与变形。如图 3-5(a)所示的材质均匀的钢板，在其上边缘快速加热。假设钢板由许多互不相连的窄条组成，则各窄条在加热时将按温度高低而分别伸长，如图 3-5(b)所示。但实际上，板条是一个整体，各板条之间是互相牵连、互相影响的，上一部分金属因受下一部分金属的阻碍作用而不能自由伸长，因此产生了压缩塑性变形。由于钢板上的温度分布是自上而下逐渐降低，所以钢板产生了向下的弯曲变形，如图 3-5(c)所示。

钢板冷却后，各板条的收缩如图 3-5(d)所示。因为钢板是一个整体，上一部分金属要受到下一部分的阻碍而不能自由收缩，所以钢板产生了与加热时相反的残余弯曲变形。同时在钢板内产生了如图 3-5(e)所示的残余应力，即钢板中部为压应力，钢板两侧为拉力。

由上述分析可知：

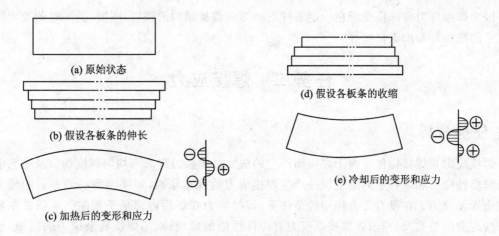

图 3-5 长板条边缘一侧加热引起的应力与变形

① 对构件进行不均匀加热,在加热过程中,只要温度高于材料屈服点的温度,构件就会产生压缩塑性变形,冷却后,构件必然有残余应力和残余变形。

② 通常,焊接过程中焊件的变形方向与焊后焊件的变形方向相反。

③ 焊接加热时,焊缝及其附近区域将产生压缩塑性变形,冷却时压缩塑性变形区要收缩。如果这种收缩能充分进行,则焊接残余变形大,焊接残余应力小;若这种收缩不能充分进行,则焊接残余变形小而焊接残余应力大。

④ 焊接过程中及焊接结束后,焊件中的应力分布都是不均匀的。焊接结束后,焊缝及其附近区域的残余应力通常是拉应力。

(2) 焊缝金属的收缩。焊缝金属冷却时,当它由液态转为固态,其体积要收缩。由于焊缝金属与母材是紧密联系的,所以焊缝金属并不能自由收缩。这将引起整个焊件的变形,同时在焊缝中引起残余应力。另外,一条焊缝是逐步形成的,焊缝中先结晶的部分要阻止后结晶部分的收缩,由此也会产生焊接应力与焊接变形。

(3) 金属组织的变化。钢在加热及冷却过程中发生相变,可得到不同的组织,这些组织的热容也不一样,由此也会造成焊接应力与焊接变形。

(4) 焊件的刚性和拘束。焊件的刚性和拘束对焊接应力和焊接变形也有较大的影响。其刚性是指焊件抵抗变形的能力;而拘束是焊件周围物体对焊件变形的约束。刚性是焊件本身的性能,它与焊件材质、焊件截面形状和尺寸等有关;而拘束是一种外部条件。焊件自身的刚性及受周围的拘束程度越大,焊接变形越小,焊接应力越大;反之,焊件自身的刚性及受周围的拘束程度越小,则焊接变形越大,而焊接应力越小。

(四) 焊接应力与焊接变形产生的影响因素及其内在联系

焊接应力和焊接变形之间的关系如下:

(1) 焊接应力分布和焊接变形大小取决于材料的线膨胀系数、弹性模量、屈服点、温度场和焊件的形状尺寸。温度场又与材料的热导率、比热容、密度以及焊接参数等因素有关。

(2) 在焊接结构中,焊接应力和焊接变形同时存在,又相互制约。例如,在焊接过程中常用夹具刚性固定法施焊,这样变形小而应力却增加了;反之,使焊接应力减小,要允许焊件有一定程度的变形。这要根据是以减少应力为主还是减小变形为主来决定。

(3) 在生产中,往往要求焊接结构既不能有较大的焊接变形,又不允许有较大的焊接应力。因为焊接应力与焊接变形在一定条件下将影响焊接结构的强度、刚度、受压时的稳定性以及尺寸的准确性和加工精度等。

任务二 焊接应力

一、任务分析

焊接应力是焊接构件中由于焊接而产生的应力。焊接过程的不均匀温度场以及由它引起的局部塑性变形和热容不同的组织是产生焊接应力的根本原因,焊接温度场消失后的应力称为残余焊接应力。在没有外力作用的条件下,焊接应力在焊件内部是平衡的。本任务主要介绍焊接应力的分类及分布;焊接残余应力对焊件性能的影响;减小焊接残余应力的措施;消除焊接残余应力的方法。

二、相关知识

(一) 焊接应力的分类及分布

1. 焊接应力的分类

(1) 根据引起应力的基本原因可分为:

1) 热应力——由于焊接时温度分布不均匀所引起的应力。

2) 组织应力——由于温度变化,引起了组织变化所产生的应力。

(2) 根据应力存在的时间可分为:

1) 瞬时应力——在一定的温度及刚度条件下,某一瞬时内存在的应力。

2) 残余应力——一般指焊接结束且完全冷却后仍然存在的内应力。

(3) 根据应力作用方向可分为:

1) 纵向应力——其方向平行于焊缝轴线。

2) 横向应力——其方向垂直于焊缝轴线。

(4) 根据应力在空间的方向可分为:

1) 单向应力——在焊件中沿一个方向存在。

2) 两向应力——应力作用在一平面内的不同方向上,也称为平面应力。

3) 三向应力——应力沿空间所有的方向存在,也称为体积应力。

2. 焊接应力的分布

焊接残余应力是焊接结束后残留在焊件内的应力。残余应力可能是热应力、组织应力、塑变应力等应力引起的,残余应力对焊接结构的强度、耐腐蚀性和尺寸稳定性等使用性能有很大影响。

厚板焊接时出现的焊接应力是三向的。当焊件厚度不大时(小于 z_0 mm),沿厚度方向的应力(习惯指 σ')相对较小,可将其忽略而看成双向应力 σ_x、σ_y。薄长板条对接焊时,因垂直焊缝方向的应力 σ_y 较小可忽略,主要考虑平行于焊缝轴线方向的纵向应力 σ_t。这里着重讨论纵向残余应力和横向残余应力的分布情况。

(1) 纵向残余应力 σ_x 的分布。作用方向平行于焊缝轴线的残余应力为纵向残余应力,用 σ_x 表示。

在焊接结构中,焊缝及其附近区域的纵向残余应力为拉应力,一般可达到材料的屈服强度。离开焊缝区,拉应力急剧下降并转为压应力。宽度相等的两板对接时,其纵向残余应力在焊件横截面上的分布情况如图 3-6 所示。

图 3-7 所示为板边堆焊时,其纵向残余应力 σ_x 在焊缝横截面上的分布。两块不等宽度的板对接时,宽度相差越大,宽板中的应力分布越接近于板边堆焊时的情况。若两板宽度相差较小时,其应力分布近似于等宽两板对接时的情况。纵向应力在焊件纵截面上的分布规律如图 3-8 所示。焊件纵截面端头拘束很小,纵向应力为零,焊缝端部存在一个残余应力过渡区,焊缝中段是残余应力稳定区。当焊缝较短时,不存在稳定区,焊缝越短,σ_x 越小。

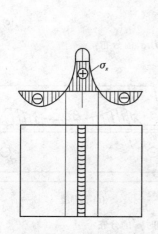

图 3-6　对接接头 σ_x 在焊缝横截面上的分布　　　**图 3-7　板边堆焊时的残余应力与变形**

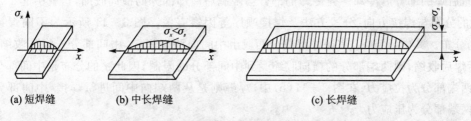

(a) 短焊缝　　　(b) 中长焊缝　　　(c) 长焊缝

图 3-8　不同长度焊缝纵截面上 σ_x 的分布

(2) 横向残余应力 σ_y 的分布。垂直于焊缝轴线的残余应力称为横向残余应力,用 σ_y 表示。横向残余应力 σ_y 的产生原因比较复杂,一般认为它是由焊缝及其附近塑性变形区的纵向收缩引起的横向应力 σ_y' 和由焊缝及其塑性变形区的横向收缩的不均匀和不同时性所引起的横向应力 σ_y'' 两部分合成得来的。

1) 焊缝及其附近塑性变形区的纵向收缩引起的横向应力 σ_y',如图 3-9(a) 所示。该构件由两块平板条对接而成,如果假想沿焊缝中心将构件一分为二,即两块板条都相当于板边堆焊,将出现如图 3-9(b) 所示的弯曲变形。要使两板条恢复到原来位置,必须在焊缝中部加上横向拉应力,在焊缝两端加上横向压应力。由此可以推断,焊缝及其附近塑性变形区纵向收缩引起的横向应力如图 3-9(c) 所示,其两端为压应力,中间为拉应力。各种长度的平板条对接焊,其 σ_y' 的分布规律基本相同,但焊缝越长,中间部分的拉应力将有所降低,如图 3-10 所示。

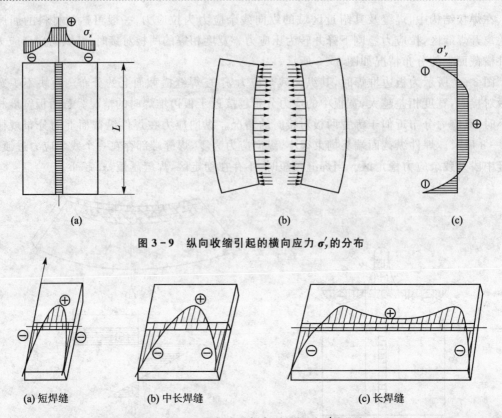

图 3-9　纵向收缩引起的横向应力 σ'_y 的分布

(a) 短焊缝　　　(b) 中长焊缝　　　(c) 长焊缝

图 3-10　不同长度平板条对接焊时 σ'_y 的分布

2）横向收缩所引起的横向应力 σ''_y 在焊接结构上，一条焊缝不可能同时完成，先焊的部分先冷却，后焊的部分后冷却。先冷却的部分会限制后冷却部分的横向收缩，这就引起了 σ''_y。

σ''_y 的分布与焊接方向、分段方法及焊接顺序等因素有关。图 3-11 所示为不同焊接方向时 σ''_y 的分布。其中，图 3-11(a) 中焊缝分两段由中间向两端焊接，中间部分先焊先收缩，两端部分后焊后收缩，则两端部分的横向收缩受到中间部分的限制，因此 σ''_y 的分布是中间部分为压应力，两端部分为拉应力；在图 3-11(b) 中，焊缝则是从两端向中间进行焊接，中间部分为拉应力，两端部分为压应力。

总之，在焊接结构中 σ'_y、σ''_y 是同时存在的，且横向残余应力 σ_y 的大小受到 σ_s 的限制。

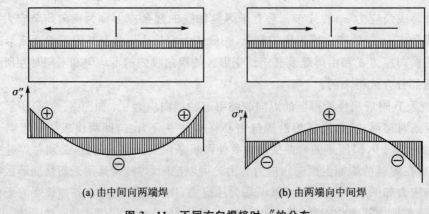

(a) 由中间向两端焊　　　　(b) 由两端向中间焊

图 3-11　不同方向焊接时 σ''_y 的分布

（3）特殊情况下的残余应力分布。

1）厚板中的焊接残余应力。厚板结构中除了存在纵向残余应力和横向残余应力外,在厚度方向还存在较大的残余应力 σ_z。研究表明,它们在厚度上的分布是不均匀的,主要受焊接工艺方法的影响。图 3-12 所示为厚 240 mm 的低碳钢电渣焊焊缝中心线上应力的分布。该焊缝中心存在三向均为拉伸的残余应力,且均为最大值,这与电渣焊工艺有关。采用电渣焊时,焊缝正面、背面装有水冷铜滑块,表面冷却速度快,中心部位冷却较慢,最后冷却的收缩受周围金属制约,故中心部位出现较高的拉应力。

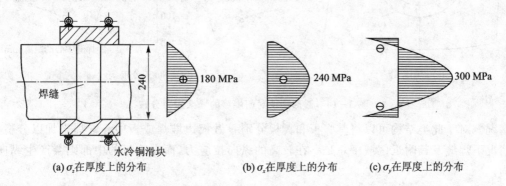

图 3-12 厚板电渣焊中沿厚度方向上的应力分布

2）拘束状态下的焊接残余应力。在生产中,焊接结构往往是在受拘束的情况下进行焊接的。如图 3-13(a)所示,焊件横向加以刚性拘束,焊后其横向收缩受到限制,因而产生了拘束横向应力,其分布如图 3-13(b)所示。拘束横向应力与无拘束横向应力[见图 3-13(c)]叠加,结果在焊件中产生了如图 3-13(d)所示的合成横向应力。

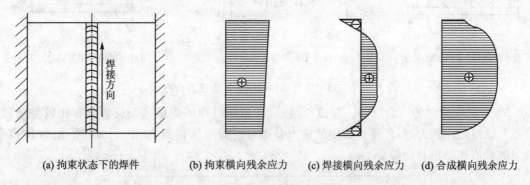

图 3-13 拘束状态下对接接头的横向应力分布

3）封闭焊缝中的残余应力。在板壳结构中经常遇到接管、镶块和人孔法兰等封闭焊缝的焊接,它们是在较大拘束下焊接的,内应力都较大。内应力大小与焊件和镶入体本身的刚度有关,刚度越大,内应力也越大。图 3-14(a)所示为圆盘中焊入镶块后的残余应力,σ_θ 为切向应力,σ_r 为径向应力。从图 3-14(b)中曲线可以看出,径向应力均为拉应力,切向应力在焊缝附近最大,为拉应力,由焊缝向外侧逐渐下降为压应力,由焊缝向中心达到一个均匀值。在镶块中部有一个均匀的双轴应力场,镶块直径越小,外板对它的约束越大,这个均匀双轴应力值就越高。

4）焊接梁柱中的残余应力。图 3-15 所示为 T 形梁、工字梁和箱形梁纵向残余应力的分

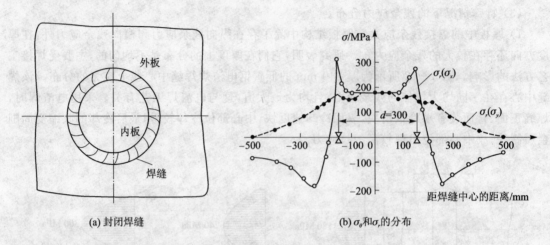

(a) 封闭焊缝 (b) σ_θ 和 σ_r 的分布

图 3 - 14　圆形镶块封闭焊缝的残余应力分布

布情况。对于此类结构可以将其腹板和翼板分别看做板边堆焊或板中心堆焊来加以分析，一般情况下焊缝及其附近区域中总是存在较高的纵向拉应力，而在腹板的中部则会产生纵向压应力。

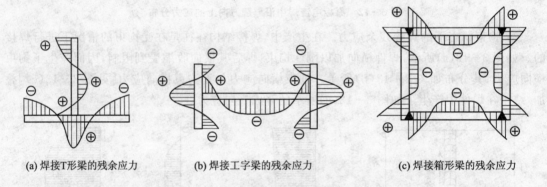

(a) 焊接T形梁的残余应力　(b) 焊接工字梁的残余应力　(c) 焊接箱形梁的残余应力

图 3 - 15　焊接梁柱的纵向残余应力分布

5）环形焊缝中的残余应力。管道对接时，环形焊缝中的焊接残余应力分布比较复杂，当管径和壁厚之比较大时，环形焊缝中的应力分布与平板对接相似，如图 3 - 16 所示，焊接残余应力的峰值比平板对接焊要小。

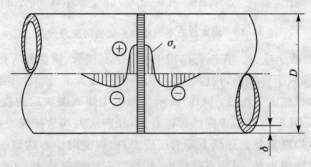

图 3 - 16　圆筒环形焊缝纵向残余应力分布

（二）焊接残余应力对焊件性能的影响

熔焊必然会带来焊接残余应力，焊接残余应力在钢结构中并非都是有害的。根据钢结构在工程中的受力情况、使用的材料、不同的结构设计等，正确选择焊接工艺，将不利的因素变为有利的因素。同时要做到具体情况具体分析。

1. 对静载强度的影响

正常情况下，平板对接直通焊纵向残余应力分布是中间部分为拉应力，两侧为压应力。焊件在外拉应力 F 的作用下，焊件内部的应力分布将发生变化，焊件两侧受压应力会随着拉应力 F 的增加，压应力逐渐减小而转变为拉应力，而焊件中的拉应力与外力叠加。如果焊件是塑性材料，当叠加力达到材料的屈服点时，局部会发生塑性变形，在这一区域应力不会再增加，通过塑性变形焊件截面的应力可以达到均匀化。因此，塑性良好的金属材料，焊接残余应力的存在并不影响焊接结构的静载强度。在塑性差的焊件上，因塑性变形困难，当残余应力峰值达到材料的抗拉强度时，局部首先发生开裂，最后导致钢结构整体破坏。由此可知，焊接残余应力的存在将明显降低脆性材料钢结构的静载强度。

2. 对构件加工尺寸精度的影响

对尺寸精度要求高的焊接结构，焊后一般都采用切削加工来保证构件的技术条件和装配精度。通过切削加工把一部分材料从构件上去除，使截面积相应减小，同时也释放了部分残余应力，使构件中原有残余应力的平衡得到破坏，引起构件变形。如图 3-17 所示，在 T 形焊件上切削腹板上表面，切削后去除压板，T 形焊件就会失稳产生上挠变形，影响 T 形焊件的精度。为防止因切削加工产生的精度下降，对精度要求高的焊件，在切削加工前应对焊件先进行退火消除应力，再进行切削加工，也可采用多次分步加工的办法来释放焊件中的残余应力和变形。

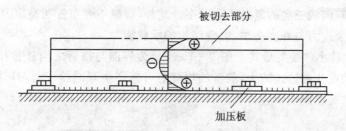

被切去部分

加压板

图 3-17 切削加工引起内应力释放和变形

3. 对受压杆件稳定性的影响

焊接后工字梁（H 形）中的残余压应力和外载引起的压应力叠加之和达到材料的屈服点时，这部分截面就丧失进一步承受外载的能力，削弱了有效截面积。这种压力的存在，会使工字梁的稳定性明显下降，使局部或整体失稳，产生变形。

焊接残余应力对杆件稳定性的影响大小，与内应力的分布有关。图 3-18 所示为 H 形焊接杆件的内应力分布。如果 H 形杆件中的翼板采用火焰切割，或者翼板由几块叠焊起来的则可能在翼板边缘产生拉伸应力，其失稳临界应力比一般焊接的 H 形截面高。

4. 对应力腐蚀裂纹的影响

金属材料在某些特定介质和拉应力的共同作用下发生的延迟开裂现象，称为应力腐蚀裂纹。应力腐蚀裂纹主要是由材质、腐蚀介质和拉应力共同作用的结果。

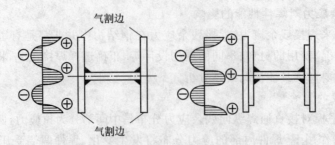

图 3-18 带火焰切割边及带翼板的 H 形杆件的内应力分布

采用熔焊焊接的构件,焊接残余应力是不可避免的。焊件在特定的腐蚀介质中,尽管拉应力不一定很高,但会产生应力腐蚀开裂。其中,残余拉应力大小对腐蚀速度有很大的影响,当焊接残余应力与外载荷产生的拉应力叠加后的拉应力值越高,产生应力腐蚀裂纹的倾向越高,发生应力腐蚀开裂的时间就越短。因此,在腐蚀介质中服役的焊件,首先要选择抗介质腐蚀性能好的材料,此外对钢结构的焊缝及其周围处进行锤击,使焊缝延展开,消除焊接残余应力。对条件允许焊接加工的钢结构,在使用前进行退火消除应力等。

(三) 减小焊接残余应力的措施

减小焊接残余应力,一般可以从设计和工艺两方面着手。设计焊接结构时,在不影响结构使用性能的前提下,应尽量考虑能减小和改善焊接应力的设计方案。另外,在制造过程中还要采取一些必要的工艺措施,以使焊接应力减小到最低程度。

1. 设计措施

(1) 在保证结构强度的前提下,尽量减少焊缝的数量和焊缝尺寸。

(2) 避免焊缝过于集中,焊缝间应保持足够的距离。焊缝过于集中不仅使应力分布更不均匀,而且能出现双向或三向的复杂应力状态。此外,焊缝不要布置在高应力区及结构截面突变的地方,防止残余应力与外力叠加,影响结构的承载能力。

(3) 采用刚性较小的接头形式。图 3-19 所示为容器与接管之间连接接头的两种形式,插入式连接的拘束度比翻边式的大,前者的焊缝上可能产生双向拉应力,且达到较高数值,而后者的焊缝上主要是纵向残余应力。

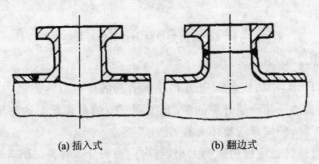

(a) 插入式　　　　　　　　(b) 翻边式

图 3-19 焊接管的连接

2. 工艺措施

(1) 采用合理的装配焊接顺序和方向。合理的装配焊接顺序能使每条焊缝尽可能地自由收缩。具体应注意以下几点:

1）在一个平面上的焊缝,焊接时应保证焊缝的纵向和横向收缩均能比较自由。如图3-20所示的拼板焊接,合理的焊接顺序应按图中1～10施焊,即先焊相互错开的短焊缝,后焊直通长焊缝。

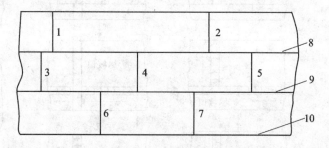

图3-20　拼接焊缝合理的装配焊接顺序

2）先焊收缩量最大的焊缝。因为先焊的焊缝收缩时受阻较小,所以残余应力就比较小。如图3-21所示的带盖板的双工字梁结构,应先焊盖板上的对接焊缝1,后焊盖板与工字梁之间的角焊缝2,原因是对接焊缝的收缩量比角焊缝的收缩量大。

3）先焊工作时受力最大的焊缝。如图3-22所示的大型工字梁,应先焊受力最大的翼板对接焊缝1,再焊腹板对接焊缝2,最后焊预先留出来的一段角焊缝3。

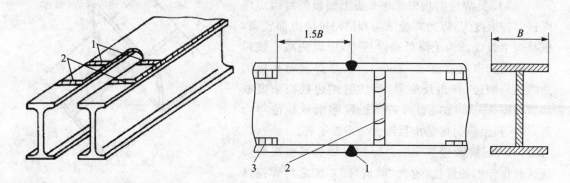

图3-21　带盖板的双工字梁结构焊接顺序　　　**图3-22　对接工字梁的焊接顺序**

4）注意平面交叉焊缝的焊接顺序。图3-23所示为几种T形接头焊缝和十字接头焊缝,采用图3-23中(a、b、c)的焊接顺序,才能避免在焊缝的相交点产生裂纹及夹渣等缺陷。图3-23(d)为不合理的焊接顺序。图3-24所示为对接焊缝与角焊缝交叉的结构。对接焊缝1的横向收缩量大,必须先焊对接焊缝1,后焊角焊缝2。反之,如果先焊角焊缝2,则焊接对接焊缝1时,其横向收缩不自由,极易产生裂纹。

（2）缩小焊接区与结构整体之间的温差。引起焊接应力与变形的根本原因是焊件受热不均匀。焊接区与结构整体之间的温差越大,则引起的焊接应力与变形越大。工程中常用"预热法"和"冷焊法"减小焊接区与结构整体之间的温差。

预热法是在施焊前,预先将焊件局部或整体加热到150～650℃。对于焊接或焊补那些淬硬倾向较大的材料,以及刚性较大或脆性材料焊件时,常采用预热法。

冷焊法是通过减少焊件受热来减小焊接部位与结构上其他部位间的温度差。具体做法有尽量采用小的热输入施焊,选用小直径焊条,小电流、快速焊及多层多道焊。另外,应用冷焊法

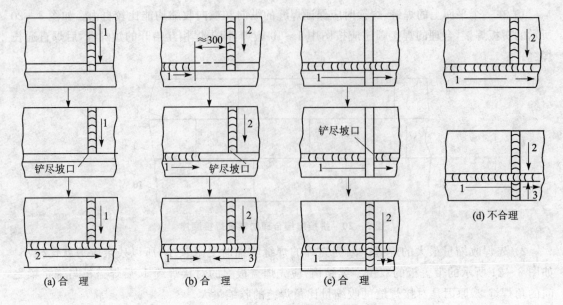

(a)合 理   (b)合 理   (c)合 理   (d)不合理

图 3 - 23　平面交叉焊缝的焊接顺序

时,环境温度应尽可能高。

(3) 降低焊缝的拘束度。平板上镶板的封闭焊缝焊接时拘束度大,焊后焊缝纵向和横向拉应力都较高,极易产生裂纹。为了降低残余应力,应设法减小该封闭焊缝的拘束度。图 3 - 25(a)所示是焊前对平板的边缘适当翻边,作出反变形,焊接时翻边处拘束度减小。如图 3 - 25(b)所示,若镶板收缩余量预留得合适,焊后残余应力可减小且镶板与平板平齐。

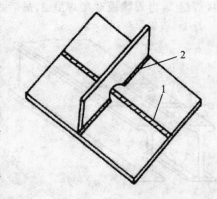

图 3 - 24　对接焊缝与角焊缝交叉的结构

(4) 加热"减应区"法 。焊接时加热那些阻碍焊接区自由伸缩的部位(称为"减应区"),使之与焊接区同时膨胀或同时收缩,起到减小焊接应力的作用,此法称为加热"减应区"法。图 3 - 26 所示为加热"减应区"法的减应原理。图中框架中心已断裂,若直接焊接断口处,焊缝横向收缩受阻,在焊缝中受到很大的横向应力。若焊前在两侧构件的"减应区"处同时加热,则两侧受热膨胀,使中心构件断口间隙增大。此时对断口处进行焊接,焊后两侧也停止加热。于是焊缝和两侧加热区同时冷却收缩,互不阻碍,结果减小了焊接应力。

此法在铸铁补焊中应用最多,也最有效。该方法关键在于正确选择加热部位,选择的原则是:只加热阻碍焊接区膨胀或收缩的部位。检验加热部位是否正确的方法是:用气焊矩在所选处试加热一下,若待焊处的缝隙是张开的,则表示选择正确,否则不正确。

(四) 消除焊接残余应力的方法

虽然在结构设计时考虑了残余应力的问题,在工艺上也采取了一定的措施来防止或减小焊接残余应力,但由于焊接应力的复杂性,焊接完成以后结构仍可能存在较大的残余应力。另外,有些结构在装配过程中还可能产生新的内应力,这些焊接残余应力及装配应力都会影响结构的使用性能。特别是重要的焊接结构,焊后应设法采取措施消除残余应力。常用的消除残

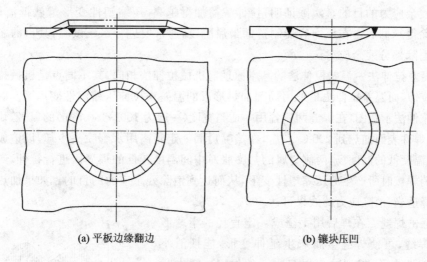

(a) 平板边缘翻边　　　　　　　　　(b) 镶块压凹

图 3 - 25　降低局部刚度减少内应力

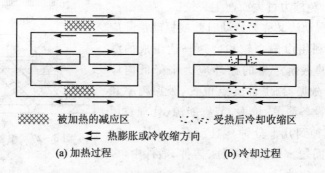

⊠⊠⊠ 被加热的减应区　　　∷∷ 受热后冷却收缩区

⇐ 热膨胀或冷收缩方向

(a) 加热过程　　　　　　　　　　　(b) 冷却过程

图 3 - 26　加热"减应区"法示意图

余应力的方法如下：

(1) 热处理法。热处理法是利用材料在高温下屈服点下降和蠕变现象来达到松弛焊接残余应力的目的，同时热处理还可改善焊接接头的性能。生产中常用的热处理方法有整体热处理法和局部热处理法两种。

1) 整体热处理法。它是将整个构件缓慢加热到一定的温度（低碳钢为 650℃），并在该温度下保温一定的时间（一般每 1 mm 板厚保温 2～4 min，但总时间不少于 30 min），然后空冷或随炉冷却。整体热处理消除残余应力的效果取决于加热温度、保温时间、加热和冷却速度、加热方法和加热范围。一般可消除 60%～90% 的残余应力，整体热处理法在生产中应用比较广泛。

2) 局部热处理法。对于某些不允许或不可能进行整体热处理的焊接结构，可采用局部热处理法。局部热处理法就是对构件焊缝周围局部应力很大的区域，缓慢加热到一定温度后保温，然后缓慢冷却。其消除应力的效果不如整体热处理法，它只能降低残余应力峰值，不能完全消除残余应力。对于一些大型筒形容器的组装环缝和一些重要管道等，常采用局部热处理法来降低结构的残余应力。

(2) 机械拉伸法。机械拉伸法是通过不同方式在构件上施加一定的拉伸应力，使焊缝及其附近产生拉伸塑性变形，与焊接时在焊缝及其附近所产生的压缩塑性变形相互抵消一部分，达到松弛残余应力的目的。实践证明,拉伸载荷加得越高,压缩塑性变形量就抵消得越多,残余应力消除得越彻底。在压力容器制造的最后阶段,通常要进行水压试验,其目的之一也是利用加载来消除部分残余应力。

（3）温差拉伸法。温差拉伸法的基本原理与机械拉伸法相同,其不同点是机械拉伸法采用外力进行拉伸,而温差拉伸法是采用局部加热形成的温差来拉伸压缩塑性变形区。图 3-27 所示为温差拉伸法示意图,在焊缝两侧各用一适当宽度(一般为 100～150 mm)的氧-乙炔焰喷嘴加热焊件,使焊件表面加热到 200℃ 左右,在焰嘴后面一定距离用水管喷头冷却,以造成两侧温度高,焊缝区温度低的温度场,两侧金属的热膨胀对中间温度较低的焊缝区进行拉伸,产生拉伸塑性变形抵消焊接时所产生的压缩塑性变形,从而达到消除残余应力的目的。如果加热温度和加热范围选择适当,消除应力的效果可达 50%～70%。

（4）锤击焊缝。在焊后用手锤或一定直径的半球形风锤锤击焊缝,可使焊缝金属产生延伸变形,能抵消一部分压缩塑性变形,起到减小焊接应力的作用。锤击时注意施力应适度,以免施力过大而产生裂纹。

（5）振动法。振动法又称为振动时效或振动消除应力法(VSR)。它是利用由偏心轮和变速马达组成的激振器,使结构发生共振所产生的循环应力来降低内应力。其效果取决于激振器、工件支点位置、激振频率和时间。振动法所用设备简单、价廉、节省能源、处理费用低、时间短(从几分钟到几十分钟),且没有高温回火时金属表面的氧化等问题。目前在焊件、铸件、锻件中,多采用此法提高尺寸稳定性。

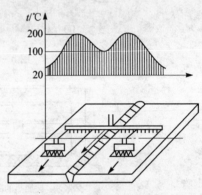

图 3-27　温差拉伸法示意图

任务三　焊接变形

一、任务分析

焊接是一种局部加热的工艺过程,焊件局部被加热产生膨胀,受到周边冷金属的约束不能自由伸长,产生了压缩塑性变形,冷却时这部分金属不能自由收缩,就会产生残存在构件内部的应力,称为焊接残余应力。焊后引起的焊接构件形状、尺寸的变化称为焊接变形。焊接结构的变形对焊接结构生产有极大的危害,所以有必要学习焊接变形的知识。本任务介绍了焊接变形的分类、典型构件上的焊接残余变形、控制焊接残余变形的措施、消除焊接残余变形的方法。

二、相关知识

（一）焊接变形的分类

按焊接变形对整个结构的影响程度分为整体变形和局部变形,按焊接变形的特征可分为收缩变形、弯曲变形、角变形、波浪变形、扭曲变形。

1. 总体变形

总体变形是指整个结构形状发生的变化。通常包括：

（1）纵向收缩变形。构件沿焊缝方向发生的变形，如图 3-28（a）所示。

（2）横向收缩变形。构件沿焊缝垂直方向发生的变形，如图 3-28（b）所示。

（3）弯曲变形。构件焊后整体发生的弯曲变形，如图 3-28（c）所示。

（4）扭曲变形。构件焊后发生的螺旋形变形，如图 3-28（d）所示。

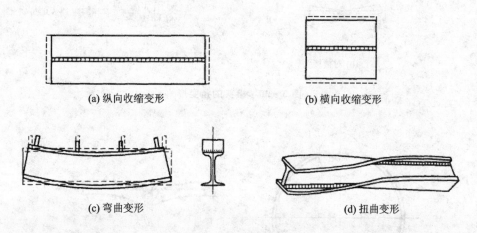

(a) 纵向收缩变形　　　　　　(b) 横向收缩变形

(c) 弯曲变形　　　　　　　　(d) 扭曲变形

图 3-28　焊接总体变形

2. 局部变形

（1）角变形。温度沿板厚方向分布不均或熔化金属沿板厚方向收缩不同，以及两者同时存在，使板件以焊缝为轴心转动而发生的变形，如图 3-29（a）和图 3-29（b）所示。

（2）波浪变形。在薄板结构中压应力使其失稳而引起的变形，如图 3-29（c）所示。

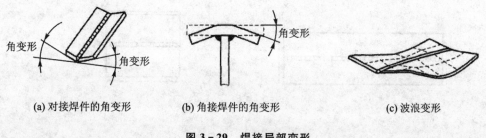

(a) 对接焊件的角变形　　　　(b) 角接焊件的角变形　　　　(c) 波浪变形

图 3-29　焊接局部变形

（二）典型构件上的焊接残余变形

焊接结构的品种繁多应用广泛，包括起重机桥架、船舶、压力容器、建筑钢结构、焊接车身等，它们焊接过程的变形包含了以下的几种形式，如图 3-30～图 3-33 所示。

（三）控制焊接残余变形的措施

焊接结构的变形对焊接结构生产有极大的危害。首先，零件或部件的焊接残余变形给装配带来困难，进而影响后续焊接的质量。在生产中，有时为了保证焊接后需要进行机械加工的工件尺寸，片面地多留余量，加大坯料尺寸，增加了材料消耗和机械加工工时。其次，还要进行矫正过大的残余变形。另外，焊接变形还会降低焊接接头的性能和承载能力。图 3-31 所示的压力容器筒体纵缝的焊接角变形如果不进行修复，则可能导致结构破坏，最终造成事故。因

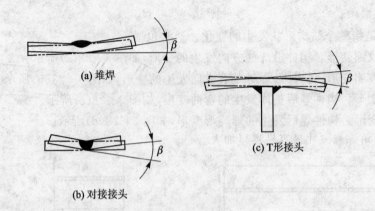

(a) 堆焊

(b) 对接接头

(c) T形接头

图 3 - 30　接头的角变形

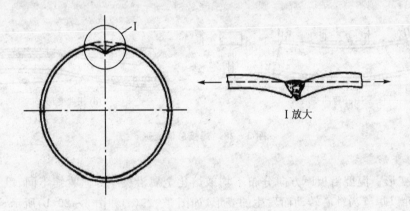

I 放大

图 3 - 31　压力容器筒体纵缝角变形

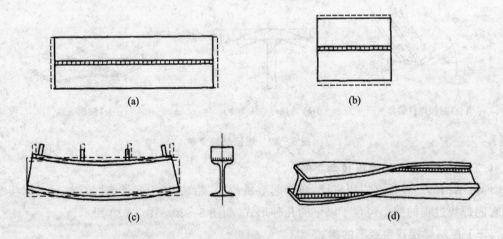

(a)

(b)

(c)

(d)

图 3 - 32　工字梁的扭曲变形

此,实际生产中,必须设法控制焊接变形,使变形控制在技术要求所允许的范围之内。

从焊接结构的设计开始,就应考虑控制变形可能采取的措施。进入生产阶段,可采用焊前预防变形的措施,以及在焊接过程中"积极"的工艺措施。而在焊接完成后,只能选择相应的"消极"矫正措施来减小或消除发生的残余变形。

1. 控制焊接变形的设计措施

(1) 选择合理的焊缝尺寸和坡口形式。

1) 选择合理的焊缝截面尺寸。焊接变形与焊缝金属的截面尺寸大小有很大关系,因此对结构焊缝进行设计时,在保证结构承载能力和焊接质量的前提下,应根据板厚选取合理的最小焊缝截面尺寸。注意,角焊缝尺寸最容易盲目加大。

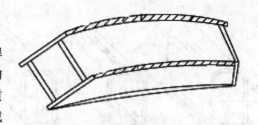

图 3-33　箱型梁弯曲

对受力较大的 T 字形或十字形接头,在保证强度相同的条件下,采用开坡口的焊缝可减少焊缝金属,对减小角变形有利,如图 3-34 所示。

2) 选择合理的坡口形式。对接焊缝选用对称的坡口形式比非对称的坡口形式容易控制角变形。因此,具有翻转条件的结构,宜选用双 V 形等对称的坡口形式。T 形接头立板端开 J 形坡口比开单边 V 形坡口产生的角变形小,如图 3-35 所示。

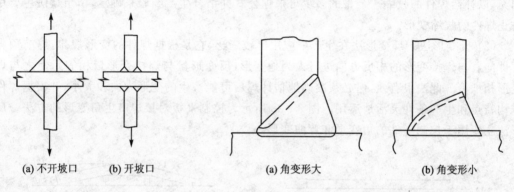

(a) 不开坡口　　　(b) 开坡口

图 3-34　相同承载能力的十字接头

(a) 角变形大　　　(b) 角变形小

图 3-35　T 形接头的坡口

(2) 合理选择焊缝长度和数量。由于焊缝长度对焊接变形有影响,所以在满足强度要求和密封性要求的前提下,可以用断续焊缝代替连续焊缝,以减小焊接变形。另外,在设计过程中还要尽可能减少焊缝数量,多采用型材、冲压件代替焊接件;焊缝多且密集处,可以采用铸-焊联合结构,以减少焊缝数量。此外,适当增加壁板厚度,以减少肋板数量,或者采用压型结构代替筋板结构,都对防止薄板结构的变形有利。

(3) 合理安排焊缝位置。在结构设计过程中,应尽量使焊缝中心线与结构截面的中性轴重合或靠近中性轴,力求在中性轴两侧的变形量大小相等,方向相反,起到相互抵消的作用。图 3-36 所示为箱形结构,图 3-36(a) 中焊缝集中于中性轴一侧,弯曲变形大,图 3-36(b)、图 3-36(c) 中的焊缝安排合理。

如图 3-37(a) 所示的肋板设计,使焊缝集中在截面的中性轴下方,肋板焊缝的横向收缩集中在中性轴下方将引起上拱的弯曲变形。改成图 3-37(b) 所示的设计形式,可以减小和防止这种变形。

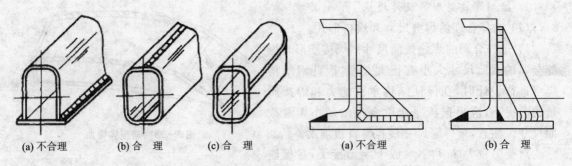

(a) 不合理　　(b) 合理　　(c) 合理

图 3-36　箱形结构的焊缝安排

(a) 不合理　　　　　(b) 合　理

图 3-37　肋板焊缝的合理安排

2. 控制焊接变形的工艺措施

(1) 留余量法。此方法就是在下料时,将零件的实际长度或宽度尺寸比的设计尺寸适当加大,以补偿焊件的收缩。余量的多少可根据公式并结合生产经验来确定,留余量法主要用于防止焊件的收缩变形。

(2) 反变形法。反变形法在生产中应用比较广泛,它是根据焊件的变形规律,焊前预先将焊件向着与焊接变形的相反方向进行人为地变形(反变形量与焊接变形量相等),使之与焊接变形相抵消。此法很有效,但必须准确地估计焊后可能产生的变形方向和大小,并根据焊件的结构特点和生产条件灵活地运用。图 3-38 所示为控制平板对接焊产生角变形的方法。反变形法主要用于控制焊件的角变形和弯曲变形。

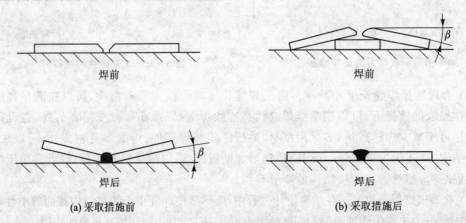

焊前　　　　　　　　　　　焊前

焊后　　　　　　　　　　　焊后

(a) 采取措施前　　　　　　　　　(b) 采取措施后

图 3-38　反变形法

(3) 刚性固定法。将焊件固定在具有足够刚性的台架机具上,或者临时装焊支撑,来增加焊件的刚度或拘束度,以达到减小焊接变形的目的,这就是刚性固定法。常用的刚性固定法有以下几种:

1) 将焊件固定在刚性平台上。薄板焊接时,为避免产生波浪变形,可用定位焊缝将其固定在刚性平台上,并且用压铁压住焊缝附近,如图 3-39 所示。

2) 将焊件组合成刚性更大或对称的结构。T 形梁焊接时容易产生角变形和弯曲变形,如图 3-40 所示。将两根 T 形梁组合在一起,使焊缝对称于结构截面的中性轴,同时增加了结构的刚性,并配合反变形法(采用垫铁),采用合理的焊接顺序,有利于防止弯曲变形和角变形。

3) 利用焊接夹具增加结构的刚性和拘束。如图 3-41 所示,利用夹紧器将构件固定,增

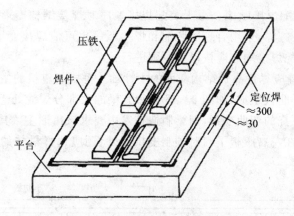

图 3-39 薄板拼接时的刚性固定

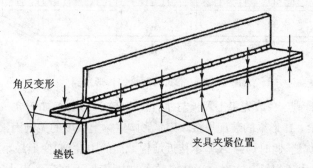

图 3-40 T形梁在刚性夹紧下进行焊接

加构件的拘束,就可以有效地防止构件产生角变形和弯曲变形。

4）利用临时支撑增加结构的拘束。单件生产中采用专用夹具,在经济上不合理。因此,可在容易发生变形的部位焊上一些临时支撑或拉杆,增加局部的刚度,能有效地减小焊接变形。图 3-42 所示是防护罩用临时支撑来增加拘束的应用实例。

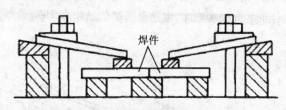

图 3-41 对接拼板时的刚性固定

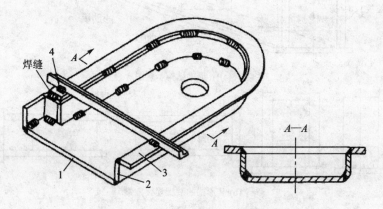

图 3-42 防护罩焊接时的临时支撑

（4）选择合理的装配焊接顺序。由于装配焊接顺序对焊接结构变形的影响很大，所以在无法使用夹具的情况下施焊，采用合理的装配和焊接顺序也可使焊接变形减至最小。为了控制和减小焊接变形，装配焊接顺序应按以下原则进行：

1）正在施焊的焊缝应尽量靠近结构截面的中性轴。桥式起重机的主梁结构由上下翼板、左右腹板及中间的若干肋板组成，如图 3-43 所示。梁的大部分焊缝处于结构中性轴的上方，其横向收缩会引起梁下挠的弯曲变形，而梁制造技术中要求该箱形主梁具有一定的上拱度，为了解决这一矛盾，除了在左右腹板下料时预制上拱度外，还应选择最佳的装配焊接顺序，使下挠的弯曲变形最小。

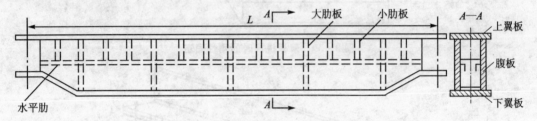

图 3-43　桥式起重机的箱形主梁

根据该梁的结构特点，一般先将上翼板与左右腹板装成Ⅱ形梁，如图 3-44 所示。最后装下翼板，组成封闭的箱形梁。Ⅱ形梁的装配焊接顺序是影响主梁上拱度的关键因素，应先将大、小肋板与上翼板装配，先焊 A 焊缝，此时焊缝 A 基本接近结构截面的中性轴，变形最小。然后同时装配左右腹板，焊 B 和 C 焊缝，由于焊缝基本对称于结构截面的中性轴，下挠变形很小。Ⅱ形梁装配完毕后，先不焊接上翼板与左右腹板的角焊缝，等到下翼板装配完毕后再焊接左右腹板与上下翼板的 4 条角焊缝，这样由于 4 条角焊缝基本对称于结构截面的中性轴，可以使焊接变形最小。因此，该方案是最佳的装配焊接顺序，也是目前类似结构在实际生产中广泛采用的一种方案。

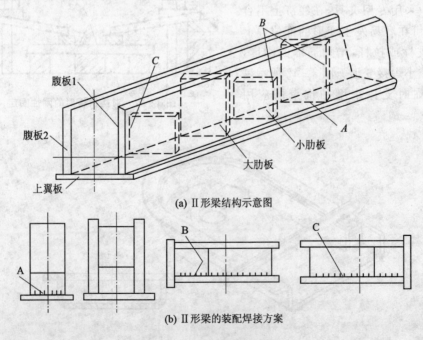

(a) Ⅱ形梁结构示意图

(b) Ⅱ形梁的装配焊接方案

图 3-44　主梁装配焊接

2) 对于焊缝非对称布置的结构,装配焊接时应先焊焊缝少的一侧。图3-45(a)所示的压力机的焊接顺序不合理,最终将产生下挠的弯曲变形。解决办法是先由两人对称地焊接1和$1'$焊缝[见图3-45(b)],此时将产生较大的上拱弯曲变形f_1并增加了结构的刚性,再按图3-45(c)的位置焊接焊缝2和$2'$,产生下挠弯曲变形f_2,最后按图3-45(d)的位置焊接焊缝3和$3'$,产生下挠弯曲变形f_3,这样f_1近似等于f_2与f_3的和,并且方向相反,弯曲变形基本相互抵消。

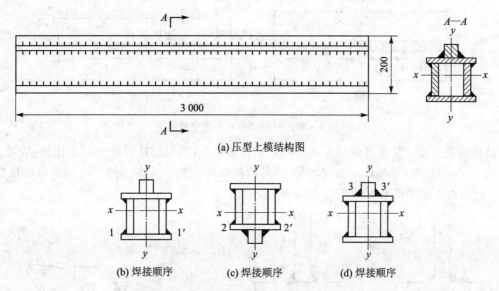

(a) 压型上模结构图

(b) 焊接顺序　　　(c) 焊接顺序　　　(d) 焊接顺序

图3-45　压力机压型上模的焊接顺序

3) 焊缝对称布置的结构,应由偶数焊工对称地施焊。如图3-46所示的圆筒体对接焊缝,应由两名焊工对称地施焊。

4) 长焊缝(1 m以上)焊接时,可采用图3-47所示的方向和顺序进行焊接,以减小其焊后的收缩变形。

5) 相邻两条焊缝,为了防止产生扭曲变形,应按图3-48中正确的方向和顺序焊接。

(5) 合理地选择焊接方法和焊接参数。由于各种焊接方法的热输入不同,所以产生的焊接变形也不一样。能量集中和热输入较低的焊接方法,可有效地降低焊接变形。用CO_2气体保护焊焊接中厚钢板的变形比用气焊和焊条电弧焊小得多,更薄的板可以采用脉冲钨极氩弧焊、激光焊等方法焊接。电子束焊的焊缝很窄,变形极小,一般经精加工的工件,焊后仍具有较高的精度。

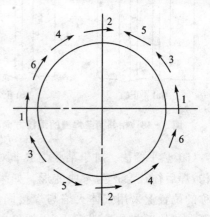

图3-46　圆筒体对接焊缝的焊接顺序

焊接热输入是影响变形量的关键因素,当焊接方法确定后,可通过调节焊接参数来控制热输入。在保证熔透和焊缝无缺陷的前提下,应尽量采用小的焊接热输入。根据焊件结构特点,可以灵活地运用热输入对变形影响的规律来控制焊接变形:如图3-49所示的非对称截面梁,因为焊缝1、2离结构截面中性轴的距离s大于焊缝3、4到中性轴的距离s',所以焊后会产

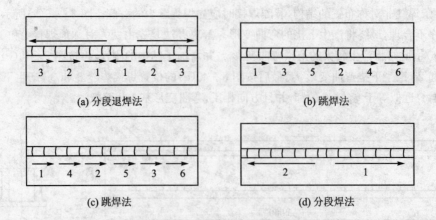

(a) 分段退焊法　　　　　　　　(b) 跳焊法

(c) 跳焊法　　　　　　　　(d) 分段焊法

图 3 - 47　长焊缝的几种焊接顺序

生下挠的弯曲变形。如果在焊接 1、2 焊缝时采用多层焊，则每层选择较小的线能量；焊接 3、4 焊缝时，采明单层焊，选择较大的线能量，这样焊接焊缝 1、2 时所产生的下挠变形与焊接焊缝 3、4 时产生的上拱变形基本相互抵消，焊后基本平直。

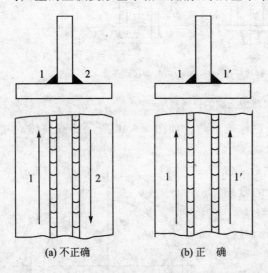

(a) 不正确　　　　　　　(b) 正 确

图 3 - 48　相邻两条焊缝的焊接方向和顺序

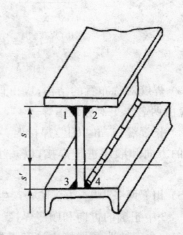

图 3 - 49　非对称截面结构的焊接

（6）热平衡法。对于某些焊缝非对称布置的结构，焊后往往会产生弯曲变形。如果在与焊缝对称的位置上采用气体火焰与焊接同步加热，则只要加热的工艺参数选择适当，就可以减小或防止构件的弯曲变形。如图 3 - 50 所示，采用热平衡法对边梁箱形结构的焊接变形进行控制。

（7）散热法。散热法就是通过各种方式将焊缝及其附近处的热量迅速带走，减小焊缝及其附近的受热区，达到减小焊接变形的目的。图 3 - 51(a) 所

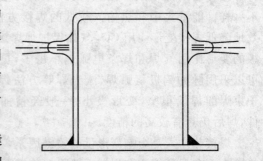

图 3 - 50　采用热平衡法防止焊接变形

示是水浸法散热示意图，图 3 - 51(b) 所示是喷水法散热示意图，图 3 - 51(c) 是采用纯铜板中钻孔通

水的散热垫法散热示意图。

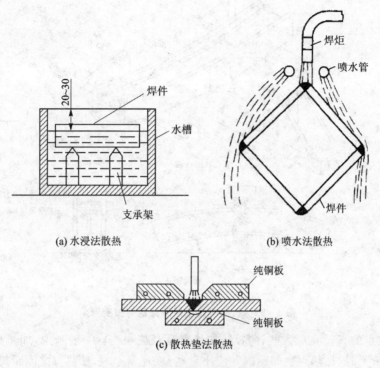

(a) 水浸法散热　　　　　　　(b) 喷水法散热

(c) 散热垫法散热

图 3 – 51　散热法示意图

以上所述为控制焊接变形的常用方法。在焊接结构的实际生产过程中,应充分估计各种变形,分析各种变形的变形规律,根据现场条件选用一种或几种方法,有效地控制焊接变形。

（四）消除焊接残余变形的方法

在焊接结构生产中,焊接变形十分复杂,虽然在结构设计和生产工艺方面已经采取了各种控制和减小焊接变形的措施,但是构件焊接后还是难以避免或大或小的焊接变形。当焊接结构中的残余变形超出技术要求的变形范围时,必须对焊件的变形进行矫正。

1. 手工矫正法

手工矫正法就是利用手锤、大锤等工具锤击焊件的变形处,使材料延伸补偿焊接收缩,主要用于一些小型简单焊件的弯曲变形和薄板的波浪变形。

2. 机械矫正法

机械矫正法就是在机械力的作用下使部分金属得到延伸,产生拉伸塑性变形,使变形的构件恢复到所要求的形状。具体地说,就是用千斤顶、拉紧器、压力机等将焊件顶直或压平。机械矫正法一般适用于塑性比较好的材料及形状简单的焊件,如图 3 – 52 所示。

3. 火焰加热矫正法

火焰加热矫正法就是利用火焰对焊件进行局部加热,使焊件产生新的变形去抵消焊接变形。由于其设备简单操作方便,所以火焰加热矫正法在生产中应用广泛,主要用于矫正弯曲变形、角变形、波浪变形等,也可用于矫正扭曲变形。加热火焰一般采用氧—乙炔中性火焰,火焰加热的方式有点状加热、线状加热和三角形加热 3 种。

（1）点状加热。如图 3 – 53 所示,加热点的数目应根据焊件的结构形状和变形情况而定。

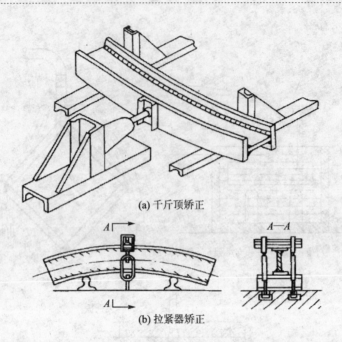

(a) 千斤顶矫正

(b) 拉紧器矫正

图 3 - 52　机械矫正法矫正梁的弯曲变形

对于厚板,加热点的直径 d 应大些;薄板的加热点直径应小些。一般来说,加热点直径不超过 15 mm。变形量大时,加热点之间距离 a 应小一些;变形量小时,加热点之间距离则应大一些。一般 a 值取 50～100 mm 之间。

(2) 线状加热。火焰沿直线缓慢移动或同时作横向摆动,形成一个加热带的加热方式,称为线状加热。线状加热有直通加热、链状加热和带状加热 3 种形式,如图 3-54 所示。线状加热可用于矫正波浪变形、角变形和弯曲变形等。

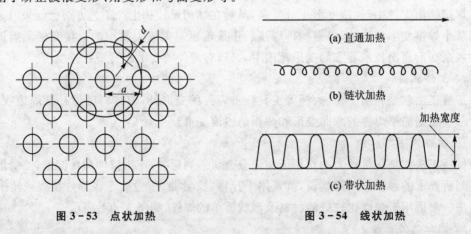

(a) 直通加热

(b) 链状加热

加热宽度

(c) 带状加热

图 3 - 53　点状加热　　　　　**图 3 - 54　线状加热**

(3) 三角形加热。三角形加热即加热区域呈三角形,一般用于矫正刚度大,厚度较大结构的弯曲变形。加热时,三角形的底边应在被矫正结构的拱边上,顶端朝焊件的弯曲方向,如图 3-55 所示。三角形加热与线状加热联合使用,对矫正大而厚焊件的焊接变形,效果更佳。

火焰加热矫正焊接变形的效果取决于下列 3 个因素:

1) 加热方式。加热方式的确定取决于焊件的结构形状和焊接变形形式,一般薄板的波浪

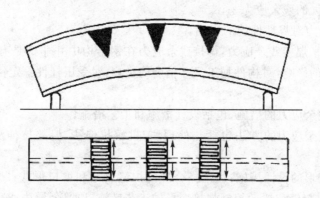

图 3-55　工字梁弯曲变形的火焰加热矫正

变形应采用点状加热；焊件的角变形可采用线状加热；弯曲变形多采用三角形加热。

2) 加热位置。加热位置的选择应根据焊接变形的形式和方向而定。

3) 加热温度和加热区的面积。应根据焊件的变形量及焊件材质确定,当焊件变形量较大时,加热温度应高一些,加热区的面积应大一些。

小　结

1. 应力的概念:物体单位截面上所受的内力称为应力。根据引起内力的原因不同,应力分为工作应力和内应力。

2. 变形的概念:物体在某些外界条件(外力或温度等因素)的作用下,其内部原子的相对位置发生改变,宏观表现为形状和尺寸的变化,这种变化称为物体的变形。按物体变形的性质可分为弹性变形和塑性变形;按变形的拘束条件分为自由变形和非自由变形。

3. 焊接应力与变形产生的原因如下:

(1) 焊件的均匀及不均匀受热;(2)焊缝金属的收缩;(3)金属组织的变化;(4)焊件的刚性和拘束。

4. 焊接应力的分类及分布:

(1) 根据引起应力的基本原因可分为:1)热应力——由于焊接时温度分布不均匀所引起的应力。2)组织应力——由于温度变化,引起了组织变化所产生的应力。(2)根据应力存在的时间可分为:1)瞬时应力——在一定的温度及刚度条件下,某一瞬时内存在的应力。2)残余应力——一般指焊接结束且完全冷却后仍然存在的内应力。(3)根据应力作用方向可分为:1)纵向应力——其方向平行于焊缝轴线。2)横向应力——其方向垂直于焊缝轴线。(4)根据应力在空间的方向可分为:1)单向应力——在焊件中沿一个方向存在。2)两向应力——应力作用在一平面内的不同方向上,也称为平面应力。3)三向应力——应力沿空间所有的方向存在,也称为体积应力。

5. 焊接应力的分布:厚板焊接时出现的焊接应力是三向的。包括:1)纵向残余应力 σ_x 的分布——作用方向平行于焊缝轴线的残余应力为纵向残余应力,用 σ_x 表示。2)横向残余应力 σ_y 的分布——垂直于焊缝轴线的残余应力称为横向残余应力,用 σ_y 表示。特殊情况下的残余应力分布:厚板中的焊接残余应力,厚板结构中除了存在纵向残余应力和横向残余应力外,在厚度方向还存在较大的残余应力 σ_z。

6. 焊接残余应力对焊件性能的影响。

熔焊必然会带来焊接残余应力,焊接残余应力在钢结构中并非都是有害的。包括焊接残余应力对静载强度的影响,对构件加工尺寸精度的影响,对受压杆件稳定性的影响以及对应力腐蚀裂纹的影响。

7. 减小焊接残余应力的措施,包括设计措施和工艺措施。

8. 消除焊接残余应力的方法包括热处理法、机械拉伸法、温差拉伸法、锤击焊缝法和振动法。

9. 控制焊接变形的设计措施:1)选择合理的焊缝尺寸和坡口形式;2)合理选择焊缝长度和数量;3)合理安排焊缝位置。控制焊接变形的工艺措施:1)留余量法;2)反变形法;3)刚性固定法;4)选择合理的装配焊接顺序;5)合理地选择焊接方法和焊接参数;6)热平衡法;7)散热法。消除焊接残余变形的方法:1)手工矫正法;2)机械矫正法;3)火焰加热矫正法。

思考与练习题

1. 解释下列名词术语:

应力、内应力、工作应力、热应力、组织应力、拘束应力、变形、弹性变形、塑性变形、自由变形、外观变形、内部变形。

2. 焊接应力与焊接变形产生的原因有哪些?

3. 防止和减小焊接应力的措施有哪几种? 简述其原理。

4. 消除焊接残余应力的方法有哪几种? 简述其原理。

5. 预防焊接变形的措施有哪几种? 简述其原理。

6. 矫正焊接残余变形的方法有哪几种? 简述其原理。

7. 焊件的刚性与拘束对焊接应力与变形有何影响?

8. 低碳钢屈服点与温度有何关系?

学习情境四 焊接结构零件的备料加工

知识目标

1. 了解钢板的矫正方法及注意事项。
2. 学习如何识图与划线。
3. 学习放样、下料及坯料的边缘加工方法。
4. 学习板材、型材的弯曲与冲压成形工艺。

任务一 钢材的矫正及预处理

一、任务分析

焊接结构的零件绝大多数以金属轧制材料（板料和型材）为坯料，少部分以铸件、锻件和冲压件为毛坯。后者除部分需机加工外，大多数可直接焊接，但用轧制材料制造焊接结构零件毛坯，在装配焊接之前必须经过一系列的加工，包括矫正（校直）、划线（号料）、切割（下料）、边缘加工、成形及弯曲、焊前坡口清理等，这些工序是必不可少的，其重要性在于材料加工的质量将直接或间接影响焊接产品质量和生产效率。

金属材料加工的工作量在焊接生产中占有相当大的比重，如在重型机械焊接结构中约占全部加工工时的 $25\% \sim 60\%$。因此提高材料加工工艺的机械化水平，采用先进的加工方法，对提高加工质量和劳动生产率有着重要作用。

二、相关知识

（一）钢材的矫正

钢板和型钢受轧制、下料和存放不妥等因素的影响，会产生变形或表面产生锈蚀、氧化皮等。因此，必须对变形钢材进行矫正及表面清理工作，才能进行后续工序的加工。这对保证产品质量、缩短生产周期是相当重要的。

1. 钢材变形的原因

（1）轧制过程中引起的变形。钢材轧制时，如果轧辊弯曲、轧辊间隙不一致等，则会使板料在宽度方向的压缩不均匀。延伸较多的部分受延伸较少部分的拘束而产生压缩应力，而延伸较少部分产生拉应力。因此，延伸较多的部分在压缩应力作用下可能产生失稳而导致变形。

（2）钢材因运输和不正确堆放产生的变形。焊接结构使用的钢材，均是较长、较大的钢板和型材，如果吊装、运输和存放不当，则钢材会因自重而产生弯曲、扭曲和局部变形。

（3）钢材在下料过程中引起的变形。钢材下料一般要经过气割、剪切、冲裁、等离子切割等工序。气割、等离子切割过程是对钢材局部进行加热而使其分离。这种不均匀加热必然会产生残余应力，导致钢材产生变形，尤其是气割窄而长的钢板时，最外一条钢板弯曲得最明显。

综上所述，造成钢材变形的原因是多方面的。当钢材的变形大于技术规定或大于表 4-1

中的允许偏差时,划线前必须进行矫正。

表 4-1　钢材在划线前允许的偏差

偏差名称	简　图	允许值
钢板、扁钢的局部挠度		$\delta \geq 14$　$f \leq 1$ $\delta < 14$　$f \leq 1.5$
角钢、槽钢、工字钢、管子的垂直度		$f = \dfrac{L}{1\,000} \leq 5$
角钢两边的垂直度		$\Delta \leq \dfrac{b}{100}$
工字钢、槽钢翼缘的倾斜度		$\Delta \leq \dfrac{b}{80}$

2. 钢材的矫正原理

钢材在厚度方向上可以假设是由多层纤维组成的。钢材平直时,各层纤维长度都相等,即 $ab = cd$,如图 4-1(a)所示。钢材弯曲后,各层纤维长度不一致,即 $a'b' \neq c'd'$,如图 4-1(b)所示。可见,钢材的变形就是其中一部分纤维与另一部分纤维长短不一致造成的。矫正是通过采用加压或加热的方式进行的,其过程是把已伸长的纤维缩短,把缩短的纤维伸长,最终使钢板厚度方向的纤维趋于一致。

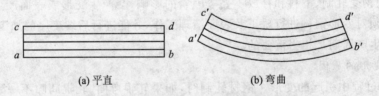

(a) 平直　　　　　　　　(b) 弯曲

图 4-1　钢材平直和弯曲时纤维长度的变化

3. 钢材的矫正方法

矫正的方法按钢材的加热温度不同,分为冷矫正和热矫正。冷矫正用于塑性好或变形不大的钢材;热矫正用于弯曲变形过大,塑性较差的钢材,热矫正的加热温度通常为700~900℃。

按作用力的性质不同,又分为手工矫正、机械矫正和火焰矫正及高频热点矫正 4 种。矫正方法的选用,与材料的形状、性能和变形程度有关,同时与制造厂拥有的设备有关。

(1) 手工矫正。手工矫正由于矫正力小,劳动强度大,效率低,所以常用于矫正尺寸较小薄板钢材。手工矫正时,根据刚性大小和变形情况不同,有反向变形法和锤展伸长法。

1）反向变形法。钢材弯曲变形可采用反向弯曲进行矫正。由于钢板在塑性变形的同时还存在弹性变形,当外力消除后会产生回弹,所以为获得较好的矫正效果,反向弯曲矫应适当过量(见表4-2)。

表4-2　反向弯曲矫正的应用

名　　　称	变形示意图	矫正示意图	矫正要点
钢板		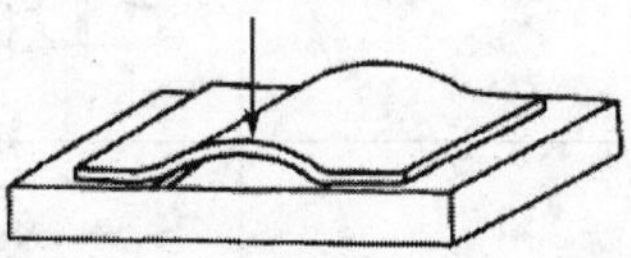	
角钢	 	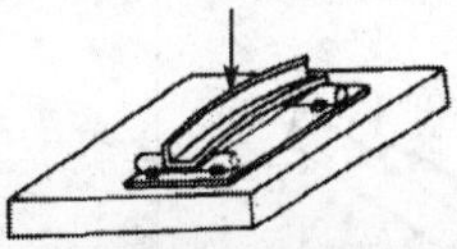 	对于刚性较好的钢材,其弯曲变形可采用反向弯曲进行矫正。由于钢板在塑性变形的同时,还存在弹性变形,当外力消除后会产生回弹,所以为获得较好的矫正效果,反向弯曲矫正时应适当过量
圆钢	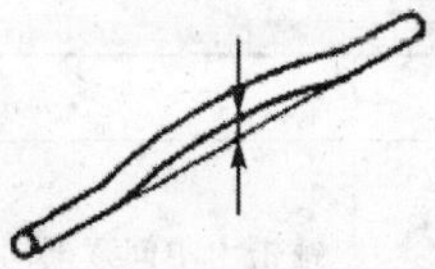	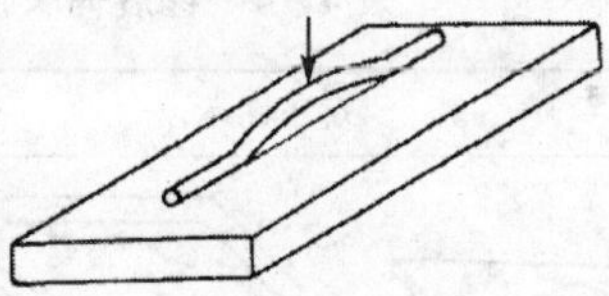	
槽钢	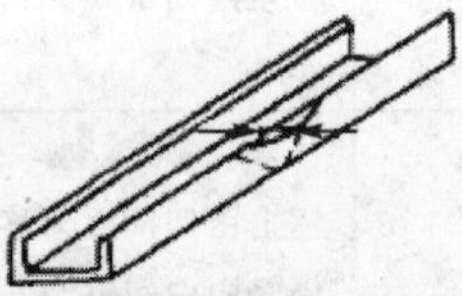	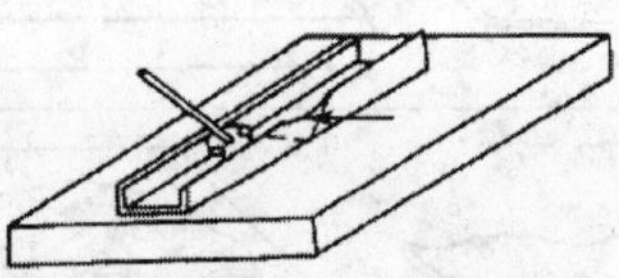	

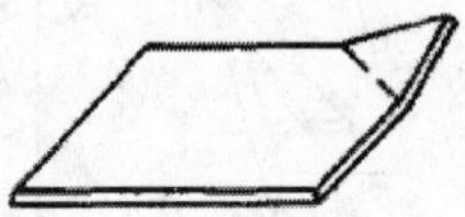

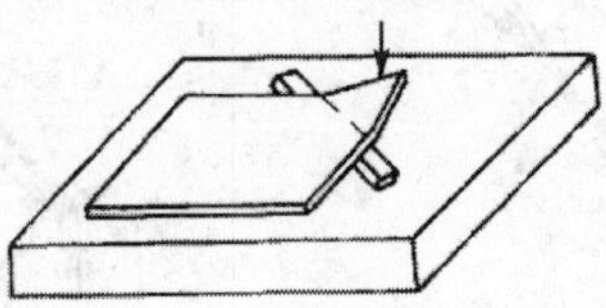

当钢材产生扭曲变形时,可对扭曲部分施加反扭矩,使其产生反向扭曲,从而消除变形(见表4-3)。

2）锤展伸长法。对于变形较小的钢材可锤击纤维较短处,使其伸长与较长纤维趋于一致,达到矫正的目的(见表4-4)。工件出现较复杂的变形时,其矫正的步骤为:先矫正扭曲,后矫正弯曲,再矫正不平。如果被矫正钢材表面不允许有损伤,则矫正时应用衬板或用型锤衬垫。

手工矫正一般在常温下进行,在矫正中尽可能减少不必要的锤击和变形,防止钢材产生加工硬化,给继续矫正带来困难。对于强度较高的钢材,可将钢材加热至700～900℃高温,以提高塑性变形能力,减小变形抗力。

表 4 - 3　反向扭曲矫正的应用

名　称	变形示意图	矫正示意图	矫正要点
角钢	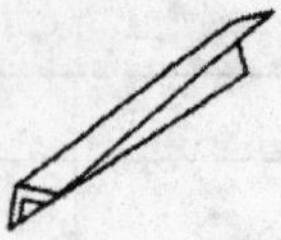	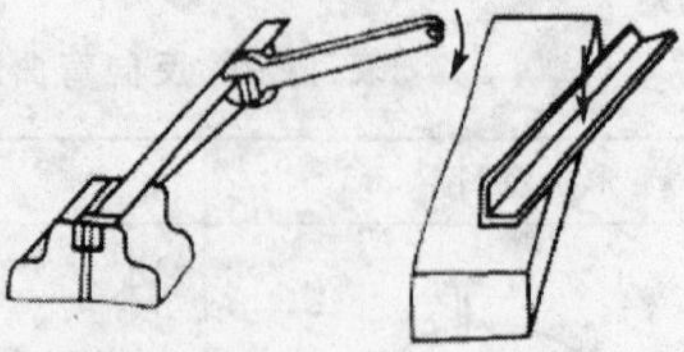	
扁钢	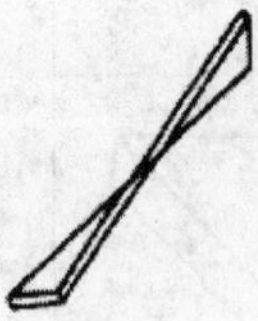	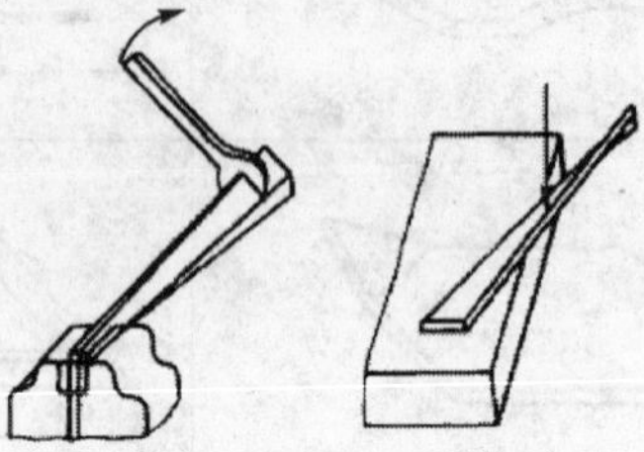	当钢材产生扭曲变形时,可对扭曲部分施加反扭矩,使其产生反向扭曲,从而消除变形
槽钢	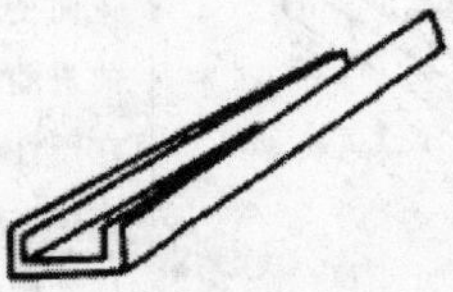	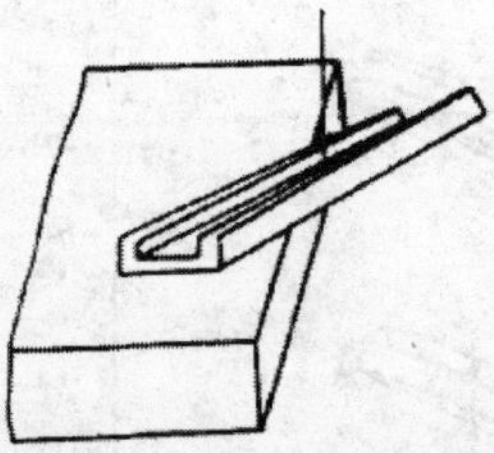	

表 4 - 4　锤展伸长法矫正的应用

变形名称	矫正图示	矫正要点
中间凸起	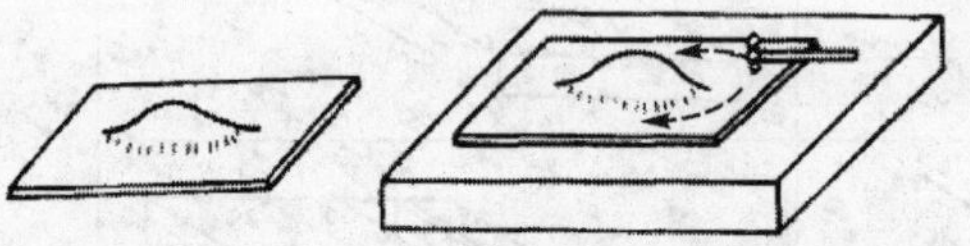	锤击由中间逐渐向四周,锤击力由中间轻至四周重
边缘波浪形	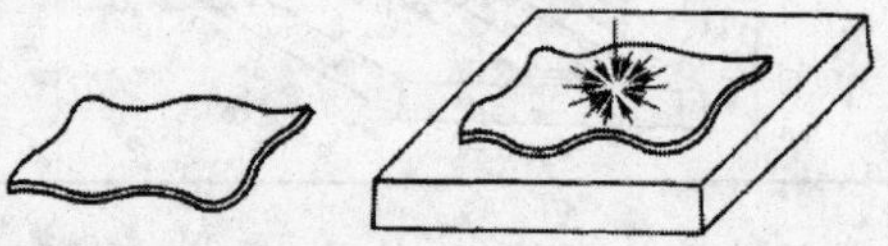	锤击由四周逐渐移向中间,锤击力由四周轻向中间重
纵向波浪形	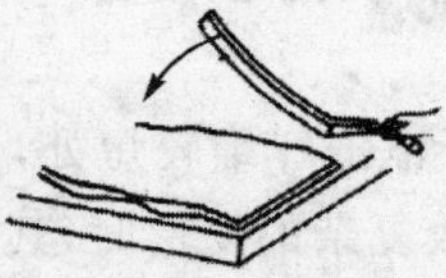	用拍板抽打,仅适用初矫的钢板
对角翘起	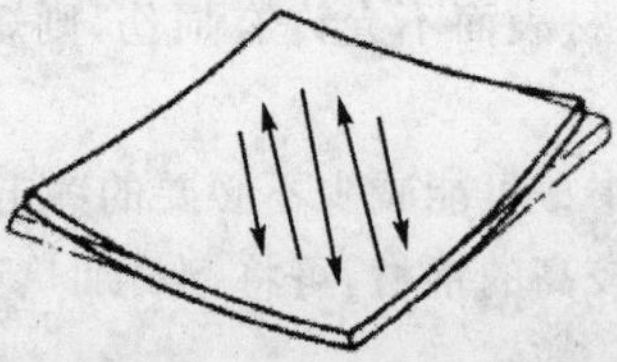	沿无翘起的对角线进行线状锤击,先中间后两侧依次进行

变形名称	矫正图示	矫正要点
旁弯	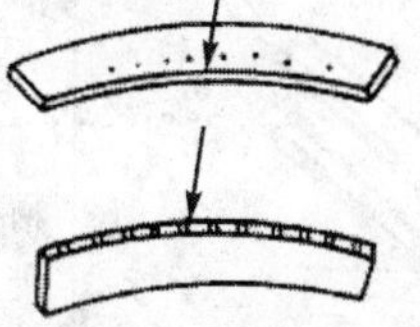	平放时,锤击弯曲凹部。或竖起锤击弯曲的凸部
扭曲	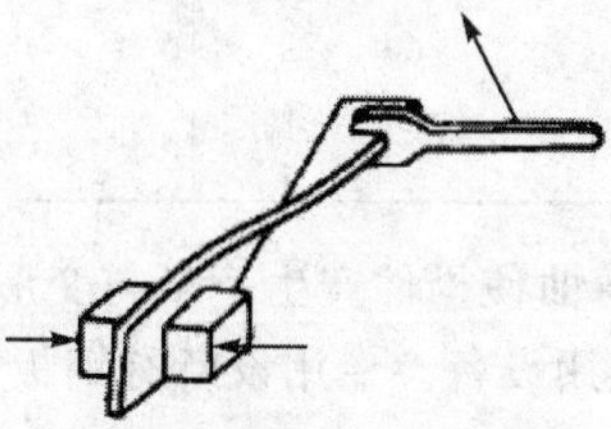	将扭曲扁钢的一端固定,另一端用叉形扳手反向扭曲
外弯	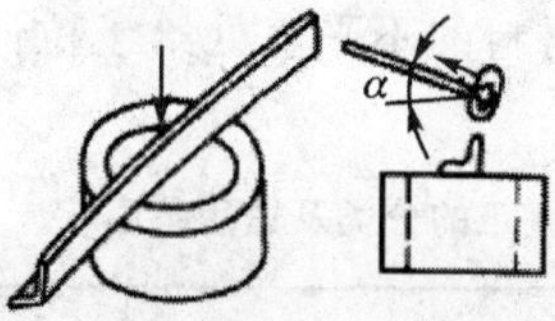	将角钢一翼边固定在平台上,锤击外弯角钢的凸部
内弯	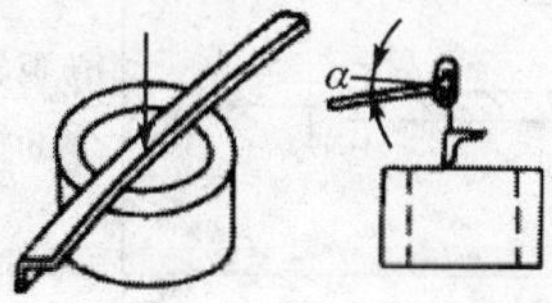	将内弯角钢放置于钢圈的上面,锤击角钢靠立肋处的凸部
扭曲		将角钢一端的翼边夹紧,另一端用叉形扳手反向扭曲,最后用锤击矫直
角变形	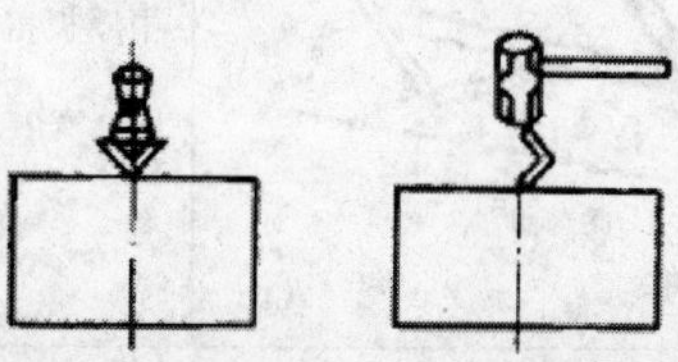	角钢翼边小于 90°,用型锤扩张角钢内角 角钢翼边大于 90°,将角钢一翼边固定,锤击另一翼边

变形名称	矫正图示	矫正要点
弯曲变形	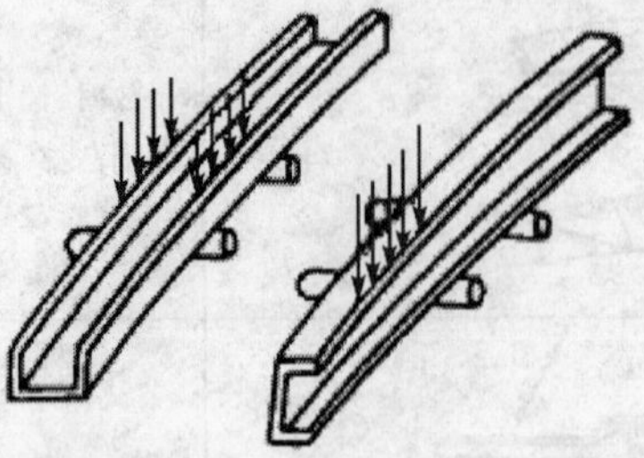	槽钢旁弯,锤击两翼边凸起处;槽钢上拱,锤击靠立肋上拱的凸起处

(2) 机械矫正。机械矫正是利用三点弯曲使构件产生一个与变形方向相反的变形而恢复平直,机械矫正使用的设备有专用设备和通用设备。专用设备有钢板矫正机、圆钢与钢管矫正机、型钢矫正机、型钢撑直机等;通用设备指一般的压力机、卷板机等。

机械矫正是通过机械动力或液压力对材料的不平直处给予拉伸、压缩或弯曲作用。机械矫正的分类及适用范围如表 4 - 5 所列。

表 4 - 5　机械矫正的分类及适用范围

矫正方法	示意图	适用范围
拉伸机矫正	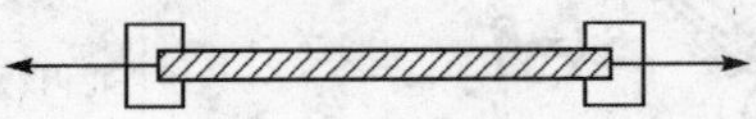	薄板、型钢扭曲的矫正、管子、扁钢和线材弯曲的矫正
压力机矫正	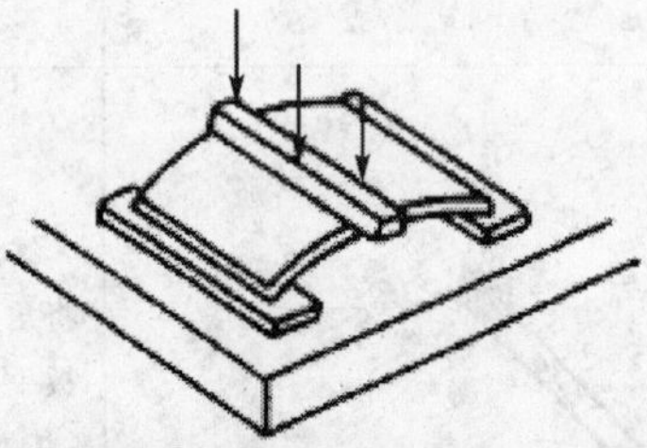	中厚板弯曲矫正
压力机矫正	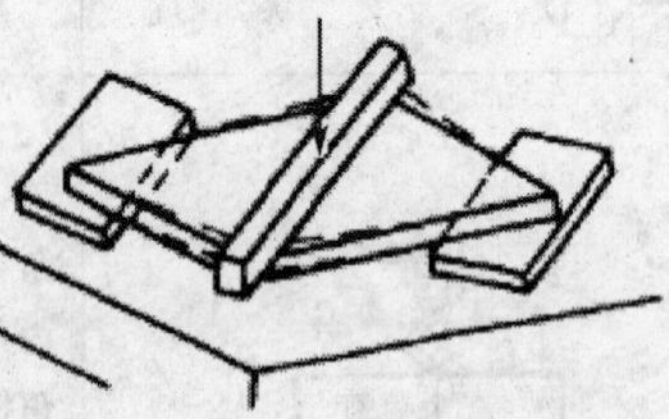	中厚板扭曲矫正

矫正方法	示意图	适用范围
压力机矫正	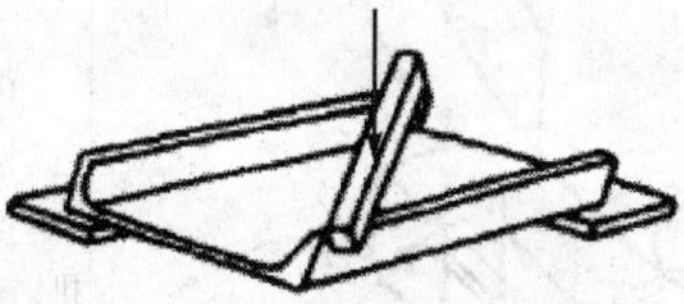	型钢的扭曲矫正
	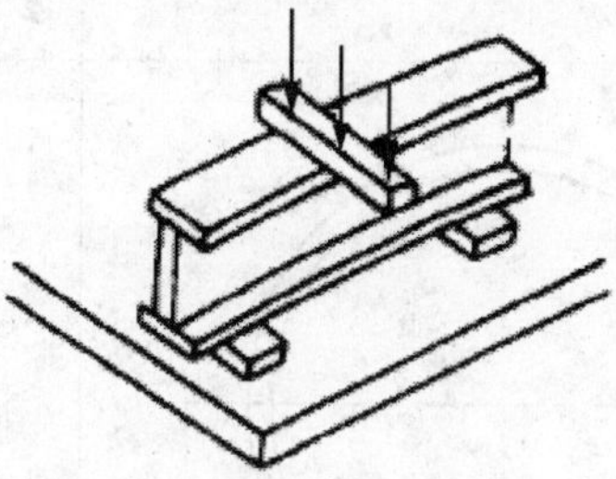	工字钢、箱形梁等的上拱矫正
	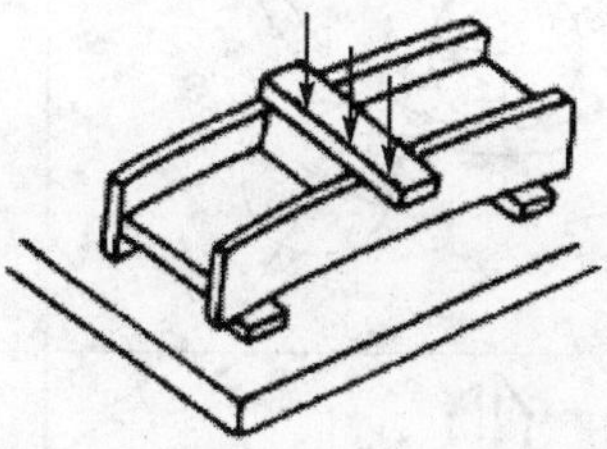	工字钢、箱形梁等的旁弯矫正
	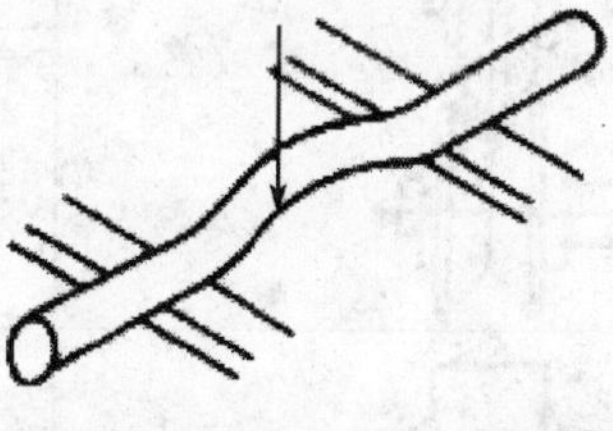	较大直径圆钢、钢管的弯曲矫正
撑直机矫正	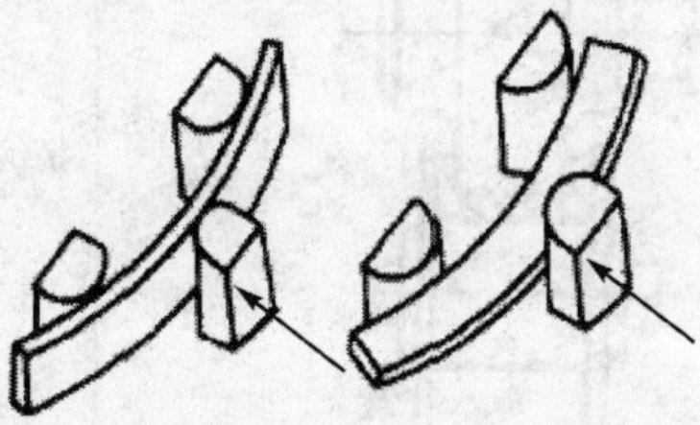	较长面窄的钢板弯曲及旁弯的矫正
	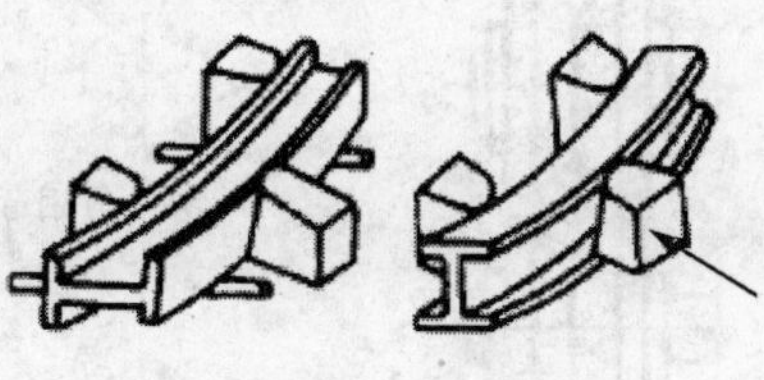	槽钢、工字钢等上拱及旁弯的矫正

矫正方法	示意图	适用范围
撑直机矫正	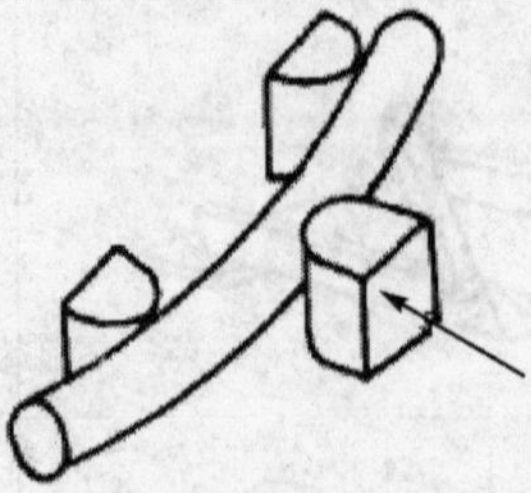	圆钢等较大尺寸圆弧的弯曲矫正
卷板机矫正	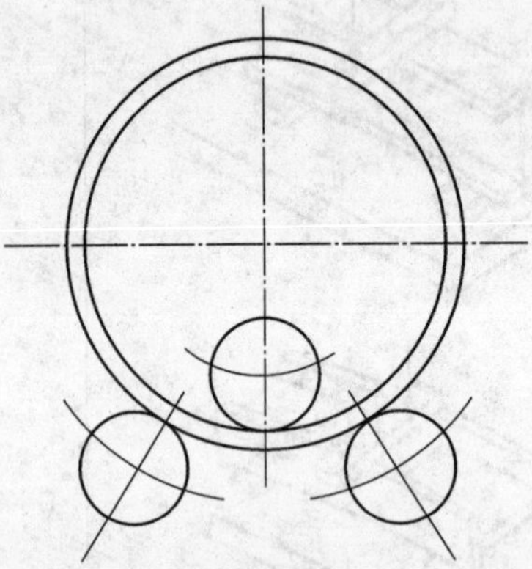	钢板拼接而成的圆筒体,在焊缝处产生凹凸、椭圆等缺陷的矫正
型钢矫正机矫正	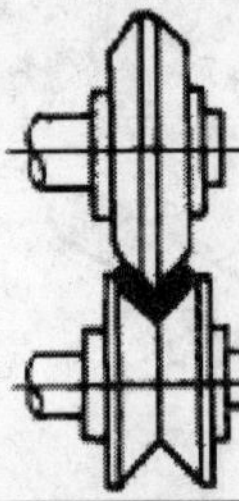	角钢翼边变形及弯曲的矫正
	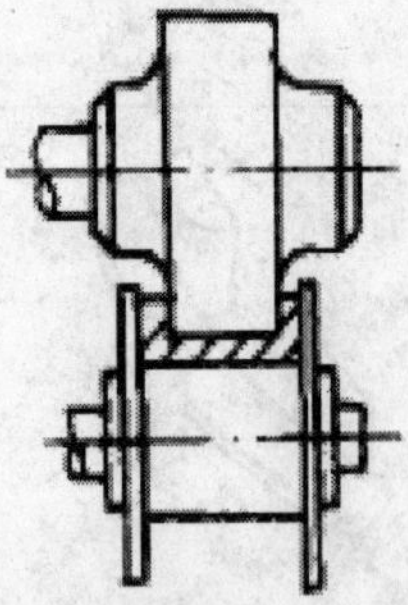	槽钢翼边变形及弯曲的矫正
	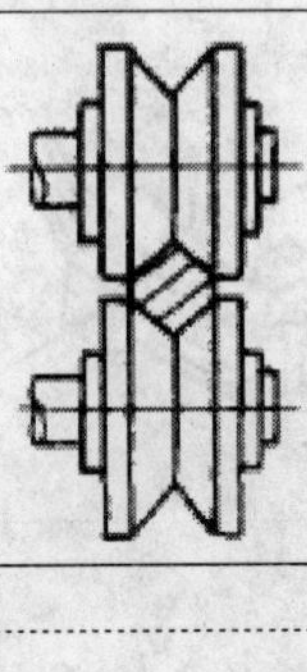	方钢弯曲的矫正

矫正方法	示意图	适用范围
平板机矫正		薄板弯曲及波浪变形的矫正
		中厚板弯曲的矫正
多滚机矫正		薄壁管和圆钢的矫正
		厚壁管和圆钢的矫正

　　（3）火焰矫正。火焰矫正是采用火焰对钢材伸长部位进行局部加热，利用钢材热胀冷缩的特性，使加热部分的纤维在四周较低温度部分的阻碍下膨胀，产生压缩塑性变形，冷却后纤维缩短，使纤维长度趋于一致，从而使变形得以矫正。

　　火焰加热的方式有点状加热、线状加热和三角形加热 3 种。火焰矫正的加热位置应选择在金属纤维较长或者凸出部位，如图 4 - 2 所示。生产中，常采用氧-乙炔中性火焰加热，一般钢材的加热温度应在 $600 \sim 800℃$，低碳钢不大于 $850℃$；厚钢板和变形较大的工件，加热温度取 $700 \sim 850℃$，加热速度要缓慢；薄钢板和变形较小的工件，加热温度取 $600 \sim 700℃$，加热速度要快，严禁在 $300 \sim 500℃$ 温度时进行矫正，以防钢材脆裂。

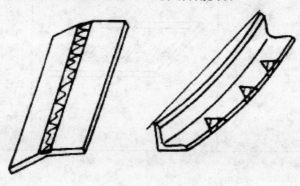

图 4 - 2　火焰矫正的加热位置

火焰矫正的步骤一般包括：① 分析变形的原因和钢结构的内在联系；② 正确找出变形的部位；③ 确定加热的方式、加热位置和冷却方式；④ 矫正后检验。火焰矫正的加热方式、适用范围及加热要领如表 4-6 所列。

表 4-6　火焰矫正的加热方式、适用范围及加热要领

加热方式	适用范围	加热要领
点状加热	薄板凹凸不平，钢管弯曲等矫正	变形量大加热点距小，加热点直径适当大些；反之，点距大，点径小些。薄板加热温度低些，厚板温度高些
线状加热	中厚板的弯曲，T 形、工字梁焊后角变形等的矫正	一般加热线宽度约为板厚的 0.5～2 倍，加热深度为板厚的 1/3～1/2。变形越大，加热深度应越大些
三角形加热	变形较严重，刚性较大的构件变形的矫正	一般加热三角形高度约为材料宽度的 0.2 倍，加热三角形底部宽度应以变形程度而定，加热区域大，收缩量也较大

为了提高矫正质量和矫正效果，可以施加外力作用或在加热区域用水急冷，但对厚板和具有淬硬倾向的钢材（如高强度低合金钢、合金钢等），不能用水急冷，以防止产生裂纹和淬硬。常用钢材和简单焊接结构件的火焰矫正要点如表 4-7 所列。

表 4-7　常用钢材及焊接结构件的火焰矫正要点

变形情况		示意图	矫正要点
薄钢板	中部凸起	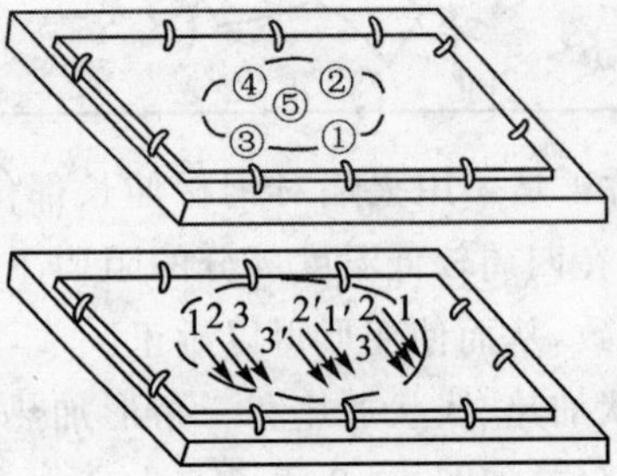	中间凸部较小，将钢板四周固定在平台上，点状加热在凸起四周，加热顺序如图中数字 凸部较大，可用线状加热，先从中间凸起的两侧开始，然后向凸起中间围拢
	边缘呈波浪形	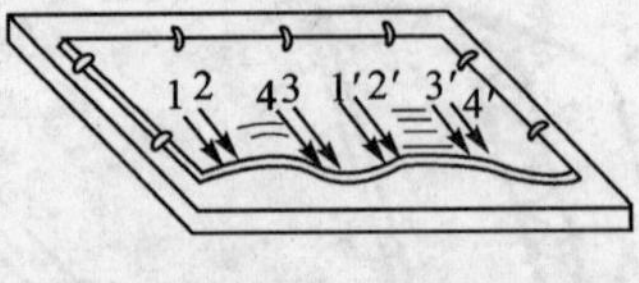	将 3 条边固定在平台上，使波浪形集中在一边上，用线状加热，先从凸起的两侧处开始，然后向凸起处围拢。加热长度约为板宽的 1/3～1/2，加热间距视凸起的程度而定。如果一次加热不能矫平，则进行第二次矫正，但加热位置应与第一次错开。必要时，可用浇水冷却，以提高矫正的效率

变形情况		示意图	矫正要点
型钢	局部弯曲变形	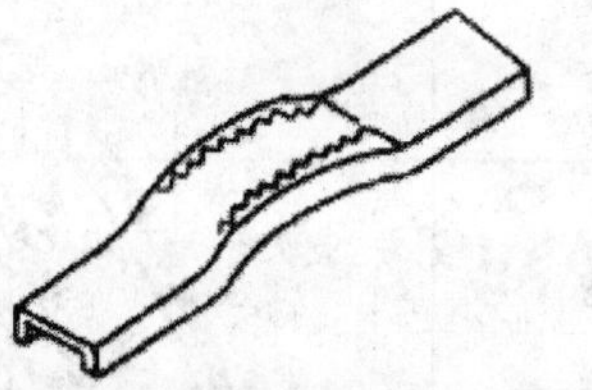	矫正时,在槽钢的两翼边处同时向一方向作线状加热,加热宽度根据变形程度的大小确定,变形大则加热宽度大些
	旁弯	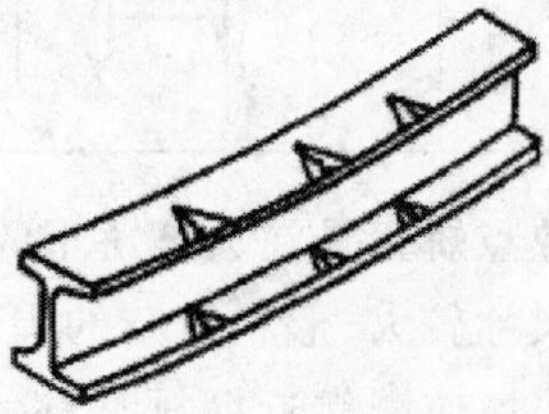	在旁翼边凸起处,进行若干三角形状加热矫正
	上拱	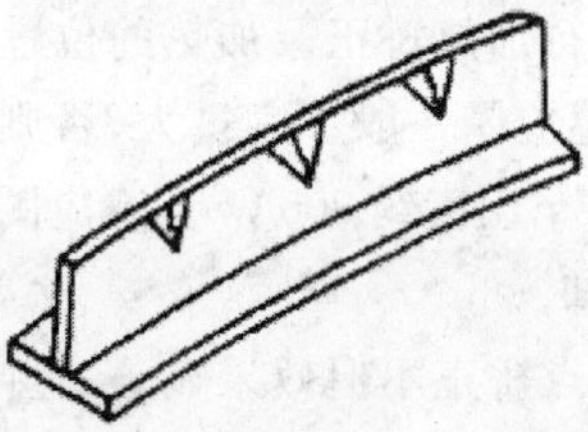	在垂直立肋凸起处,进行三角形加热矫正
钢管局部弯曲			在管子凸起处采用点状加热,加热速度要快,每加热一点后迅速移至另一点,一排加热后再取另一排
焊接梁	角变形		在焊接位置的凸起处,进行线状加热,若板较厚,则可在两条焊缝背面同时加热矫正
	上拱	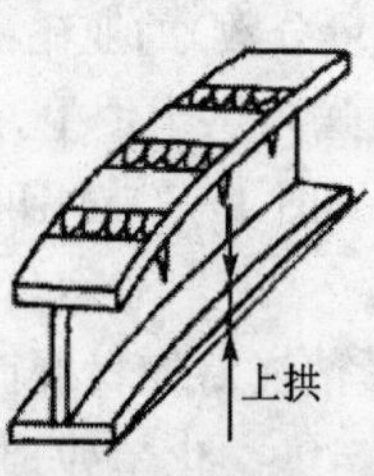	在上拱面板上用线状加热,在立板上部用三角形加热矫正

变形情况		示意图	矫正要点
焊接梁	旁弯		在上下两侧板的凸起处,同时采用线状加热,并附加外力矫正

（4）高频热点矫正。高频热点矫正是在火焰矫正的基础上发展起来的一种新工艺,它可以矫正任何钢材的变形,尤其对尺寸较大、形状复杂的焊件效果更显著。其原理是:通入高频交流电的感应圈产生交变磁场,当感应圈靠近钢材时,钢材内部产生感应电流(即涡流),使钢材局部的温度立即升高,从而进行加热矫正。加热的位置与火焰矫正时相同,加热区域的大小取决于感应圈的形状和尺寸。感应圈一般不宜过大,否则加热慢;加热区域大,会影响加热矫正的效果。一般加热时间为 4~5s,温度约 800℃。感应圈采用纯铜管制成宽 5~20 mm,长 20~40 mm 的矩形,铜管内通水冷却。

与火焰矫正相比,高频热点矫正不但效果显著,生产率高,而且操作简便。

（二）钢材的预处理

对钢材表面进行去除铁锈、油污、氧化皮清理等为后序加工做准备的工艺称为预处理。预处理的目的是把钢材的表面清理干净,为后序加工做准备。为防止零件在加工过程中再一次被污染,一些预处理工艺还要在表面清理后喷保护底漆。常用的预处理方法有机械法和化学法。

1. 机械除锈法

喷砂(或抛丸)是机械除锈的主要方法。喷砂(或抛丸)工艺是将干砂(或铁丸)从专门压缩空气装置中急速喷出,轰击到金属表面,将其表面的氧化物、污物打落,这种方法清理较彻底,效率也较高,但喷砂(或抛丸)工艺粉尘大,需要在专用车间或封闭条件下进行。

钢材经喷砂(或抛丸)除锈后,随即进行防护处理,其步骤如下:

（1）用经净化过的压缩空气将原材料表面吹净。

（2）涂装防护底漆或浸入纯化处理槽中,作纯化处理,纯化剂可用 10%(质量分数)磷酸锰铁水溶液处理 10min,或用 2%(质量分数)的亚硝酸溶液处理 1 min。

（3）将涂装防护底漆后的钢材送入烘干炉中,用加热到 20℃的空气进行干燥处理。

工厂中常采用预处理生产线(见图 4-3)对钢材进行加工处理。

2. 化学除锈法

化学除锈法即用腐蚀性的化学溶液对钢材表面进行清理。此法效率高,质量均匀而稳定,但成本高,并会对环境造成一定的污染。化学处理法一般分为酸洗法和碱洗法。酸洗法可除去金属表面的氧化皮、锈蚀物等污物;碱洗法主要用于去除金属表面的油污。其工艺过程,一般是将配制好的酸、碱溶液装入槽内,将工件放入浸泡一定时间,然后取出用水冲洗干净,以防止余酸的腐蚀。

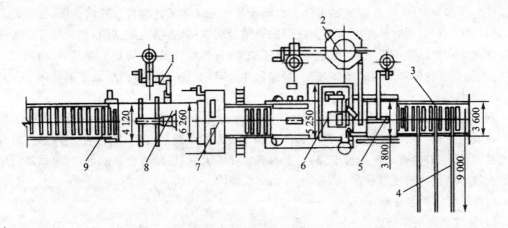

1—滤气器　2—除尘器　3—进料辊道　4—横向上料机构　5—预热室
6—抛丸机　7—喷漆机　8—烘干室　9—出料辊道

图 4 - 3　钢材预处理生产线

任务二　划线、放样与下料

一、任务分析

图样是工程的语言,读懂和理解图样是进行施工的必要条件。焊接结构是由钢板和各种型钢为主体组成的,因此表达钢结构的图样就有其特点,掌握了这些特点就容易读懂焊接结构的施工图,进而进行放样、划线、下料,从而正确地进行结构件的加工。本任务介绍如何识图、放样、划线、下料等。

二、相关知识

(一) 识图与划线

1. 焊接结构图的特点

(1) 一般钢板与钢结构的总体尺寸相差悬殊,按正常的比例关系是表达不出来的,但往往需要通过板厚来表达板材的相互位置关系或焊缝结构,因此在绘制板厚、型钢断面等小尺寸图形时,是按不同的比例夸大画出来的。

(2) 为了表达焊缝位置和焊接结构,大量采用了局部剖视和局部放大视图,要注意剖视和放大视图的位置和剖视的方向。

(3) 为了表达焊件与焊件之间的相互关系,除采用剖视外,还大量采用虚线的表达方式。因此,图面纵横交错的线条非常多。

(4) 连接板与板之间的焊缝一般不用画出,只标注焊缝符号。但特殊的接头形式和焊缝尺寸应该用局部放大视图来表达清楚,焊缝的断面要涂黑,以区别焊缝和母材。

(5) 为了便于读图,同一焊件的序号可以同时标注在不同的视图上。

2. 焊接结构图的识读方法

焊接结构施工图的识读一般按以下顺序进行。首先,阅读标题栏,了解产品名称、材料、重量、设计单位等,核对一下各个焊件及部件的图号、名称、数量、材料等,确定哪些是外购件(或库领件),哪些为锻件、铸件或机加工件。再阅读技术要求和工艺文件。正式识图时,要先看总图,后看部件图,最后看焊件图。有剖视图的要结合剖视图,弄清大致结构,然后按投影规律逐个焊件阅读。先看焊件明细表,确定是钢板还是型钢;然后看图,弄清每个焊件的材料、尺寸及形状,还要看清各焊件之间的连接方法、焊缝尺寸、坡口形状,是否有焊后加工的孔洞、平面等。

3. 划线

划线是根据设计图样上的图形和尺寸,准确地按 1:1 的比例在待下料的钢材表面上划出加工界线的过程。划线的作用是确定焊件各加工表面的余量和孔的位置,使焊件加工时有明确的标志;还可以检查毛坯是否正确;对于有些误差不大,但已属不合格的毛坯,可以通过借料得到挽救。划线的精度要求在 0.25~0.5 mm 范围内。

(1) 划线的基本规则。

1) 垂线必须用作图法。

2) 用划针或石笔划线时,应紧抵钢直尺或样板的边沿。

3) 圆规在钢板上划圆、圆弧或分量尺寸时,应先打上样冲眼,以防圆规尖滑动。

4) 平面划线应遵循先画基准线,后按由外向内,由上到下、从左到右的顺序划线的原则。先画基准线,是为了保证加工余量的合理分布。划线之前应该在工件上选择一个或几个面或线作为划线的基准,以此来确定焊件其他加工表面的相对位置。一般情况下,以底平面、侧面、轴线为基准。

划线的准确度取决于作图方法的正确性、工具质量、工作条件、作图技巧、经验、视觉的敏锐程度等因素。除以上之外,还应考虑焊件因素,即焊件加工成型时如气割、卷圆、热加工等的影响;装配时,板料边缘修正和间隙大小对装配公差的影响;焊接和火焰矫正的收缩影响等。

(2) 划线的方法。划线可分为平面划线和立体划线两种。

1) 平面划线与几何作图相似,在焊件的一个平面上划出图样的形状和尺寸,有时也可以采用样板一次划成。

2) 立体划线是在焊件的几个表面上划线,即在长、宽、高 3 个方向上划线。

(3) 基本线型的划法。

1) 直线的划法。直线长不超过 1 m,可用钢直尺划线,划针或石笔向钢直尺的外侧倾斜 15°~20°划线,同时向划线方向倾斜。直线长不超过 5 m,用弹粉法划线,弹粉线时把线两端对准所划直线两端点,拉紧粉线使之处于平直状态,然后垂直拿起粉线,再轻放。若线较长时应弹两次,以两线重合为准;或是在粉线中间位置垂直按下,左右弹两次完成。直线超过 5 m,用拉钢丝($\Phi0.5$~1.5 mm)的方法划线。操作时,两端拉紧并用两垫块垫托,其高度尽可能低些,然后用 90°角尺下端定出数点,再用粉线以 3 点弹成直线。

2) 大圆弧的划法。一段直径为十几米甚至几十米的大圆弧,用一般的地规和盘尺不能适用,只能采用近似几何作图法或计算法作图。

① 大圆弧的作图法。已知弦长 ab 和弦弧距 cd,先作一矩形 $abef$[见图 4-4(a)],连接 ac,并作 ag 垂直于 ac[见图 4-4(b)],以相同数(图上为 4 等分)等分线段 ad、af、cg,对应各点连线的交点用光滑曲线连接,即为所画的圆弧[见图 4-4(c)]。

② 大圆弧的计算法。计算法比作法要准确得多,一般采用计算法求出准确尺寸后再划大圆弧。图 4-5 所示为已知大圆弧半径为 R,弦弧距为 ab,弦长为 cg,求弧高(d 为 ac 线上任意一点)。作 ed 的延长线至交点 f。在 $\triangle oef$ 中,$oe=R$,$of=ad$。

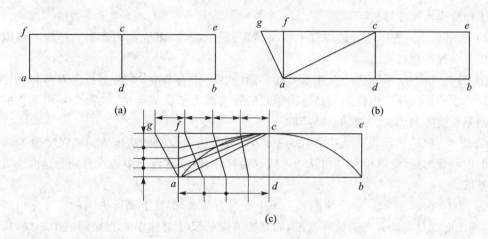

图 4 - 4　大圆弧的作图法

所以 $ef = \sqrt{R^2 + ad^2}$ ，又因为 $df = ao = R - ab$ ，所以 $de = \sqrt{R^2 + ad^2} - R + ab$ 。

其中，R、ab 为已知，d 为 ac 线上的任意一点，所以只要设一个 ad 长，即可带入式中求出 de 的高，e 点求出后，则大圆弧 gec 可画出。

（4）划线注意事项。

1）熟悉结构件的图样和制造工艺，根据图样检验样板和样杆，核对选用的钢号和规格，应符合规定的要求。

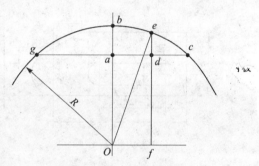

图 4 - 5　计算法作大圆弧

2）检查钢材表面是否有麻点、裂纹、夹层及厚度不均匀等缺陷。

3）划线前应将材料垫平、放稳。划线时，要尽可能使线条细且清晰，笔尖与样板边缘间不要内倾和外倾。

4）划线时，应标注各种下道工序用线。例如，展开构件的素线位置、弯曲件的弯曲范围或折弯线、中心线、比较重要的装配位置线等，并加以适当标记以免混淆。

5）弯曲焊件排料时，应考虑材料轧制的纤维方向。

6）钢板两边不垂直时一定要去边。划尺寸较大的矩形时，一定要检查对角线。

7）划线的毛坯，应注明产品的图号、件号和钢号，以免混淆。

8）注意合理排料，提高材料的利用率。

（二）放样

根据构件的图样，按 1∶1 的比例或一定比例在放样台或平台上画出其所需要图形的过程称为放样。对于不同行业，如机械、船舶、车辆、化工、冶金、飞机制造等，其放样工艺各具特色，但其基本程序大体相同。

1．放样方法

放样方法是指将焊件的形状最终划到平面钢板上的方法，主要有实尺放样、展开放样和光学放样等。

（1）实尺放样。根据图样的形状和尺寸，用基本的作图方法，以产品的实际大小划到放样台的工作称为实尺放样。

1）放样基准。放样基准是焊件上用来确定其他点、线、面位置的依据。一般可根据需要选择以下3种类型之一。

① 图 4-6(a)所示以两个互相垂直的平面（或线）作为基准，焊件上长度方向和高度方向上的尺寸组的标注都以焊件上与该方向垂直的外表面为依据确定的，这两个互相垂直的平面就分别是长度方向、宽度方向的放样基准。

② 图 4-6(b)所示以两条中心线为基准，焊件上长度方向和高度方向的尺寸分别和与其垂直的中心线对称，且其他尺寸也从中心线起始标注，所以这两条中心线分别是这两个方向的放样基准。

③ 图 4-6(c) 所示以一个平面和一条中心线为基准，焊件上高度方向的尺寸是以底面为依据，则底面就是高度方向的放样基准；而宽度方向的尺寸对称于垂直底面的中心线，所以中心线就是宽度方向的放样基准。

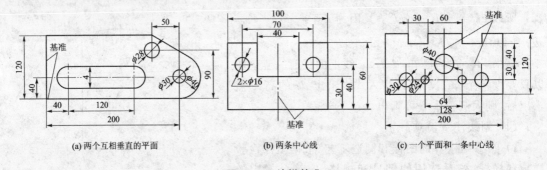

(a) 两个互相垂直的平面　　　　(b) 两条中心线　　　　(c) 一个平面和一条中心线

图 4-6　放样基准

2）放样程序。放样程序一般包括结构处理、划基本线型和展开三个部分。结构处理又称为结构放样，它是根据图样进行工艺处理的过程。一般包括确定各连接部位的接头形式、图样计算或量取坯料实际尺寸、制作样板与样杆等。划基本线型是在结构处理的基础上，确定放样基准和划出焊件的结构轮廓。展开是对不能直接划线的立体焊件进行展开处理，将焊件摊开在平面上。

（2）展开放样。把各种立体的焊件表面摊平的几何作图过程称为展开放样。

1）展开原理。根据组成零件表面的展开性质，分可展表面和不可展表面两种。

① 焊件表面能全部平整地摊平在一个平面上，而不发生撕裂或皱折，这种表面称为可展表面，即凡是以直素线为母线，相邻两条直素线能构成一个平面时（即两素线平行或相交的曲面，都是可展表面，属于这类表面的有平面立体和柱面、锥面等。

② 如果工作的表面不能自然平整地展开、摊平在一个平面上，则称为不可展表面，即凡是以曲线为母线或相邻两直素线成交叉状态的表面，都是不可展表面。圆球、圆环的表面和螺旋面都是不可展表面。

2）展开方法。有平行线法、放射线法和三角形法 3 种。

① 平行线展开法是将立体的表面看做由无数条相互平行的素线组成，相邻两素线及其两端线所围成的微小面积作为平面，只要将每一小平面的真实大小，依次顺序地画在平面上，就得到了立体表面展开图。所以只要立体表面素线或棱线是互相平等的几何形体，如各种棱柱体、圆柱体等都可用平行线法展开。

图 4-7 所示为等径 90°弯头的一段，先作其展开图。按已知尺寸画出主视图和俯视图，8 等分俯视图圆周，等分点为 1、2、3、4、5，由各等分点向主视图引素线，得到与上口线交点 $1'$、$2'$、$3'$、$4'$、$5'$，则相邻两素线组成一个小梯形，每个小梯形称为一个平面。延长主视图的下口线作为展开的基准线，将圆周展开在展长线上得 1、2、3、4、5、4、3、2、1 各点。通过各等分点向上作垂线，与由主视图 $1'$、$2'$、$3'$、$4'$、$5'$ 上各点向右所引水平线对应点交点连成光滑曲线，即得展开图。

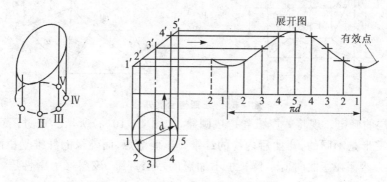

图 4-7　90°弯头的展开

② 放射线展开法适用于立体表面的素线相交于一点的锥体。展开原理是将锥体表面用放射线分割成共顶的若干三角形小平面，求出其实际大小后，仍用放射线形式依次将它们画在同一平面上，就得所求锥体表面的展开图。

图 4-8 所示是正圆锥管放射展开方法。首先用已知尺寸画出主视图和锥底断面图，并将底断面半圆周分为若干等分（图示 6 等分），然后过等分点向圆锥底面引垂线，得交点 1～7，由 1～7 交点向锥顶 S 连素线，即将圆锥面分成 12 个三角形小平面，以 S 为圆心，S-7 为半径画圆弧 1-1，得到底断面圆周长，最后连接 1-S 即得所求展开图。

③ 三角形展开法是将立体表面分割成一定数量的三角形平面，然后求出各三角形每边的实长，并把它的实形依次画在平面上，从而得到整个立体表面的展开图。

图 4-9 所示为一正四棱台，现作其展开。画出四棱台的主视图和俯视图，用三角形分割台体表面，即连接侧面对角线。求 1-5、1-6、2-7 的实长，其方法是以主视图中 h 为对边，取俯视图中 1-5、1-6、2-7 为底边，作直角三角形，则其斜边即为各边实长。求得实长后，用画三角形的画法即可画出展开图。

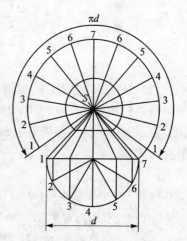

图 4-8　圆锥的展开

（3）光学放样。用光学手段（如摄影），将缩小的图样投影在钢板上，然后依据投影线进行划线。

2. 板厚处理

前面所讲过的各种工件表面展开，当弯曲件的板厚较小时，可直接按标注的直径或半径计算展开长，但当板厚大于 1.5 mm 时，弯曲内外径相差较大，就必须考虑板厚对展开长度、高度以及相关构件的接口尺寸的影响。板厚越大，对这些尺寸的影响也越大。考虑钢板厚度而改变展开作图的图形处理称为板厚处理。

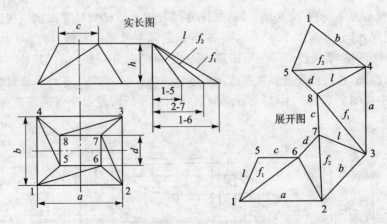

图 4 - 9 正四棱台展开图

（1）中性层的确定。现将一厚板卷弯成圆筒，如图 4 - 10(a) 所示。通过图可以看出纤维沿厚度方向的变形是不同的，弯曲后内缘的纤维受压而缩短，而外缘的纤维受拉而伸长。在内缘与外缘之间必然存在弯曲时既不伸长也不缩短的一层纤维，该层称为中性层。中性层的长度在弯曲过程中保持不变，因此可作为展开尺寸的依据，如图 4 - 10(b) 所示。

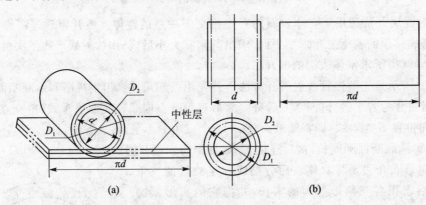

图 4 - 10 圆筒卷弯的中性层

（2）中性层的应用。一般情况下，可以将板厚中间的中心层作为中性层来计算展开料，但如果弯曲的相对厚度较大，即板较厚而弯曲半径小，中心层会被拉长，计算出来的尺寸就会偏大。原因是中性层已偏离了中心层，这时就必须按中性层半径来计算展开长度了。中性层的计算公式如下：

$$R = r + k\delta$$

式中　R——中性层半径（mm）；

　　　r——弯板内弯半径（mm）；

　　　δ——钢板厚度（mm）；

　　　k——中性层偏移系数，其值如表 4 - 8 所列。

表 4 - 8 中性层偏移系数

r/δ	0.2	0.3	0.4	0.5	0.8	1.0	1.5	2.0	3.0	4.0	5.0	>5.0
k	0.33	0.34	0.35	0.36	0.38	0.40	0.42	0.44	0.46	0.47	0.48	0.50

（三）下料

下料是用各种方法将毛坯或焊件从原材料上分离下来的工序。下料分为手工下料和机械下料。

1. 手工下料

（1）克切。克切所需工具：锤子、克子（有柄）。克切原理与斜口剪床的剪切原理基本相同。它最大特点是不受工作位置和零件形状的限制，并且操作简单、灵活。

（2）锯割。锯割所用的工具是锯弓和台虎钳。锯割可分手工锯割和机械锯割，手工锯割常用来切断规格较小的型钢或锯成切口。经手工锯割的焊件用锉刀简单修整后可以获得表面整齐、精度较高的切断面。

（3）砂轮切割。砂轮切割是利用高速旋转的薄片砂轮与钢材摩擦产生的热量，将切割处的钢材变成"钢花"喷出，形成割缝的工艺。砂轮切割可以切割尺寸较小的型钢、不锈钢、轴承钢等钢材。切割的速度比锯割快，但切口经加热后性能稍有变化。

型钢经剪切后的切口处断面可能发生变形，用锯割速度又较慢，所以常用砂轮切割断面尺寸较小的圆钢、钢管、角钢等。但砂轮切割一般是手工操作，灰尘很大，劳动条件差。

（4）气割。采用氧-乙炔焰对某些金属（如铁、低碳钢等）加热到一定温度时，在氧气中能剧烈氧化（燃烧）的原理，并用割炬来切割的加工方法，称为氧气切割，简称气割。它所需要的主要设备及工具有乙炔瓶和氧气瓶、减压器、橡皮管、割炬等。

气割的过程如下：

1）开始气割时首先应点燃割炬，随即调整火焰。预热火焰通常采用中性焰或轻微氧化焰，如图 4－11 所示。

2）开始气割时，必须用预热火焰将切割处金属加热至燃烧温度（即燃点），一般碳钢在纯氧中的燃点为 1 100～1 150℃ 。注意，割嘴与焊件表面的距离保持 10～15 mm，如图 4－12 所示。

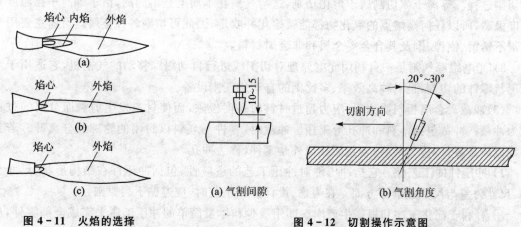

图 4－11　火焰的选择　　　　图 4－12　切割操作示意图

3）把切割氧气喷射至已达到燃点的金属时，金属便开始剧烈的燃烧（即氧化），产生大量的氧化物（熔渣），由于燃烧时放出大量的热，所以使氧化物呈液体状态。

4）燃烧时所产生的大量液态熔渣被高压氧气流吹走。

这样由上层金属燃烧时产生的热传至下层金属，使下层金属又预热到燃点，切割过程由表面深入到整个厚度，直到将金属割穿。同时，金属燃烧时产生的热量和预热火焰一起，又把邻近的金属预热到燃点,将割炬沿切割线以一定的速度移动,即可形成割缝,使金属分离。

金属气割应具备下列条件:

1) 金属的燃点必须低于其熔点,这是保证切割在燃烧过程中进行的基本条件。否则,切割时便成了金属先熔化后燃烧的熔割过程,使割缝过宽,而且极不整齐。

2) 金属氧化物的熔点低于金属本身的熔点,同时流动性应好。否则,将在割缝表面形成固态熔渣,阻碍氧气流与下层金属接触,使气割不能进行。

3) 金属燃烧时应放出较多的热。满足这一条件,才能使上层金属燃烧产生的热量对下层金属起预热作用,使切割过程能连续进行。

4) 金属的导热性不应过高。否则,散热太快会使割缝金属温度急剧下降,达不到燃点,使气割中断。如果加大火焰能率,又会使割缝过宽。

综合上述,纯铁、低碳钢、中碳钢和普通低合金钢能满足上述条件,所以能顺利地进行氧气切割。

2. 机械下料

(1)剪切。剪切是利用上、下剪切刀刃相对运动切断材料的加工方法。它是冷作产品制作过程中下料的主要方法之一。常用剪切设备包括平口剪床、斜口剪床、龙门剪床、圆盘剪床。

(2)热切割。热切割包括数控气割、等离子弧切割、光电跟踪气割等。

1) 数控气割是利用电子计算机控制的自动切割,它能准确地切割出直线与曲线组成的平面图形,也能用足够精确的模拟方法切割其他形状的平面图形。数控气割的精度很高,其生产率也比较高,适用于自动化的成批生产。数控气割是由数控气割机来实现的,该机主要由两大部分组成:数字程序控制系统(包括稳压电源、光电输入机、运算控制小型电子计算机)和执行系统(即切割机部分)。

2) 等离子弧切割是利用高温高速等离子弧,将切口金属及氧化物熔化,并将其吹走而完成切割过程。等离子弧切割属于熔化切割,这与气割在本质上是不同的,由于等离子弧温度和速度极高,所以任何高熔点的氧化物都能被熔化并吹走,因此可切割各种金属。目前主要用于切割不锈钢、铝镍、铜及其合金等金属和非金属材料。

3) 光电跟踪气割是一台利用光电原理对切割线进行自动跟踪移动的气割机,它适用于复杂形状零件的切割,是一种高效率、多比例的自动化气割设备。

(3)冲裁。金属板料受力后,应力超过材料的强度极限,而使材料发生剪裂而分离的过程称为冲裁。冲裁包括落料和冲孔等工序。冲裁时,零件与坯料以封闭的轮廓线分离开。若封闭线以内是零件,称为落料;若封闭线以外是零件,称为冲孔。

1) 冲压件的工艺性。它指冲压件对冲压工艺的适应性,包括冲压件在结构形状、尺寸大小、尺寸公差与尺寸基准等方面。在考虑、设计冲压工艺时,应遵循下列原则:

① 有利于简化工序和提高生产率。即用最少和尽量简单的冲压工序来完成全部零件,尽量减少用其他方法加工。

② 有利于提高减少废品,保证产品质量的稳定性。

③ 有利于提高金属材料的利用率。减少材料的品种和规格,尽可能降低材料的消耗。

④ 有利于简化模具结构和延长冲模的使用寿命。

⑤ 有利于冲压操作,便于组织实现自动化生产。

⑥ 有利于产品的通用性和互换性。

2) 合理排样。排样方法可分为有废料排样、少废料排样和无废料排样 3 种,如图 4-13 所示。

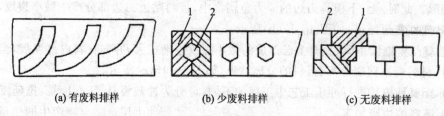

(a) 有废料排样　　　　(b) 少废料排样　　　　(c) 无废料排样

1—焊件 2—废料

图 4-13　合理排样

排料时,工件与工件之间或孔与孔间的距离称为搭边。工件或孔与坯料侧边之间的余量称为边距。在图 4-14 中,b 为搭边,a 为边距。搭边和边距的作用是用来补偿工件在冲压过程中的定位误差。同时,搭边还可以保持坯料的刚度,便于向前送料。生产中,搭边及边距的大小,对冲压件质量和模具寿命均有影响。搭边及边距若过大,材料的利用率会降低;若搭边和边距太小,在冲压时条料很容易被拉断,并使工件产生毛刺,有时还会使搭边拉入模具间隙中。

3) 影响冲压件质量的因素有以下几方面:

① 如果冲压件的尺寸较小,形状也简单,这样的零件质量容易保证。反之,就易出现质量问题。

② 如果材料的塑性较好,其弹性变形量较小,冲压后的回弹量也较小,则容易保证零件的尺寸精度。

③ 冲压件的尺寸精度取决于上、下模具的刃口部分的尺寸公差,因此冲压模制造的精度越高,冲压件的质量也就越好。

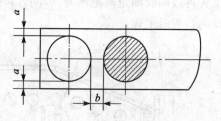

图 4-14　搭边和边距

④ 上、下模具合理的间隙,能保证良好的断面质量和较高的尺寸精度。间隙过大或过小,会使冲压件断面出现毛刺或撕裂现象。

4) 冲压时板料的分离过程大致可分为弹性变形、塑性变形和剪裂分离 3 个阶段,如图 4-15 所示。

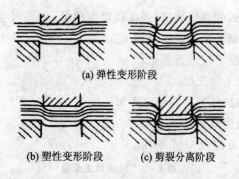

(a) 弹性变形阶段

(b) 塑性变形阶段　　　　(c) 剪裂分离阶段

图 4-15　冲压时板料的分离过程

① 弹性变形阶段是当凸模在压力机滑块的带动下接触板料后,板料开始受压。随着凸模的下降,板料产生弹性压缩并弯曲。凸模继续下降,压入板料,材料的另一面也略挤入凹模刃内。这时,材料的应力达到了弹性极限,如图 4-15(a) 所示。

② 在塑性变形阶段凸模继续下降,对板料的压力增加,使板料内应力加大。当内应力加

大到屈服点时,材料的压缩弯曲变形加剧,凸模、凹模刃口分别继续挤进板料,板料内部开始产生塑性变形。此时,上、下模具刃边的应力急剧集中,板料贴近刃边部分产生微小裂纹,板料开始被破坏,塑性变形结束,如图4-15(b)所示。

③ 随着凸模继续下降、板料上已形成的微小裂纹逐渐扩大,并向材料内部发展,当上下裂纹重合时,材料便被剪裂分离,板料的分离结束,如图4-15(c)所示。

5)冲压模具按其进行冲压工艺中工序的不同,可分为冲裁模具、压弯模具、拉延模具等。

(四)坯料的边缘加工

边缘加工主要指焊接结构零件的坡口加工。

1. 机械切削坡口

常采用刨边机、坡口加工机和铣床、刨床等。

(1)刨边机。图4-16所示是刨边机的结构示意图,在床身7的两端有两根立柱1,在两根立柱之间连接压料横梁3,压料横梁上安装有压紧钢板用的压紧装置2。床身的一侧安装内条与导轨8,其上安置进给箱5,由电动机6带动,沿齿条与导轨进行往复的移动。进给箱上刀架4可以同时固定两把刨刀,以同方向进行切削;或一把刨刀在前进时工作,另一把刨刀则在反向行程时工作。

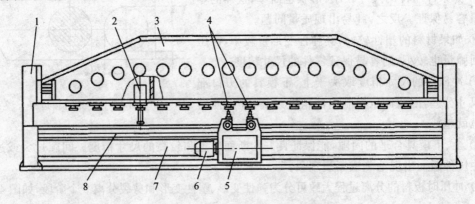

图4-16 刨边机的结构示意图

刨边机可加工各种形式的直线坡口,表面粗糙度值低,加工尺寸准确,特别适用于低合金高强度钢、高合金钢、复合钢板及不锈钢等加工。

焊接结构件在下列情况下应进行刨边:

1)去掉剪切形成的加工硬化层。

2)去掉某些高强度钢材气割后的切口表面。

3)零件的装配尺寸精度要求高。

刨边加工的下料余量可按表4-9选用。

表4-9 刨边加工余量

钢 材	边缘加工形式	钢板厚度 δ/mm	最小余量 $\triangle u/mm$
低碳钢	剪切机剪切	≤16	2
低碳钢	剪切机剪切	>16	3
各种钢材	气割	各种厚度	4
优质合金钢	剪切机剪切	各种厚度	>3

（2）坡口加工机。图 4-17 所示为坡口加工机。这种设备体积小，结构简单，操作方便，效率高，适用于加工圆板和直板构件。它的加工最大厚度为 70mm，一般不受工件直径、长度、宽度的限制。坡口加工机由于受铣刀结构的限制，不能加工 U 形坡口及坡口的钝边。

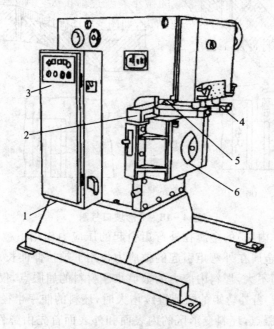

1—控制柜 2—导向装置 3—床身
4—压紧和防翘装置 5—铣刀 6—工作台

图 4-17 坡口加工机

2. 坡口气割

单面坡口半自动气割时，可用半自动气割机来进行切割，气割规范可比同厚度直线气割时大些。采用两把割炬时，应将其中一把割炬倾斜一定角度，如图 4-18 所示。

任务三　弯曲与成形

一、任务分析

本任务有两个主要内容，一是弯曲成形的形成过程及板材、型材的弯曲成形；二是冲压成形的特点及冷冲压的基本工序。

二、相关知识

（一）弯曲成形

将坯料弯成所需形状的加工方法为弯曲成形，简称弯形。弯形时根据坯料温度分冷弯和热弯。根据弯形的方法分手工弯形和机械弯形。

1. 弯曲成形过程

（1）初始阶段。当坯料上作用有外弯曲力矩 M 时，将发生弯曲变形。坯料变形区域内，

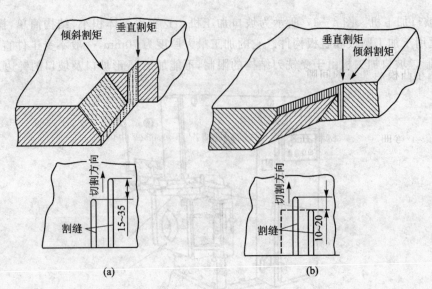

图4-18　V形坡口气割

靠近曲率中心一侧(简称内层)的金属在外弯矩引起的压应力作用下被压缩缩短,远离曲率中心的一侧(简称外层)的金属在外弯矩引起的拉应力作用下被拉伸伸长。在坯料弯曲过程中的初始阶段,外弯矩的数值不大,坯料内应力的数值小于材料的屈服点,仅使坯料发生弹性变形。

(2)塑性变形阶段。当外弯矩的数值继续增大时,坯料的曲率半径也随之缩小,材料内应力的数值开始超过其屈服点,坯料变形区的内表面和外表面首先由弹性变形状态过渡到塑性变形状态,以后塑性变形由内、外表面逐步向中心扩展。

(3)断裂阶段。坯料发生塑性变形后,若继续增大外弯矩,待坯料的弯曲半径小到一定程度,将因变形超过材料自身变形能力的限度,在坯料受拉伸的外层表面,首先出现裂纹,并向内伸展,致使坯料发生断裂破坏。在弯曲过程中,材料的横截面形状也要发生变化,无论宽板、窄板,在变形区内材料的厚度均有变薄现象。

2. 钢材的变形特点对弯曲加工的影响

钢材弯曲变形特点对弯曲加工的影响主要有以下几个方面:

(1)弯力。无论采用何种弯曲成形方法,弯力都必须能使被弯曲材料的内应力超过材料的屈服点。实际弯力的大小要根据被弯曲材料的力学性能、弯曲方式和性质、弯曲件形状等多方面因素来确定。

(2)回弹现象。通常在材料发生塑性变形时,仍还有部分弹性变形存在。而弹性变形部分在卸载时(除去外弯矩)要恢复原态,使弯曲件的曲率和角度发生变化,这种现象称为回弹。回弹现象的存在,直接影响弯曲件的几何精度,必须加以控制。

影响回弹的主要因素有:

1)材料的屈服点越高,弹性模量越小,加工硬化越激烈,弯曲变形的回弹越大。

2)材料的相对弯曲半径 r/t 越大,材料变形程度就越小,则回弹越大。

3)当弯曲半径一定时,弯曲角 α 越大,表示变形区长度越大,回弹也越大。

4)其他因素,如零件的形状、模具的构造、弯曲方式及弯曲力的大小等,对弯曲件的回弹也有一定的影响。

减小回弹的一系列措施有:

1）将凸模角度减去一个回弹角，使板料弯曲程度加大，板料回弹后恰好等于所需的角度。

2）采取校正弯曲，在弯曲结束时进行校正，即减小凸模的接触面积或加大弯曲部件的弯曲量。

3）减小凸模与凹模的间隙。

4）采用拉弯工艺。

5）在必要时和许可的情况下，可采取加热弯曲。

（3）最小弯曲半径。材料在不发生破坏的情况下所能弯曲的最小曲率半径，称为最小弯曲半径。材料的最小弯曲半径是材料性能对弯曲加工的限制条件。影响材料最小弯曲半径的因素有：

1）材料塑性越好，其允许变形程度越大，则最小弯曲半径可以越小。

2）弯曲角 α 在相对于弯曲半径 r/t 相同的条件下，弯曲角 α 越小，材料外层受拉伸的程度越小而不易弯裂，最小弯曲半径可以取较小值。反之，弯曲角 α 越大，最小弯曲半径也应增大。

3）轧制的钢材形成各向异性的纤维组织，钢材平行于纤维方向的塑性指标大于垂直于纤维方向的塑性指标。因此，当弯曲线与纤维方向垂直时，材料不易断裂，弯曲半径可以小些。

4）当材料剪断面质量和表面质量较差时，弯曲时易造成应力集中使材料过早破坏，这种情况下应采用较大的弯曲半径。

5）材料的厚度和宽度等因素也对最小弯曲半径有影响。例如薄板可以取较小的弯曲半径，窄板料也可取较小的弯曲半径。

在一般情况下，弯曲半径应大于最小弯曲半径。若由于结构要求等原因，弯曲半径必须小于或等于最小弯曲半径时，则应该分两次或多次弯曲，也可采用热弯或预先退火的方法，以提高材料的塑性。

（二）板材的弯曲

1．机械压弯

在压力机上使用弯曲模进行弯曲成形的加工方法，称为机械压弯。

压弯成形时，材料的弯曲变形可以有自由弯曲、接触弯曲和校正弯曲 3 种方式，如图 4-19 所示。材料弯曲时，板料仅与凸、凹模线接触，弯曲圆角半径 r 是自然形成的，这种弯曲方式称为自由弯曲，如图 4-19(a)所示；若板料弯曲到直边与凹模表面平行，而且在长度 ab 上互相靠紧时停止弯曲，弯曲件的角度等于模具的角度，而弯曲圆角半径 r_2 仍是靠自然形成的，这种弯曲方式称为接触弯曲，如图 4-19(b)所示；若将板料弯曲到与凸、凹模完全紧靠，弯曲圆角半径 r_3 等于模具圆角半径 $r_凸$ 时，才结束弯曲，这种弯曲方式称为校正弯曲，如图 4-19(c)所示。

采用自由弯曲，所需弯力小，但工作时靠调整凹模槽口的宽度和凸模的下死点位置来保证零件的形状，批量生产时弯曲件质量不稳定，所以它多用于小批生产中大型零件的压弯。

采用接触弯曲或校正弯曲时，由模具保证弯曲件精度，弯曲件质量较高，而且稳定，但所需弯曲力较大，并且模具制造周期长、费用高，所以它多用于大批量生产中小型零件的压弯。

2．卷弯

（1）卷弯的基本原理。通过旋转的辊轴，使坯料弯曲的方法称为卷弯。卷弯的基本原理如图 4-20 所示，若坯料静止地放在下辊轴上，下表面与下辊轴的最高点 b、c 相接触，上表面恰好与上辊轴的最低点 a 相接触，这时上下辊轴间的垂直距离正好等于料厚。当下辊轴不动上辊轴下降，或上辊轴不动下辊轴上升时，间距便小于板料厚，若把辊轴看成是不发生变形的

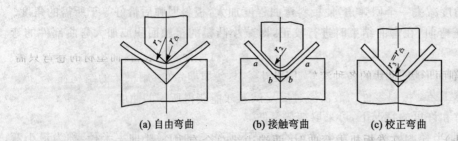

（a）自由弯曲　　　　（b）接触弯曲　　　　（c）校正弯曲

图 4-19　板料弯曲时的三种变形方式

刚性轴,板料便产生弯曲,这实质上就是前面所讲的压弯。如果连续不断地滚压,则坯料在全部所滚到的范围内便形成圆滑的曲面,则坯料的两端由于滚不到,仍是直的,在成形零件时,必须设法消除。因此,卷弯的实质就是连续不断地压弯[见图 4-21],即通过旋转的辊轴,使坯料在辊轴的作用力和摩擦力的作用下,自动向前推进并产生弯曲。坯料经卷弯后所得的曲度取决于辊轴的相对位置、板料的厚度和力学性能。当所卷的板料的材质相同、厚度一样时,辊轴的相对位置越近,则卷得的曲度就越大,反之则越小;若辊轴的相对位置固定不变,则所卷的板料越厚或越软,则卷得的曲度也越大,反之则越小,如图 4-22 所示。它们之间的关系可近似地用下式表示：

$$\left(\frac{d_2}{2}+\delta+R\right)^2 = \left(\frac{B}{2}\right)^2 + \left(H+R-\frac{d_1}{2}\right)^2$$

式中　d_1、d_2——辊轴的直径(mm)；

　　　　a——板料厚度(mm)；

　　　　R——零件的曲率半径(mm)。

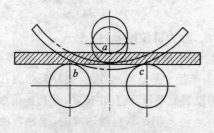

图 4-20　滚弯原理

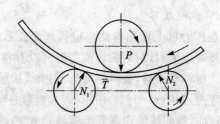

图 4-21　滚弯示意图

辊轴之间的相对距离 H 和 B 都是变数,根据机床的结构,可以任意调整,以适应零件曲度的需要。由于改变 H 比改变 B 方便,所以一般都通过改变 H 来得到不同的曲度。由于板料的回弹量事先难以计算确定,所以上述关系式不能准确地标出所需的 H 值来,仅供初步参考。在实际生产中,大都采取试测的方法,即凭经验大体调好上辊轴的位置后,逐渐试卷直到合乎要求的曲度为止。

卷弯时,辊轴对坯料有一定的压力,并与坯料表面产生摩擦,所以在卷制表面质量要求高的零件时,卷弯前应

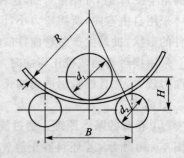

图 4-22　决定曲度的参数

清洗辊轴及坯料的表面。对有胶纸等保护表面的坯料,也要注意清除纸面的金属屑和胶,并把胶纸搭接部分撕掉,否则对零件的表面质量有影响。

卷弯的最大优点是通用性大,板料的卷弯不需制造任何特种工艺装备,而型材的卷弯只需制作适于不同剖面形状、尺寸的各种滚轮,因此生产准备周期短,所用机床的结构简单。卷弯的缺点是生产率较低,板料零件一般需经过反复试卷才能获得所需的曲度。

(2) 卷板。卷板由预弯、对中和卷弯 3 个过程组成。

1) 预弯(压头)。板料在卷板机上弯曲时,两端边缘总会有剩余直边,一般对称弯曲时剩余直边约为板厚的 6～20 倍,不对称弯曲时为对称弯曲时的 1/6～1/10。为了消除剩余直边应先对板料进行预弯,使剩余直边弯曲到所需曲率半径后再卷弯。对于圆度要求很高的圆筒,即使采用四辊卷板机卷制,也应事先进行模压预弯。

预弯的方法有两种:第一种方法是在三辊或四辊卷板机上预弯,适用于较薄的板材;另一种方法是在压力机上预弯,适用于各种厚度板材。

卷板机上预弯,如图 4-23 所示。事先准备一块较厚的钢板弯成一定的曲率作为预弯模,其厚度 δ_0 应大于需弯工件厚度 δ 的两倍,宽度也应比预弯的工件宽。预弯时,先把预弯模放入卷板机,再将板料置于预弯模上,压下上辊并使预弯模来回滚动,使板料边缘达到所需的弯曲半径。有时板料和预弯模的总厚度很大,为避免压下量过大而过载损坏设备,板料弯曲的曲率应小于预弯模的曲率,如果要求预弯的曲率较大,则可以采用在预弯模上加垫板的办法解决。在水压机或油压机上用模具预弯,如图 4-24 所示。对于批量较大的零件可以采用专用模具;对于批量较小或半径变化较大的零件,可以采用调节上模压下量的方法来获得不同曲率。

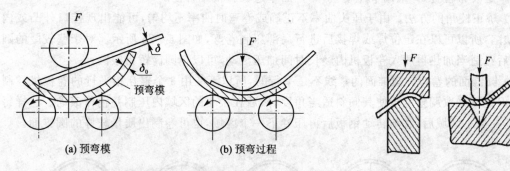

图 4-23　用三辊卷板机预弯示意图　　图 4-24　用模具预弯

(a) 预弯模　　　　(b) 预弯过程

2) 对中。在卷弯时如果板料放不正,则卷弯后会发生歪扭。在卷弯前将辊的中心线与钢板的中心线平行,即所谓对中。常用的对中方法如图 4-25 所示。图 4-25(a)是利用四辊卷板机的侧辊对正钢板;图 4-25(b)是安装一个可以转到上面的挡铁来对正钢板;图 4-25(c)是先抬起钢板使其顶到下辊上,然后放平(在放平时可能有移动,不太准确);图 4-25(d)是利用下辊上的直槽对正;图 4-25(e)是用直角尺和钢板上的轴线,调整曲线与辊平行;图 4-25(f)是利用卷板机两边平台上的挡铁来定位,使钢板边缘垂直于轴辊。

3) 卷弯。一般情况下,卷弯时并不加热钢板。但是,在钢板厚度较大而卷弯直径较小或冷卷时,需要对钢板加热卷弯。实践证明,当碳素钢钢板厚度大于或等于圆筒内径的 1/40 时应进行热卷。常用低碳钢、普低钢的热卷加热温度为 900～1 050℃,终止温度不低 700℃。热

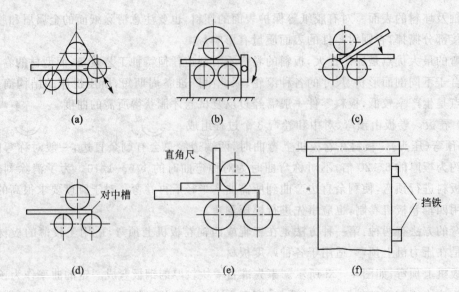

图 4 - 25　对中的方法

卷能防止板料的加工硬化现象,但热卷时操作困难,氧化皮危害较大,板料变薄也较严重。因此,也可以试用温卷,即把钢板加热到 500～600℃ 时进行卷弯。

冷卷时,上辊的压下量取决于来回滚动的次数、要求的曲率以及材料的回弹。因此,实际工作中常采用逐渐分几次压下上辊并随时用卡样板检查的办法卷弯。对于薄板件来说,可以卷得曲率比要求大一些,用锤在外面轻敲就可矫正,而曲率不足时则不易矫正。在卷弯较厚钢板时,一定要常检查,仔细调节压下量,一旦曲率过大就很难矫正。

4) 矫正棱角的方法。由于压头曲率不正确或卷弯时曲率不均匀,可能出现接口外凸或内凹的缺陷,所以可以在定位焊或焊接后进行局部压制卷弯,如图 4 - 26 所示。对于壁较厚的圆筒,焊后经适当加热再放入卷板机内经长时间加压滚动,可以把圆筒矫得很圆。

5) 圆锥面的卷弯。圆锥面的素线不是平行的,所以不能用 3 个辊互相平行的卷板机卷制出来,但是可采取调整上辊使其倾斜适当角度,然后在很小的区域内压制并稍作滚动。这样每次压卷一个小区域后,必须转动钢板后再压卷下一个区域,也可卷制出质量较好的圆锥面。

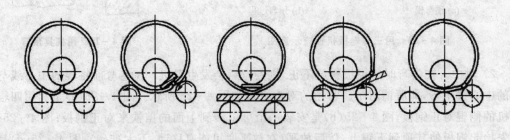

图 4 - 26　矫正棱角的几种方法

(三) 型材的弯曲

1. 型材的辊弯

型材辊弯与板材辊弯的不同点在于型材辊弯时,需要按型材的断面形状设计制造滚轮,将滚轮装在辊轴上,通过滚轮进行滚弯。所以每滚一种零件,就需更换一次滚轮。

（1）标准型材的辊弯。标准型材即挤压型材,坯料的断面形状如图4-27所示。标准型材一般采用三辊或四辊辊弯机进行辊弯,其示意图如图4-28所示。

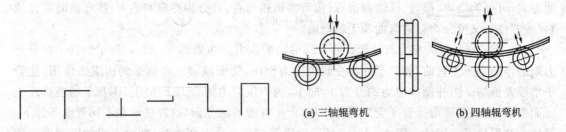

(a) 三轴辊弯机　(b) 四轴辊弯机

图4-27　几种标准型材的典型断面　　　图4-28　型材辊弯机示意图

（2）板制型材的辊弯。板制型材是指由板料制成的各种断面的型材。板制型材的辊弯一般都在轧型机或轧波纹机上进行。

轧型机的结构如图4-29所示,它的工作原理图如图4-30所示。双向电动机1通过带轮2和齿轮组3带动辊轴5旋转,上辊轴6通过齿轮组4旋转。手柄8是用来调节滑块7,可使上辊轴作上下移动,以调整压力和适应不同的板厚。工作滚轮9装在上、下辊轴的前端,当电动机正反旋转时,便带动滚轮往复辊制零件。

轧型机的操作过程是用手柄升起上辊轴,装好滚轮,坯料靠正定料挡板放好,下降上辊轴压住坯料,进行试辊,符合要求后,开动机床辊制零件。辊弯时,应注意正确送料,使坯料边缘靠住挡板,不要偏斜,以免辊制的零件歪斜或成波浪形。板制型材的辊弯首先根据断面尺寸做好辊轮,可由平板料直接辊成。对于断面转角半径很小或槽形很深的零件,直接用辊压的方法很难辊成,需制备几套辊轮逐渐辊出。若几套辊轮还不能辊出,则可先在折弯机上用弯曲模压出断面形状(见图4-31),然后辊制出曲度。这样可减少滚轮的套数和辊弯的次数。

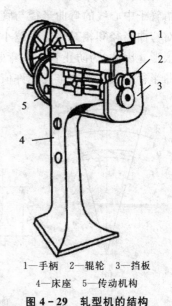

1—手柄　2—辊轮　3—挡板
4—床座　5—传动机构

图4-29　轧型机的结构

对于封闭环形型材零件,用其他方法难以制成,可用辊压的方法制出断面形状和大致近似的曲度,两端对焊后,再用其他方法(如用胀形的方法)校正曲度,使之最终达到要求。

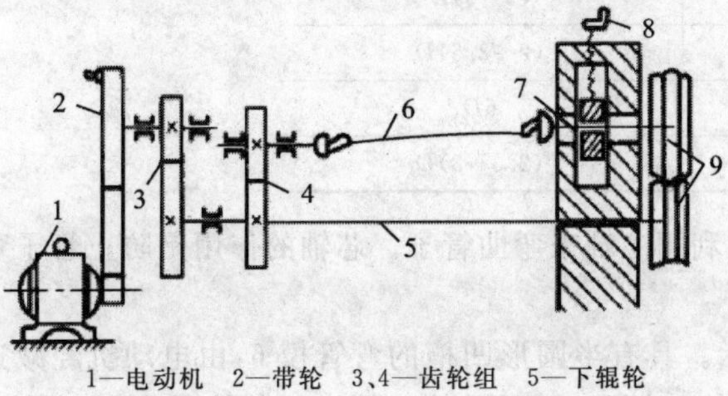

1—电动机　2—带轮　3、4—齿轮组　5—下辊轮
6—上辊轮　7—块　8—手柄　9—工作辊轮

图4-30　轧型机的工作原理图　　　图4-31　预制断面形状

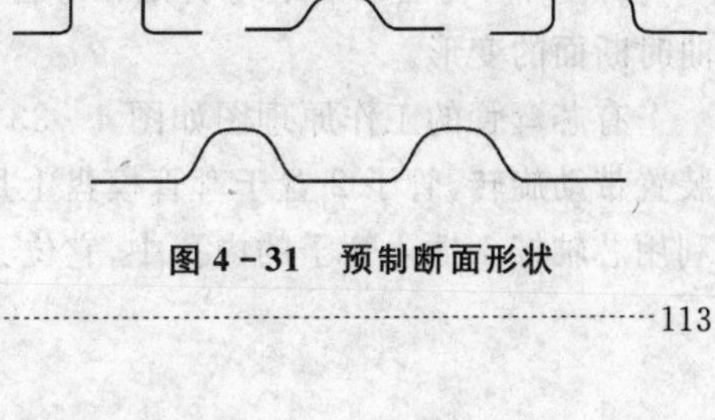

2. 管子弯曲

管材工艺是随着汽车、摩托车、自行车等行业的发展而兴起的,管材弯曲常用的方法按弯曲方式,可分为绕弯、推弯、压弯和滚弯;按弯曲加热与否,可分为冷弯和热弯;按弯曲时有无填料(或芯棒),又可分为有芯弯曲和无芯弯曲。

(1) 管子弯曲时的应力与变形。管子弯曲时的应力分布如图 4 - 32(a)所示。管子在受外力矩的作用下产生弯曲,使管子外侧受到拉应力作用,管壁减薄。内侧受到压应力作用,使管子增厚或折皱。因外侧拉应力的合力 F_1 向下,内侧压应力的合力 F_2 向上,使管子的横截面受压而变形,出现椭圆形。管子受外力的作用,产生椭圆形的变形,这种变形在不同弯曲条件下,具体的变形是不相同的。图 4 - 32(b)所示为管子在自由状态弯曲时,断面变成的椭圆形。管子壁较厚用带半圆形槽的模具弯曲时,其变形情况如图 4 - 32(c)所示。管壁较薄时变形情况如图 4 - 32(d)所示。

管子弯曲时的变形程度,取决于相对弯曲半径和相对壁厚的大小。所谓相对弯曲半径,就是指管子中心线的弯曲半径与管子外径之比;相对壁厚是指管子壁厚与管子外径之比。如果相对弯曲半径和相对壁厚值越小,则管子的截面变形严重时会引起管子外壁破裂,内壁起皱成波浪形。因此,为防止管子在弯曲过程中产生破裂、起皱等缺陷,在弯曲前,必须考虑管子最小弯曲半径和最小弯曲半径允许值。管子最小弯曲半径值可通过表 4 - 10 计算求得。

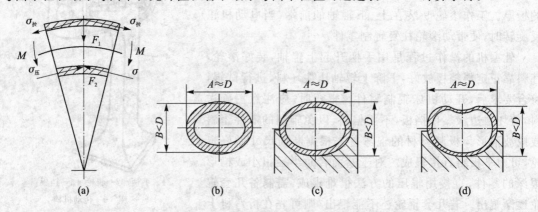

图 4 - 32　管子弯曲时的应力和变形

表 4 - 10　管材最小弯曲半径的计算

弯曲方法	最小弯曲半径 $r_{\min}$
压弯	$(3\sim5)D$
绕弯	$(2\sim2.5)D$
辊弯	$6D$
推弯	$(2.5\sim3)D$

(2) 有芯弯管。有芯弯管是在弯管机上利用芯轴来弯曲管子。芯轴的作用是防止管子弯曲时断面的变形。

有芯弯管的工作原理图如图 4 - 33 所示。具有半圆形凹槽的弯管模 6,由电动机经减速装置带动旋转,管子 2 置于弯管模盘上用夹块 4 压紧,压紧导轮 3 用来压紧管子表面,芯轴 5 利用芯轴杆 1 插入管子的内孔中,它位于弯管模的中心线位置。当管子被夹块夹紧同模子一

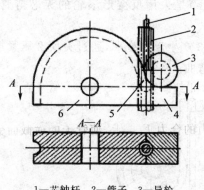

1—芯轴杆　2—管子　3—导轮
4—夹块　5—芯轴　6—弯管模

图 4-33　有芯弯管的工作原理图

起转动时,便紧靠弯管模发生弯曲。有芯弯管的质量取决于芯轴的形式、尺寸及伸入管内的位置。

图 4-34 所示为芯轴的形式。其特点是圆头式芯轴制造方便,但防扁效果差;尖头式芯轴可以向前伸进一些,防扁效果好,具有一定的防皱作用;勺式芯轴与外壁支承面大,防扁效果比尖头式好;单向关节式、万向关节式和软轴式芯轴,能伸入管子内部与管子一起弯曲,防扁效果更好。弯后借助液压缸抽出芯轴,可对管子进行矫圆。

芯轴的直径如图 4-35 所示,可按下式计算:

$$d = D_2(0.5 \sim 0.75)$$

或

$$d \geqslant 0.9 D_2$$

式中　d——芯轴直径(mm);

　　　D_2——管子的内径(mm)。

芯轴的长度如图 4-35 所示。$L=(3\sim5)d$,其中 L 为芯轴长度。

当 d 大时,系数取小值;反之,取大值。

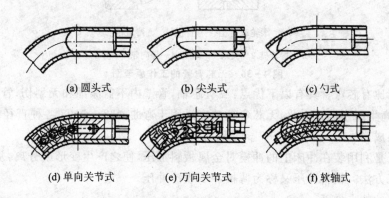

(a) 圆头式　　(b) 尖头式　　(c) 勺式

(d) 单向关节式　　(e) 万向关节式　　(f) 软轴式

图 4-34　芯轴的形式

芯轴超前弯管模中心的距离如图 4-35 所示。

$$e = \sqrt{\left[2\left(R + \frac{D_2}{2}\right)Z - Z^2\right]}$$

式中　e——芯轴超前弯管模中心距(mm);

　　　R——管子的中心层弯曲半径(mm);

　　　D_2——管子的内径(mm);

　　　z——管子内壁与芯轴之间的间隙,即 $z = D_2 - d$。

(3)无芯弯管。无芯弯管是通过弯管机对管子预先给以一定量的反向变形,使管子外侧向外凸出,用以抵消或减小管子在弯曲时断面的变形,从而保证弯管的质量。

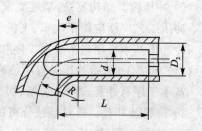

图 4-35　芯轴的尺寸和位置

图 4-36 所示为无芯弯管的工作原理图,图 4-36(a)是采用反变形滚轮的无芯弯管;图 4-36(b)是用反变形滑槽的无芯弯管。

管子 5 由导向轮 4 引导进入弯管模 1,经反变形滚轮 3 产生反向变形,通过夹块 2 压紧于弯管模上,当弯管模由电动机带动旋转时,管子随之发生弯曲。

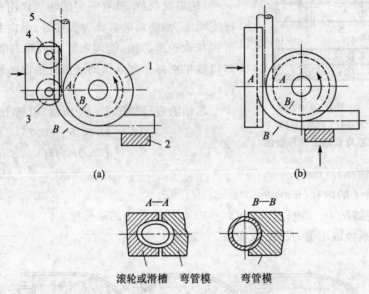

1—弯管模 2—夹块 3—辊轮 4—导向轮 5—管子

图 4-36 无芯弯管的工作原理图

无芯弯管比有芯弯管具有以下优点:没有芯轴,管壁内不需涂油和无划伤;管壁减薄量小,简化工序,提高生产率等。因此,无芯弯管被广泛用于弯曲 $\Phi32\sim\Phi108$ 各种直径的钢管。

(四)冲压成形

板料冲压是利用装在冲床上的冲模对金属板料加压,使之产生变形或分离,从而获得零件或毛坯的加工方法。板料冲压又称为薄板冲压或冷冲压。

板料冲压的特点如下:

1)在常温下加工,金属板料必须具有足够的塑性和较低的变形抗力。

2)金属板料经冷变形强化,获得一定的几何形状后,结构轻巧,强度和刚度较高。

3)冲压件尺寸精度高,质量稳定,互换性好,一般不需机械加工即可作为零件使用。

4)冲压生产操作简单,生产率高,便于实现机械化和自动化。

5)可以冲压形状复杂的零件,废料少。

6)冲压模具结构复杂,精度要求高,制造费用高,只适用于大批量生产。

冲压工艺广泛应用于汽车、飞机、农业机械、仪表电器、轻工和日用品等工业部门。

冷冲压基本工序包括分离工序和成形工序。

(1)分离工序:指冲压过程中使冲压件与板料沿一定的轮廓相互分离的工序。

基本工序有冲孔、落料、切断、切口、切边、剖切、整修等。

1)落料及冲孔。落料是被分离的部分为成品,而周边是废料;冲孔是被分离的部分为废料,而周边是成品,如图 4-37 所示。

图 4-38(d)是裂纹扩展相遇,图 4-38(e)是板料分离。

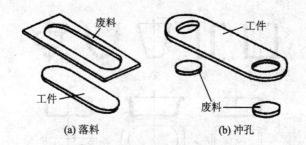

(a) 落料　　　　　　　　　(b) 冲孔

图 4 - 37　落料和冲孔示意图

冲裁变形过程分为 3 个阶段：①弹性变形阶段，板料产生弹性压缩、弯曲、局部拉深；②塑性变形阶段，塑性变形加大，出现微裂纹；③断裂分离阶段，裂纹扩展、相遇，板料分离。

冲裁件的排样是指落料件在条料、带料或板料上合理布置的方法。落料件的排样有两种类型：无搭边排样和有搭边排样。

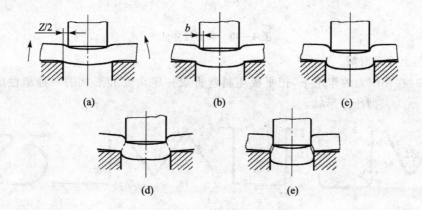

(a)　　　　　　　(b)　　　　　　　(c)

(d)　　　　　　　(e)

图 4 - 38　冲裁变形过程

2）修整。修整是利用修整模沿冲裁件外缘或内孔刮削一薄层金属，以切掉普通冲裁时在冲裁件断面上存留的剪裂带和毛刺，从而提高冲裁件的尺寸精度和降低表面粗糙度。

3）切断。切断指用剪刃或冲模将板料沿不封闭轮廓进行分离的工序。剪刃安装在剪床上，把大板料剪成条料或平板零件。

（2）成形工序。

1）拉深：指将一定形状的平板毛坯通过拉深模冲压成各种形状的开口空心件，或以开口空心件为毛坯通过拉深进一步使空心件改变形状和尺寸的一种冷冲压加工方法。图 4 - 39 所示为圆筒形零件的拉深。图 4 - 40 所示为典型拉伸件。

拉深中常见的废品及防止措施：

拉穿与起皱，从拉深过程中可以看到，拉伸件中最危险的部位是直壁与底部的过渡圆角处，当拉应力超过材料的强度极限时，此处将被"拉裂"。环状变形区的切向压力很大，易使板料出现起皱。防止的措施有：正确选择拉深系数、合理设计拉深模工作零件、采用

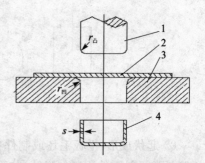

1—凸模　2—毛坯　3—凹模　4—工件

图 4 - 39　圆筒形零件的拉深

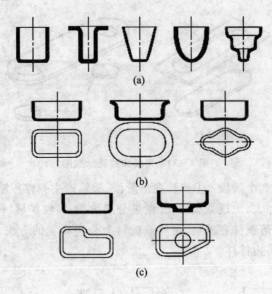

图 4-40 典型拉伸件

压边圈、板料上涂润滑剂。

2）弯曲：在冲压力的作用下，把平板坯料弯折成一定角度和形状的一种塑性成形工艺。图 4-41 所示为典型压弯形状。

图 4-41 典型压弯形状

3）其他冲压成形。

① 胀形：（圆柱空心毛坯胀形）指从空心件内部施加径向压力，强迫局部材料厚度减薄和表面积增大，获得所需形状和尺寸的冷冲压工艺方法。图 4-42 所示为胀形。

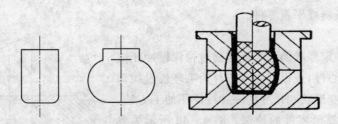

图 4-42 胀形

② 起伏成形：平板毛坯或制件在模具的作用下，产生局部凸起（或凹下）的冲压方法。用于腹板类板料零件压制加强肋（加强工件刚度）或压制凸包、凹坑、花纹图案及标记等。

③ 翻边：指利用模具将工件上的孔边缘或外缘边缘翻成竖立的直边的冲压工序。

④ 缩口：指将预先拉深好的圆筒或管状坯料，通过模具将其口部缩小的冲压工序。

小 结

1. 钢材变形的原因：①轧制过程中引起的变形；②钢材因运输和不正确堆放产生的变形；③钢材在下料过程中引起的变形。

2. 钢材的矫正原理：钢材在厚度方向上可以假设是由多层纤维组成的。钢材平直时，各层纤维长度都相等；钢材弯曲后，各层纤维长度不一致。可见，钢材的变形就是其中一部分纤维与另一部分纤维长短不一致造成的。矫正是通过采用加压或加热的方式进行的，其过程是把已伸长的纤维缩短，把缩短的纤维伸长，最终使钢板厚度方向的纤维趋于一致。

3. 钢材的矫正方法：①手工矫正；②机械矫正；③火焰矫正；④高频热点矫正。

4. 钢材的预处理：对钢材表面进行去除铁锈、油污、氧化皮清理等为后序加工作准备的工艺称为预处理。预处理的目的是把钢材的表面清理干净，为后序加工作准备。为防止零件在加工过程中再一次被污染，一些预处理工艺还要在表面清理后喷保护底漆。常用的预处理方法有机械法和化学法。

5. 学习了焊接结构图的特点、焊接结构图的识读方法、划线的概念、划线的基本规则、划线的方法、基本线型的划法及划线时的注意事项。

6. 学习了放样的概念、放样的方法、放样程序、板厚处理方法。

7. 学习了下料的概念、下料的方法（手工下料和机械下料）、坡口加工方法。

8. 学习了弯曲成形的概念、弯曲成形过程、板材的弯曲方法（机械压弯和卷弯）、型材的弯曲方法及典型设备。

9. 冲压成形概念、板料冲压的特点、冷冲压基本工序（分离工序指冲压过程中使冲压件与板料沿一定的轮廓相互分离的工序。包括冲孔、落料、切断、切口、切边、剖切、整修等），其他冲压成形方法（胀形、起伏成形、翻边、缩口）。

思考与练习题

1. 钢材变形的原因有哪些？

2. 简述钢材预处理的一般步骤。

3. 金属气割应具备哪些基本条件？

4. 金属气割与等离子弧切割有何本质上的不同？

5. 钢板下料有哪些方法？各适用于什么情况？

6. 切割下料的金属毛坯在哪些情况下还需进行边缘加工？

7. 什么叫做回弹？影响回弹的因素有哪些？如何减小回弹？

8. 简述拉深中常见的废品及防止措施。

9. 简述冲裁变形过程的 3 个阶段。

学习情境五　焊接结构的装配、焊接工艺及装备

知识目标

1. 了解焊接结构装配的分类。
2. 熟悉焊接结构装配的基本原理、装配工具、量具和常用的装配设备。
3. 掌握焊接结构装配的基本方法和典型结构件装配。
4. 掌握焊接工艺制订的内容、原则、焊接工艺参数选择的依据、焊接工艺评定的程序和常规性检测项目。
5. 了解焊接装备和焊接机器人的基本知识。
6. 熟悉焊接工艺装备夹具和焊接变位机械。

任务一　焊接结构的装配

一、任务分析

本任务介绍两个主要内容,一是焊接结构装配的基本原理、装配工具、量具和常用的装配设备;二是焊接结构装配的基本方法和典型结构件装配的实例分析。

二、相关知识

焊接结构装配是指将组成结构的各个零件按照一定的位置、尺寸关系和精度要求组合成产品结构的工艺过程。焊接结构的装配在焊接结构件的生产中占有重要的地位。其一,装配的质量(精度等)直接影响结构件的最终质量;其二,装配方法影响焊接工序的实施;其三,装配的工作量大,约占整个结构件制造工作量的 30%～40%。因此,通常在工厂中,结构件的装配都是由具有丰富焊接、装配经验的技术工人来担任的。

(一)装配方式的分类

1. 按结构类型及生产批量分

(1)单件小批量生产。经常采用划线定位的装配方法。该方法所用的工具和设备比较简单,一般在装配平台上进行。装配精度受装配工人的技术水平影响较大。

(2)成批生产。通常在专门的胎架上进行装配。胎架是一种专用的工艺装备,上面有定位器、压夹器等。

2. 按工艺过程分

(1)由单独的零件逐步组装成结构。结构简单的构件装完再焊,复杂的构件随装随焊。

(2)由部件组装成结构。将零件组装成部件焊接后,再由部件装配成整个结构并焊接。

3. 按装配工作地点分

(1)固定式装配。在固定的工作位置上进行,一般用于重型焊接结构件或产量不大的情况。

（2）移动式装配。按工序流程进行装配,在产量较大的流水线生产中应用广泛。

（二）装配的基本条件

（1）定位:确定零件的空间位置和零件间的相对位置。

（2）夹紧:利用外力将定位好的零件固定下来,保持其正确的位置直到装配完成或焊接结束。

（3）测量:在装配过程中,对零件的相对位置和各部件尺寸进行一系列的技术测量,从而鉴定定位位置的正确性和夹紧力的效果,以便调整。图5-1所示为工字梁的装配。

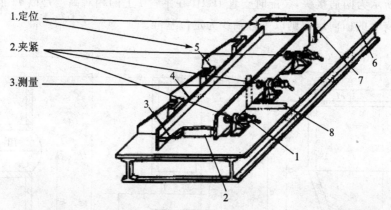

1—调节螺杆　2—垫块　3—腹板　4—翼板　5、7—挡板　6—平台　8—90°角尺

图5-1　工字梁的装配

（三）定位原理及零件的定位

1. 定位原理

六点定位原理:空间的任何刚体[见图5-1)对于3个互相垂直的平面(基面)xOy、xOz、yOz共有6个自由度,即沿Ox、Oy、Oz 3个轴向的相对移动和绕x、y、z 3个轴的相对转动。因此,若要使零件(一般可视为刚体)在空间具有确定的位置,则必须约束其6个自由度。要限制零件在空间的6个自由度,至少要在空间设置6个定位点与零件接触。如图5-1所示,为了确定一立方体零件的空间位置,在3个互相垂直的坐标平面内,分布了6个定位点,在xOy平面上的3个定位点,限制了零件绕x、y轴的转动和沿z轴的移动;在yOz平面上的两个定位点,限制了零件绕z轴的转动和沿x轴的移动;在xOz平面上的一个定位点,限制了零件沿y轴的移动。

当应用六点定位原理分析工件在夹具中的定位问题时,不能认为未夹紧时工件还可以相对定位元件反方向运动而判断其自由度未被限制。如图5-2所示,工件在夹具中虽可向右移动,但因脱离了左边定位元件yOz面,已处于非正确安装位置,支承点失去了限制自由度的作用,故应按紧靠yOz面进行分析。此外,在分析支承点起定位作用时,不应考虑力的影响,因为工件在某个方向上的自由度被限制,是指工件在该方向上有了确定的位

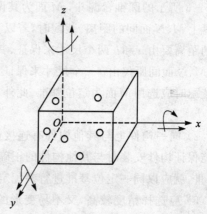

图5-2　空间刚体的6个自由度

置,并不是指工件在受到使它脱离支承点的外力时也不运动。使工件在外力作用下也不运动的是夹紧的结果,定位和夹紧是两个概念,不能混淆。

2. 零件的定位

(1)定位基准。在结构装配过程中,必须根据一些指定的点、线、面来确定零件或部件在结构中的位置,这些作为依据的点、线、面称为定位基准。

如图5-3所示,圆锥台漏斗上各零部件间的相对位置,是以轴线和 M 面为定位基准确定的。

图5-4所示为四通接头,装配时支管 Ⅱ、Ⅲ 在主管 Ⅰ 上的相对高度是以 H 面为定位基准来确定的,而支管的横向定位则以主管轴线为定位基准。

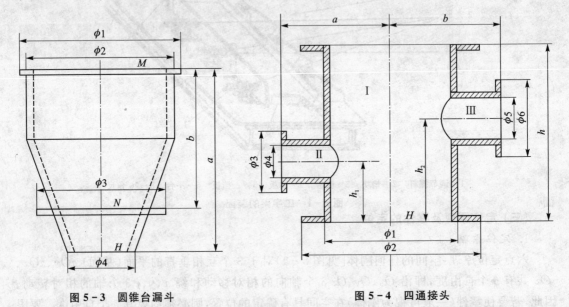

图5-3 圆锥台漏斗   图5-4 四通接头

(2)定位基准的选择。合理地选择装配定位基准,对保证装配质量、安排零部件装配顺序和提高装配效率都有重要影响。定位基准的选择通常考虑以下几点:

1)装配定位基准尽量与设计基准重合,这样可以减小因基准不重合所带来的误差。例如图5-3所示的圆锥台漏斗,M 面为其设计基准之一。按其使用要求,装配中应保证大、小两法兰盘上 M、N 面间的距离。装配时,若以 H 面为定位基准进行小法兰盘的装配定位,则 M、N 面间的距离要由 a 和 b 两个尺寸来保证,其定位误差是这两个尺寸误差之和;若以 M 面为定位基准,M、N 面间距仅由 b 一个尺寸来保证,其定位误差仅是尺寸 b 的误差,显然要比前者小,故实际装配时应选用 M 面为定位基准。此外,从 M 面的尺寸大于 H 面尺寸来看,这种选择也是合理的。

2)同一构件上与其他构件有连接或配合关系的各个零件,应尽量采用同一定位基准,这样能保证构件安装时与其他构件的正确连接或配合。例如图5-4所示的四通接头的两支管 Ⅱ、Ⅲ,就应以同一定位基准进行装配定位。

3)应选择精度较高,又不易变形的零件表面或边棱作为定位基准,这样才能避免由于基准面、线的变形造成的定位误差。

4)所选择的定位基准应便于装配中的零件定位与测量。

（四）装配中的测量

测量是检验定位质量的一个工序。装配中的测量包括：正确、合理地选择测量基准；准确地完成零件定位所需要的测量项目。在焊接结构生产中，常见的测量项目有线性尺寸、平行度、垂直度、同轴度及角度等。

1. 测量基准

测量中，为衡量被测点、线、面的尺寸和位置精度而选作依据的点、线、面称为测量基准。一般情况下，选用定位基准作为测量基准。当以定位基准作为测量基准不利于保证测量精度或不便于测量操作时，可以用其他点、线、面作为测量基准。

如图 5-5 所示，容器接口 Ⅰ、Ⅱ、Ⅲ 都以 M 面为测量基准，测量尺寸 $h1$、$h2$、$H3$，这样接口的设计基准、定位基准和测量基准三者合一，可以有效地减小装配误差。

2. 各种项目的测量

（1）线性尺寸的测量。线性尺寸是指焊件上被测点、线、面与测量基准间的距离。线性尺寸的测量主要是利用各种刻度尺（卷尺、盘尺、直尺）来完成，特殊场合采用激光测距仪来完成。

（2）平行度的测量。

1）相对平行度的测量。相对平行度的测量是指工件上被测的线或面相对于测量基准线或面的平行度。平行度的测量是通过线性尺寸测量来进行的。其基本原理是测量工件上线的两点（或面的三点）到基准的距离，如相等即平行，否则就不平行。但在实际测量中为减小测量误差，应注意以下几点：

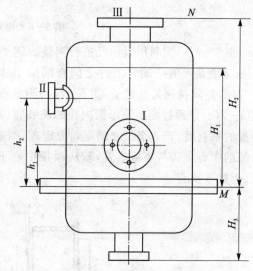

① 测量的点应多一些，以避免工件不直、不平带来的误差。

图 5-5　测量基准的选择

② 测量工具应垂直于基准。

③ 直接测量不方便时，采用间接测量。

图 5-6 所示为相对平行度测量的例子。图 5-6（a）为线的平行度，测量 3 个点以上。图 5-6（b）为面的平行度，测量两个以上位置。

2）水平度的测量。水平度就是衡量工件上被测的线或面是否处于水平位置。许多金属结构制品在使用中要求有良好的水平度。例如，桥式起重机的运输轨道就需要良好的水平度，否则，将不利于起重机在运行中的控制，甚至引起事故。施工中常使用水平尺、软管水平仪、水准仪、经纬仪等量具仪器来进行水平度的测量。水平尺是测量水平度最常用的量具。测量时，将水平尺放在工件的被测平面上，查看水平尺上玻璃管内气泡的位置，若在中间即达到水平。使用水平尺要轻拿轻放，注意避免工件表面的局部凹凸不平影响测量结果。

（3）垂直度的测量。

1）相对垂直度的测量。相对垂直度是指工件上被测的线或面相对于测量基准线或面的垂直程度。尺寸较小的工件可以利用 90°角尺直接测量；工件尺寸较大时，可以采用辅助线测量法，即用刻度尺作为辅助线测量直角三角形的斜边长。

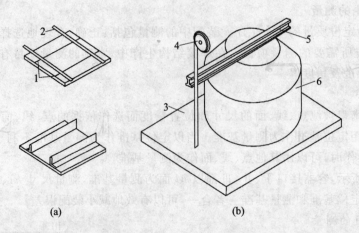

图 5 - 6　相对平行度的测量

图 5-7(a)为利用直角尺进行测量的例子。将直角尺的宽边放置在基准上,另一边靠在工件上,若直角尺的一端与工件之间有间隙 B,则说明工件不垂直;反之则垂直。图 5 - 7(b)～5-7(d)是间接测量的例子,图 5-7(b)测量直角尺的垂直边与腹板间隙,若间隙相等则垂直;图 5-7(c)是通过测量箱形梁内孔的长和宽以及对角线的线性尺寸 B_1、B_2、B_3 来判断腹板与顶板的垂直度,若 3 个尺寸满足勾股定理,则垂直,否则不垂直;图 5-7(d)是利用吊线锤测量塔架的中心是否与底板垂直,若从顶板中心下垂的锤与底板中心重合,则塔架中心与底板垂直;否则不垂直。

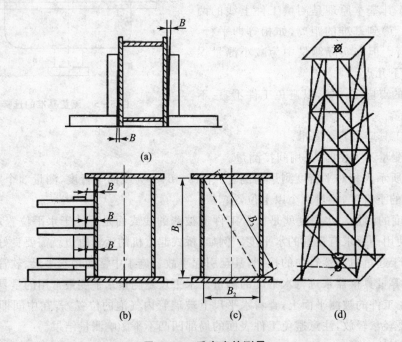

图 5 - 7　垂直度的测量

2) 铅垂度的测量。铅垂度的测量是测定工件上线或面是否与水平面垂直。常用吊线锤或经纬仪测量。精度要求不高时可采用吊线锤,测量构件与吊线的距离进行间接测量,必须测两个方向以上才能准确测定。精度要求高时,可用经纬仪进行测量,如图 5-8 所示是用经纬仪测量球罐柱脚铅垂度的应用实例。

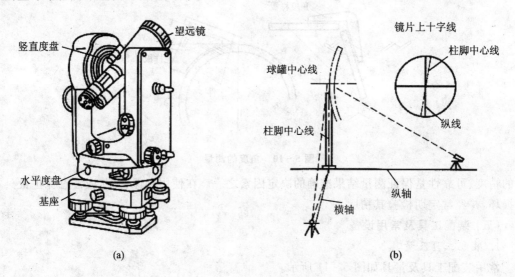

图 5-8　用经纬仪测量铅垂度

（4）同轴度的测量。同轴度是指工件上具有同一轴线的几个零件装配时其轴线的重合程度。

图 5-9（a）是一个通过铅垂线进行同轴度测量的例子。预先在各筒节的端面上安装临时支撑，在支撑上找出圆心位置并钻孔，然后将吊线锤从顶面圆心中垂下；测量吊线穿过各端面圆心时的偏心情况即可测得同轴度。

若构件是水平放置的，则可采用张紧的钢丝穿过各端面的圆心，然后测量各端面的偏心情况，如图 5-9（b）所示。

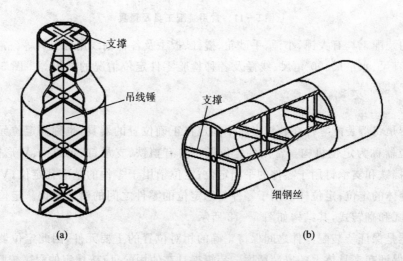

图 5-9　同轴度的测量

（5）角度的测量。装配中通常利用各种角度样板来测量零件的角度。图 5-10 是利用角度样板测量角度的实例。

装配测量除上述常测项目外，还有斜度、挠度、平面度等一些测量项目。需要强调的是，量

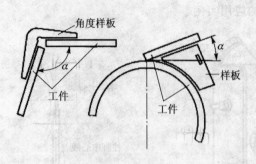

图 5 - 10　角度的测量

具的精度、可靠性是保证测量结果准确的决定因素之一。在使用和保管中,应注意保护量具不受损坏,并经常定期检验其精度。

(五) 装配工具及常用设备

1. 装配工具及量具

常用装配工具及量具如图 5 - 11 所示。

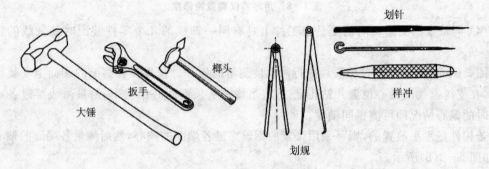

图 5 - 11　常用装配工具及量具

常用的装配工具有大锤、小锤、手砂轮、撬杠、扳手及各种划线用的工具等。常用的量具有钢卷尺、钢直尺、水平尺、90°角尺、线锤及各种检验零件定位情况的样板等。图 5 - 12 所示为常用装配工具及量具。

2. 定位器

定位器是将待装配零件在装焊夹具中固定在正确位置的器具,也称为定位元件。结构较复杂的定位器称为定位机构。常用的定位器主要有挡铁、支承钉、定位销、V 形铁、定位样板等。其中,挡铁和支承钉用于零件的平面定位;定位销用于零件的基准孔定位;V 形铁用于圆柱体和圆锥体的定位;定位样板用于零件与已定位的零件之间的给定定位。定位器可做成拆卸式、进退式和翻转式,其结构如图 5 - 12 所示。

定位器是保证待装配零件之间保持正确的相对位置的重要元件,因此定位器首先应按高精度加工,保证在夹具体上的安装精度。装焊夹具在使用前,应按规定的程序校验定位器与基准面之间的形位公差,是否符合夹具设计图样的要求。在安装基面上的定位器要承受焊件的重力,并与焊件表面接触。因为定位器工作面易磨损,所以应采用硬度较高的钢件制作。在导向基面和定程基面上的定位器,可能要承受因焊接变形引起的应力,故定位器还应具有足够的强度和刚度。

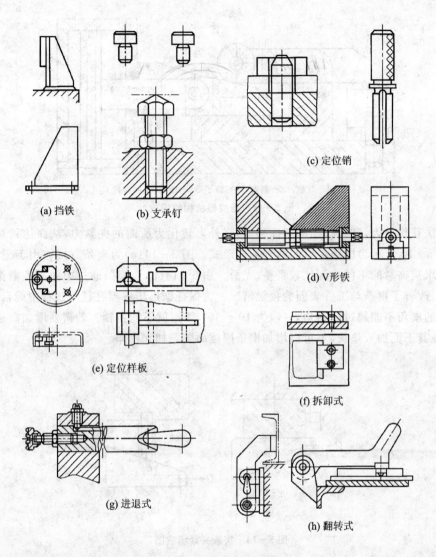

(a) 挡铁　　(b) 支承钉　　(c) 定位销

(d) V形铁

(e) 定位样板

(f) 拆卸式

(g) 进退式

(h) 翻转式

图 5 - 12　定位器

3. 压夹器

压夹器的作用是保持定位器的准确定位和防止零件在装配和焊接过程中因受力和翻转而发生位移。典型压夹器装置基本上由三部分组成,包括力源装置、中间传力机构和夹紧元件,如图 5 - 13 所示。

力源装置(见图 5 - 13 气缸 1)是产生夹紧作用力的装置,通常是指机动夹紧时所用的气压、液压、电动等动力部件;中间传力机构(见图 5 - 13 斜楔 2)起着传递夹紧力的作用,工作时可以通过它改变夹紧作用力的大小和方向,并保证夹紧机构在自锁状态下安全可靠;夹紧元件(见图 5 - 13 压板 4)是夹紧机构的最终执行元件,通过它和零件受力表面直接接触完成夹紧。

压夹器按其动力来源,可分为手动、气动、液压、磁力夹紧等方式。

(1) 手动压夹器。

1) 楔形压夹器。楔形压夹器是一种最基本、最简单的压夹元件。工作时,利用锤击或其

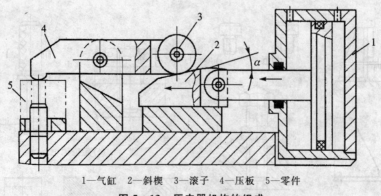

1—气缸　2—斜楔　3—滚子　4—压板　5—零件

图 5 - 13　压夹器机构的组成

他机械方法获得外力,利用楔条的斜面移动,将外力转化为所需的夹紧力,从而达到对工件的夹紧。图 5 - 14 所示为楔条夹紧的两种基本形式。图 5 - 14(a)为楔条直接作用于工件上,这种方式要求被夹紧的工件表面比较平整、光滑。图 5 - 14(b)为楔条通过中间元件把作用力传到工件上,改善了楔条与工件表面的接触情况。为保证楔形压夹器在使用过程中能自锁,楔条(或楔板)的楔角不能超过摩擦角,一般为 $10°\sim15°$,否则就不能自锁。若需要增加楔条的作用力,则可在其下面加入垫块,不可以增加楔条厚度而随意加大楔角。

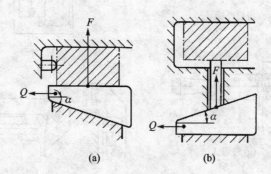

(a)　　　　　(b)

图 5 - 14　楔条夹紧示意图

2)螺旋压夹器。螺旋压夹器是通过丝杆与螺母间的相对运动传递外力,使之达到紧固零件的目的,它具有夹、压、拉、顶、撑等多种功能。螺旋压夹器根据零件形状和工作情况的差异有多种形式,生产中常见的有弓形压夹器(见图 5 - 15)和螺旋推撑器(见图 5 - 16)。

(2)气动和液压压夹器。气动压夹器主要由汽缸、活塞和活塞杆组成,是利用其气缸内的压缩空气的压力推动活塞,使活塞杆作直线运动,施加夹紧力的装置,如图 5 - 17 所示。

液压压夹器的工作原理与气动压夹器相似。其优点是:比气动压夹器有更大的压紧力,夹紧可靠,工作平稳;缺点是液体容易泄漏,辅助装置多,且维修不便。

(3)磁力压夹器。磁力压夹器主要靠磁力吸紧工件,可分为永磁式和电磁式两种类型。应用较多的是电磁式磁力压夹器,如图 5 - 18 所示。磁力压夹器操作简便,而且对工件表面质量无影响,但其夹紧力通常不是很大。

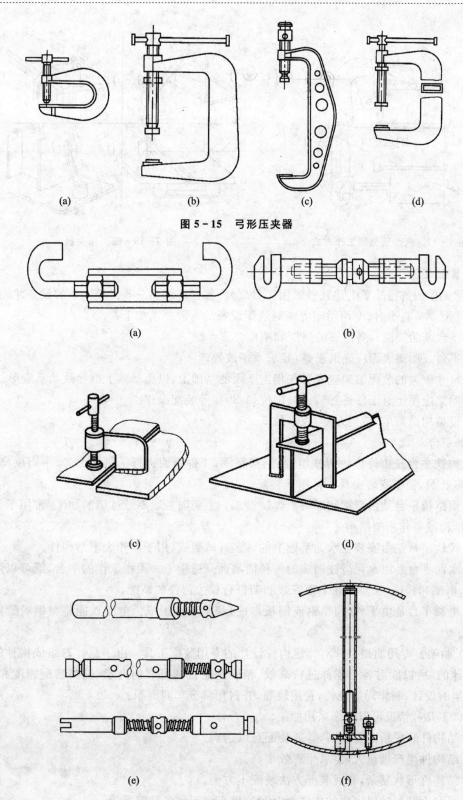

图 5-15 弓形压夹器

图 5-16 螺旋推撑器

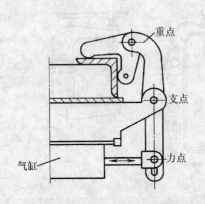

图 5-17　气动压夹器工作方式

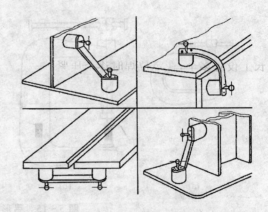

图 5-18　磁力压夹器

4．装配设备

装配工作的进行除了上述几种通用工具之外，往往还需要一些比较大型的设备才能完成，主要的装配设备有平台、专用胎架等。对装配设备的一般要求如下：

1）平台或胎架应具备足够的强度和刚度。

2）平台或胎架表面应光滑平整，要求水平放置。

3）尺寸较大的装配胎架应安置在相当坚固的基础上，以免基础下沉导致胎具变形。

4）胎架应便于对工件进行装、卸、定位焊、焊接等装配操作。

5）设备构造简单，使用方便，成本较低。

（1）平台。

1）铸铁平台是由许多块铸铁组成，结构坚固，工件表面进行了机械加工，平面度高，面上具有许多孔洞，便于安装夹具。常用于装配。

2）钢结构平台是由型钢和厚钢板焊制而成。上表面一般不经过切削加工，常用于制作大型焊接结构或制作桁架结构。

3）导轨平台是由安装在水泥基础上的许多导轨组成，用于制作大型结构件。

4）水泥平台是由水泥浇注而成的一种简易而又适用于大面积工作的平台，既可以用于拼接钢板、框架和构件，又可以在上面安装胎架进行较大部件的装配。

5）电磁平台是由平台（用型钢或钢板焊成）和电磁铁组成。电磁铁能将型钢吸紧固定在平台上。

（2）胎架。专用胎架是针对特定构件设计的专用装配工具。由于是针对组成构件的零件专门设计的，所以能对各个零件进行高效、精确的定位和可靠的夹紧，提高装配速度和精度。但是胎架的设计、制作周期较长，费用较高，并占用部分车间面积。

在以下几种情况可以考虑采用胎架。

1）结构件装配精度要求高，普通装配难以达到。

2）结构件生产批量大，要求生产效率高。

3）结构件形状复杂，普通装配方法装配不方便。

4）平台上装配难以完成的构件，如船舶、机车底架和各种容器等。

总体来说，是否采用胎架要从技术和经济两方面综合考虑，不能只强调单方面的因素。图

5-19 所示是一种专门用于装配 H 型焊接梁的胎架,图中黑粗线是 H 型梁, 1、3 是两肢,它们支承在可调节高度的螺栓 6、7 上,一侧依靠挡块 8 定位,一侧用螺栓 5 压紧,螺栓 6 及支架 4 可沿横向调节,以适应腹板 2 的不同宽度。若要加快压紧速度,则螺栓 6 可改为气压,并在胎架全长上设置多个,在定位焊时逐个压紧。

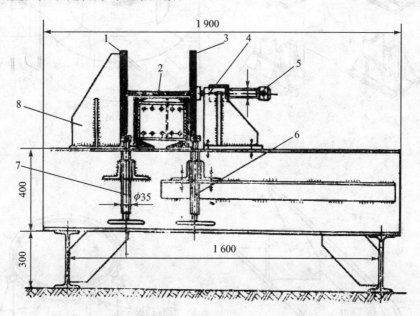

1、3—肢板　2—腹板　4—支架　5、6、7—螺栓　8—挡块

图 5-19　H 型梁装配胎架

(六) 焊接结构的装配方法

所谓焊接结构的装配方法,是指将两个分离的零件组合为一个整体的方法。从前面装配的基本条件可知,零件的装配都应先经过定位、夹紧和测量后才能将其连接为一个整体,所不同的是,针对不同的构件和零件,所采用的定位、夹紧、测量的方式不同,而实施连接都是采用定位焊。因此,后述某个装配方法,实质上是指包括定位、夹紧、测量和定位焊的方法。

1. 划线装配法

利用在零件表面或装配平台表面划出焊件的中心线、接合线、轮廓线等作为定位线,来确定零件间的相互位置,以定位焊固定进行装配。

如图 5-20 所示,图 5-20(a)中先以划在底板上的中心线和接合线作定位基准线,然后确定槽钢、立板和三角形加强肋的位置来进行装配;图 5-20(b)中是利用大圆筒盖板上的中心线和小圆筒上的等分线来确定二者的相对位置。

2. 样板装配法

利用样板来确定零件的位置、角度等,然后夹紧经定位焊完成装配的方法,如图 5-21 所示。

3. 定位元件装配法

利用一些特定的定位元件(如板块、角钢、销轴等)构成空间定位点来确定零件位置,并用装配夹具夹紧进行装配,如图 5-22 所示。

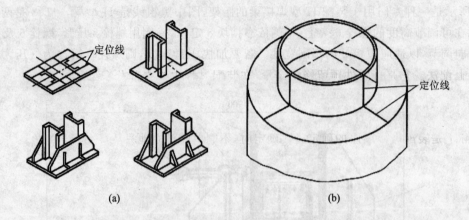

图 5-20 划线定位装配图

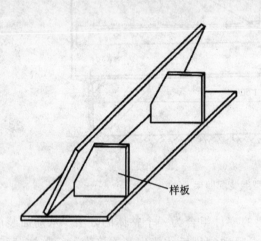

图 5-21 样板定位装配图

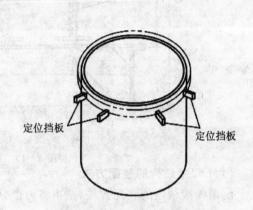

图 5-22 定位挡板定位装配图

4. 装配中的定位焊

定位焊是用来固定各焊接零件之间的相互位置,以保证整体结构得到正确的几何形状和尺寸。定位焊缝一般比较短,而且该焊缝作为正式焊缝留在焊接结构中,因此所使用的焊条或焊丝应与正式焊缝所使用的焊条或焊丝牌号和质量相同。进行定位焊应注意的问题如下:

1) 应选用直径小于 4mm 的焊条或 CO_2 气体保护焊直径小于 1.2mm 的焊丝。

2) 定位焊有缺陷时应该铲掉并重新焊接,不允许留在焊缝内。

3) 定位焊缝的引弧和熄弧处应圆滑过渡。

4) 定位焊缝长度一般根据板厚选取 15~20mm,间距为 30~50mm。

三、工作过程——装配工艺过程的制定及典型结构件的装配

1. 装配工艺过程的制定

(1) 内容。包括零件、组件、部件的装配次序;在各装配工序上采用的装配方法;选用何种提高装配质量和生产率的装备、胎夹具和工具等。

(2) 装配工艺方法的选择。

1) 互换法。该方法是用控制零件的加工误差来保证装配精度。零件是完全可以互换的,

要求零件的加工精度较高,适用于批量及大批量生产。

2) 选配法。它是在零件加工时为降低成本而放宽零件加工的公差带。装配时需挑选合适的零件进行装配,增加了装配工时和难度。

3) 修配法。它是指零件预留修配余量,在装配过程中修去部分多余的材料,使装配精度满足技术要求。

2. 装配顺序的制定

实际上是装配焊接顺序的确定。在确定时,不能单纯孤立地只从装配工艺的角度去考虑,必须与焊接工艺一起全面分析。主要有以下 3 种类型。

(1) 整装整焊。将全部零件按图样要求装配起来,然后转入焊接工序,将全部焊缝焊完。装配工人和焊接工人各自在自己的工位上完成,可实现流水作业,停工损失很小。此法适用于结构简单、大批量生产的条件。

(2) 随装随焊。先将若干个零件组装起来,随之焊接相应的焊缝,然后装配若干个零件,再进行焊接,直至全部零件装配完并焊完,成为符合要求的构件。此法仅适用于单件小批量产品和复杂结构的生产。

(3) 分部件装配焊接—总装焊接。将结构分解成若干个部件,先由零件装配成部件,然后由部件装配焊接成结构件,最后把装配好的结构件总装焊成整个产品。此法适合批量生产,可实现流水作业。

3. 典型结构件的装配

(1) T 形梁的装配。T 形梁是由翼板和腹板组合而成的焊接结构。可采用如下两种装配方法。

1) 划线装配法。先将腹板和翼板矫直、矫平,然后在翼板上画出腹板位置线,并打上样冲眼。将腹板按位置线立在翼板上,并用 $90°$ 角尺校对两板的相对垂直度,然后进行定位焊。定位焊后再经检验校正,才能焊接,如图 5 - 23 所示。

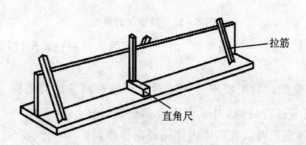

拉筋

直角尺

图 5 - 23　T 形梁的划线装配

2) 胎夹具装配法。大批生产 T 形梁时,采用图 5 - 24 所示进行装配。装配时,不用划线,将腹板立在翼板上,两端对齐,以压紧螺栓的支座为定位元件来确定腹板在翼板上的位置,并由水平压紧螺栓和垂直压紧螺栓分别从两个方向将腹板与翼板夹紧,然后在接缝处定位焊。

(2) 箱形梁的装配。箱形梁也是一个典型的结构件,它由上下翼板、腹板和筋板组成。由于有很多焊缝处于封闭空间中,所以其装配采用随装随焊法。

1) 划线装配法。图 5 - 25(a)所示为一箱形梁的结构简图,图 5 - 25(b)所示为装配过程示意图。装配前,将各零件调平、调直,并将一块翼板 4 放在装配平台,划出腹板和筋板的定位线,然后按线装配各筋板 3。常用拉筋固定各筋板,装配时除要保持各筋板与翼板垂直外,还

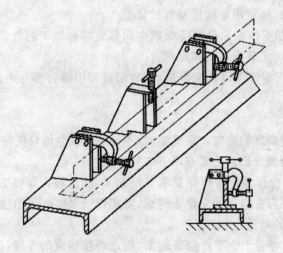

图 5 - 24　T 形梁的胎夹具装配

要注意筋板侧面应平齐,因为侧面是作为腹板的定位面。接下来装配两腹板 2,如果筋板加工精度较高,则腹板直接贴紧筋板即可;否则应检测腹板的垂直度。

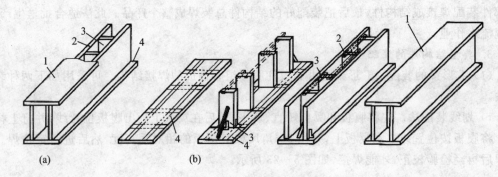

图 5 - 25　箱形梁的装配

2)胎夹具装配法。批量生产箱梁可以利用装配胎夹具进行装配,以提高装配质量和装配效率。

(3)筒节的对接装配。装配要求是保证对接环缝和两节圆筒的同轴度误差符合技术要求。装配前对两圆筒节进行矫圆,对于大直径薄壁圆筒体的装配,为防止圆筒体变形可以在筒体内使用径向推撑器,如图 5 - 26 所示。

1)筒体的卧装。主要用于直径较小和长度较长的筒体装配,装配时需借助装配胎架。图 5 - 27 所示为筒体在滚轮架和辊筒架上的装配。直径很小时也可以在槽钢或型钢架上进行。

2)筒体的立装。适用于直径较大和长度较短的筒体装配。

如图 5 - 28 所示,顺序是先将筒体放在平台(或水平基础)上,并找好水平,在靠近上口处焊上若干个螺旋压马;然

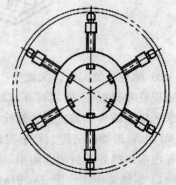

图 5 - 26　筒体内的推撑器

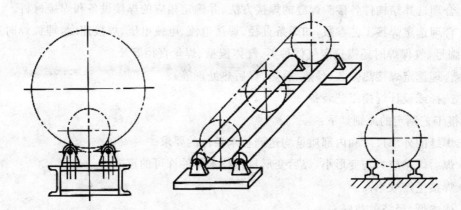

图 5 - 27 筒体的卧装示意图

后将另一节圆筒吊上,用螺旋压马和焊在两节圆筒上的若干个螺旋拉紧器拉紧并矫正其同轴度,调整合格后进行定位焊。

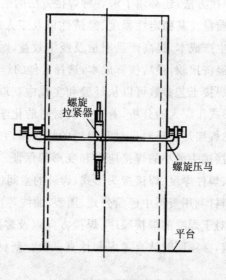

图 5 - 28 筒体立装

任务二 焊接结构的焊接工艺

一、任务分析

掌握焊接工艺制定的内容、焊接方法及焊接工艺参数选择的依据;掌握焊接工艺评定的程序和常规性检测项目。

二、相关知识

(一)焊接工艺制定的内容和原则

焊接工艺制定的内容如下:

1）合理选择结构件各接头焊缝的焊接方法，并确定相应的焊接设备和焊接材料。

2）合理选定焊接工艺参数，如焊条直径、焊接电流、电弧电压、焊接速度，埋弧焊时还需选定焊剂牌号，气保焊时还需选定气体种类、气体流量、焊丝直径等。

3）合理选定焊接热参数（预热、后热、焊后热处理等）。

4）选择或设计焊接工艺装备。

焊接工艺制定的原则如下：

1）焊缝的外部尺寸和内部质量均达到技术条件的要求。

2）焊后焊接应力与变形小，焊后变形量在技术条件许可的范围内。

3）焊接生产效率高。

4）成本低，经济效益好。

（二）焊接方法及焊接工艺参数的选择

选择焊接方法应根据产品的材料成分、接头形式、结构尺寸、形状以及对焊接接头的质量要求，加之现场的生产条件、技术水平等，选择最经济、最方便、高效率并且能保证焊接质量的焊接方法。为了正确选择焊接方法，还必须了解各种焊接方法的生产特点及适用范围（焊接厚度、焊缝空间位置等）、焊接质量及其稳定性程度、经济性以及工人的劳动条件等。此外，在成批或大批量生产时，为降低生产成本，提高产品质量及经济效益，对于能够用多种焊接方法来生产的产品，应进行试验和经济比较，最后核算成本，选择最佳的焊接方法。

常用材料、常用结构的焊接工艺参数可以从经验和实践中获取。在选定焊接工艺参数前应对产品的材料及其结构形式作深入的分析，着重分析材料的化学成分和结构因素共同作用下的焊接性；同时，还要考虑焊接热循环对母材和焊缝的热作用，它也是保证获得合格产品的另一个主要依据，是获得焊接接头最小的焊接应力和变形的保证。选择焊接工艺参数的具体做法是，应根据产品的材料、焊件厚度、焊接接头形式、焊缝的空间位置、接缝装配间隙等，查找各种焊接方法有关图书、资料（利用资料中经验公式、图表、曲线等），以及工作者的实践经验来确定焊接工艺参数。另外，对于焊缝的焊接顺序、焊接方向以及多层焊的熔敷顺序等，对焊接接头的形成也有一定的影响，必须同时认真考虑和认真试验。新材料的焊接工艺参数需通过焊接工艺评定之后确定。

（三）焊接工艺评定

焊接工艺评定不是对工艺人员制定的某一具体构件的焊接工艺是否合理做出判断和评价，也不是评定焊工技艺，而是评定焊接工艺的正确性。因此，为减少人为因素，试件的焊接应由技术熟练的焊工担任。

1. 焊接工艺评定的目的

对一些重要构件的焊接（如压力容器、高寒地区的重要受力构件等），在组织焊接生产前必须进行焊接工艺评定。其目的是评定施焊单位是否有能力焊出符合有关规程和产品技术条件所要求的焊接接头，验证施焊单位制定的有关焊接指导性文件是否合适。经焊接工艺评定合格后，提出焊接工艺评定报告，作为编制焊接工艺规程的主要依据之一。

2. 焊接工艺评定的方法

焊接工艺评定是通过对焊接试板所做的力学性能试验，来判断整个焊接生产过程是否合格,即评定焊接工艺的正确性。因此,为减少非正常因素影响评定结果,应使焊接设备、仪表、辅助机械处于良好的工作状态,并应由技能熟练的焊工施焊。焊接工艺评定报告并不直接用于指导生产(直接指导生产的是焊接工艺卡片),而是根据焊接工艺评定的规则,用于指导焊接工艺规程的编制。例如,对对接焊缝进行工艺评定,则可以将其工艺参数应用到角焊缝上。

3. 焊接工艺评定条件与规则

(1)焊接工艺评定的条件。由于评定的不是材料的焊接性能,而是施焊单位的焊接能力,所以,首要条件就是被焊材料已经过严格的焊接性实验合格。其次,施焊单位必须有规定的设备、仪表、辅助机械以及符合等级要求的焊接工人。另外,所选被焊材料和焊接材料必须符合相应的标准。

(2)焊接工艺评定的规则。评定对接焊缝与角焊缝的焊接工艺,均可采用对接焊缝接头形式;板材对接焊缝试件评定合格的焊接工艺,适用于管和板材的角焊缝。当有下列情况之一者,需要重新进行焊接工艺评定。

1)改变焊接方法。

2)改变焊接材料(焊丝、焊条、焊剂和保护气体的成分)。

3)改变坡口形式。

4)改变焊接工艺参数(焊接电流、电弧电压、焊接速度、电源极性、焊道层数等)。

5)改变热规范参数(预热温度、层间温度、后热和焊后热处理参数等)。

4. 焊接工艺评定的程序

(1)统计工作。统计焊接结构中应进行评定的所有焊接接头的类型及有关数据,确定应进行焊接工艺评定的若干典型接头,避免重复评定或漏评。

(2)编制焊接工艺指导书或焊接工艺评定任务书。其内容包括焊前准备、焊接方法、接头形式、设备仪表、焊接材料、焊接工艺参数、热规范工艺参数以及焊接空间位置和施焊顺序等。

(3)焊接试件的准备。依据统计出的典型接头形式,按标准加工出一定数量的焊接零件。

(4)准备焊接设备及工艺装备。焊接工艺评定所用的焊接设备应与结构施焊时所用设备相同,并应使焊接设备处于良好的工作状态。焊接工艺装备就是为焊接各种位置、各种试件而制作的支架。将试件按要求的位置固定在支架上进行焊接,有利于保证试件的焊接质量。

(5)焊工准备。实施焊接的工人应符合相应的焊工等级要求,并熟悉焊接工艺评定的各项要求,做到心中有数。

(6)焊接试件。这一环节是焊接工艺评定的关键环节,除要求焊工认真操作外,还应有人做好记录,如焊接位置、焊接电流、电弧电压、焊接速度、气体流量等的实际数值,以便于填入焊接工艺评定报告表内。

(7)焊接试件的性能试验。按有关要求进行各项目的检测,常规性能检测包括:焊接外观检测、探伤检验、力学性能实验(拉伸实验,面弯、背弯或侧弯,冲击韧性试验等)、金相检验、断口检验等。

(8)编制焊接工艺评定报告。当各种记录数据和检验数据收集好之后,即可编制焊接工艺评定表,表的样式可根据各单位的具体情况进行设计。表5-1为一种报告样式,可供参考。

表 5-1 焊接工艺评定报告

编号				日期		年 月 日	
相应的焊接工艺指导书编号							
焊接方法				接头形式			
工艺评定试件母材	钢板	材质		管子	材质		
		分类号			分类号		
		规格			规格		
质量证明书				复检报告编号			
焊条型号				焊条规格			
焊接位置				焊条烘干温度			
焊接参数	电弧电压/V		焊接电流/A	焊接速度/(cm/min)		焊工姓名	
						焊工钢印号	
试验结果	外观检验	射线探伤	拉伸试验		弯曲试验	宏观金相检验	冲击韧性试验
			σs	σb	面弯	背弯	
报告号							
焊接工艺评定结论							
审批				报告编制			

5. 焊接工艺评定试验简述

焊接工艺评定的一般过程是:拟定焊接工艺指导书、施焊试件和制取试样、检验试件和试样、测定焊接接头是否具有使用性能、提出焊接工艺评定报告并对拟定的焊接工艺指导书进行评定。所谓焊接工艺指导书,就是为验证试验所拟定的、经评定合格的、用于指导生产的焊接工艺文件。焊接工艺评定验证施焊单位拟定的焊接工艺的正确性,并评定施焊单位的加工能力。必须按照焊接工艺评定要求准备母材和焊接材料并进行试件的坡口加工。根据试件的厚度确定适合于焊件的厚度范围。板材试件的评定适用于管材焊件;管材试件的评定也适用于板材焊件。管材对接焊缝试件的焊接位置如图 5-29 所示。板材对接焊缝和板材角接焊缝试件的焊接位置分别如图 5-30 和图 5-31 所示。套管与管板角焊缝试件的焊接位置如图 5-32 所示。

按给定的焊接工艺参数加工成焊接试板后,要根据有关技术标准对所焊接试件进行各种力学检验,所规定的每一项检验合格——即满足产品技术条件,方可认为此焊接工艺评定合格。在此基础上,编制焊接工艺规程。否则,重新进行焊接工艺评定。焊接工艺评定之前应先进行焊接接头的焊接性试验,并按与试验方法相应的规定进行评定。通过抗裂试验确定焊前预热温度、层间温度以及选择焊接材料。有焊后热处理要求的工件应在热处理后评定。焊接工艺评定试件应按照焊接工艺要求进行焊接,准备各种检验的焊接接头。试件通常有以下几种形式:对接焊缝试件(包括板材对接焊缝试件和管材对接焊缝试件)、角焊缝试件(包括板材角焊缝试件、套管角焊缝试件和管材角焊缝试件)和堆焊试件。

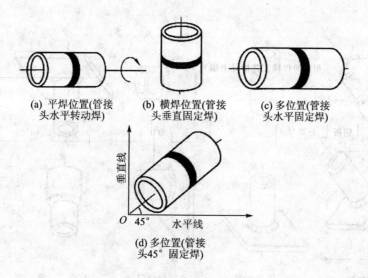

(a) 平焊位置(管接
头水平转动焊)

(b) 横焊位置(管接
头垂直固定焊)

(c) 多位置(管接
头水平固定焊)

(d) 多位置(管接
头45°固定焊)

图 5-29　管材对接焊缝试件的焊接位置

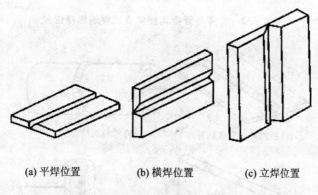

(a) 平焊位置　　　　　(b) 横焊位置　　　　　(c) 立焊位置

图 5-30　板材对接焊缝试件的焊接位置

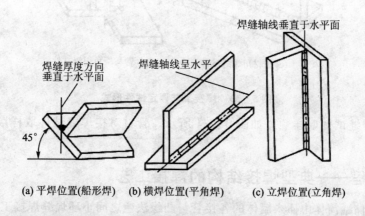

(a) 平焊位置(船形焊)　　(b) 横焊位置(平角焊)　　(c) 立焊位置(立角焊)

图 5-31　板材角接焊缝试件的焊接位置

　　图 5-33 所示为部分焊接工艺评定试件形式。制成后的焊接工艺评定试板经过外观检查和射线探伤或者超声波合格后,方可进行各种力学性能的检验。对接焊缝试件力学性能检验的项目有拉伸试验、弯曲试验,若有规定还需进行冲击试验。

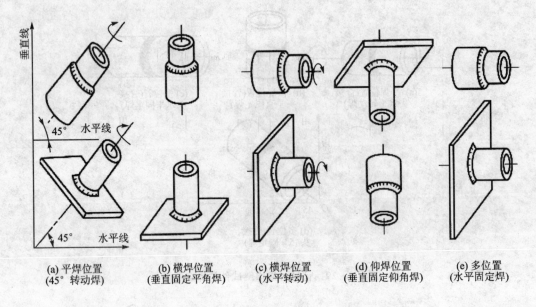

(a) 平焊位置　　　　(b) 横焊位置　　　　(c) 横焊位置　　　　(d) 仰焊位置　　　　(e) 多位置
(45°转动焊)　　(垂直固定平角焊)　　(水平转动)　　(垂直固定仰角焊)　　(水平固定焊)

图 5-32　套管与管板角接焊缝试件的焊接位置

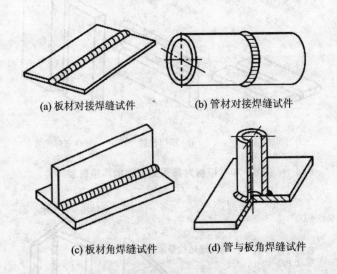

(a) 板材对接焊缝试件　　　　　(b) 管材对接焊缝试件

(c) 板材角焊缝试件　　　　　(d) 管与板角焊缝试件

图 5-33　焊接工艺评定试件形式

　　板材对接焊缝试件取样顺序如图 5-34 所示。管材对接焊缝试件取样顺序如图 5-35 所示。

三、工作过程——典型焊接结构的焊接工艺

　　40t 液化气储罐筒体中插入罐体的各接管与凸缘法兰之间小环焊缝焊接工艺。

　　如图 5-36 所示,在 40t 液化气储罐的焊接中,G1B1~G9B1 焊缝是插入罐体的各接管与凸缘法兰之间的小环焊缝。这些接管材质为 20 钢,规格为 $\phi 57$ mm×5 mm、$\phi 89$ mm×6 mm 等,法兰凸缘材质为 16Mn 钢,其接头示意图如图 5-37 所示。

　　小环焊缝焊接工艺:这些焊缝与接管对接焊缝相似,管子直径较小,壁厚较薄,必须采用单

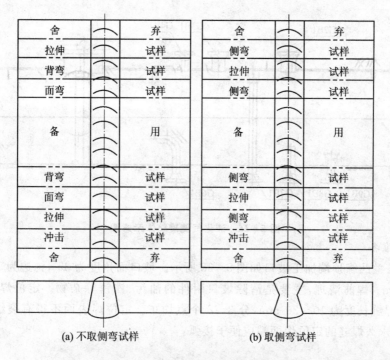

(a) 不取侧弯试样　　　　　(b) 取侧弯试样

图 5 - 34　板材对接焊缝试件取样顺序

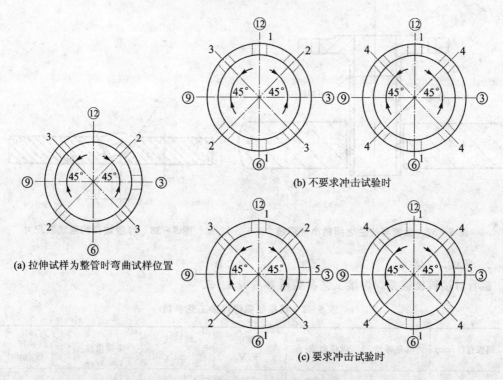

(a) 拉伸试样为整管时弯曲试样位置

(b) 不要求冲击试验时

(c) 要求冲击试验时

图 5 - 35　管材对接焊缝试件取样顺序

面焊双面成形工艺,焊接方法采用钨极氩弧焊比较合理。

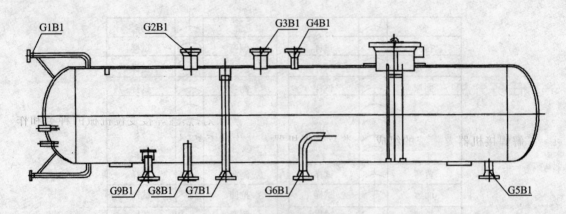

图 5-36　液化气储罐筒体示意图

1. 焊前准备

接管与法兰凸缘顶端加工坡口如图 5-38 所示。坡口面角度为 35°,钝边为 1 mm,装配间隙为 1～2 mm。焊前清理,主要是清除坡口附件的油污、铁锈等杂物。定位焊厚度为 2～5 mm,定位焊焊缝长度为 10～20 mm,分 3～6 个点均布。定位焊表面不得有裂纹、夹杂、气孔等缺陷,融入永久焊缝的定位焊两端应便于接弧。

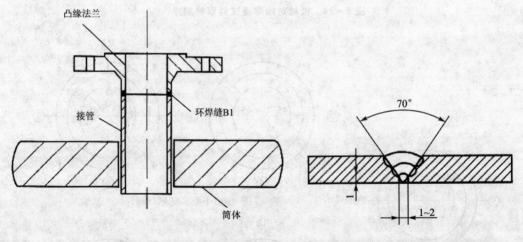

图 5-37　接管与法兰之间的小环焊缝　　　　图 5-38　焊缝坡口的形式及尺寸

2. 焊接工艺参数

接管对接钨极氩弧焊焊接工艺参数可参考表 5-2。

表 5-2　钨极氩弧焊焊接工艺参数

钨极直径/mm	填充焊丝	焊接电流/A	焊接电压/V	焊接速度/(cm/min)	电源极性	氩气流量/(L/min)
2.5	H10MnSi ϕ2.0	70～90 (打底) 90～120 (2、3 层)	10～12	5～8	直流正接	11～13

任务三　焊接工艺装备

一、任务分析

了解焊接工艺装备的分类、组成、特点及选用的基本原则;熟悉焊接变位机械的种类和作用;了解焊接机器人系统的组成、分类及弧焊机器人工作站系统。

二、相关知识

(一) 焊接工艺装备的基本知识

1. 焊接工艺装备在焊接生产中的地位及作用

在焊接结构生产中,为了提高生产效益,减轻劳动强度,提高产品质量和降低成本,使之具有市场的竞争力,不仅要做好装配焊接前生产准备工作,采用先进的装配焊接工艺,还必须在整个生产过程中充分应用工艺装备,实现焊接生产过程的机械化和自动化。装配焊接的好坏,直接影响产品的质量。依据产品结构和装配焊接工艺的不同,装配焊接所用工作量也不同,一般焊接时间占全部生产时间的 10%～30%,其余是备料、装配及辅助工作等时间。节省每个工序的劳动时间,无疑将对缩短产品周期起作用。焊接产品的质量优劣,还与备料、装配等工序有密切关系。因此,在采用先进焊接方法的同时,对工件装配、工件翻转变位、焊机移动和对中、工件的搬运等,也要实现机械化和自动化。批量生产时,组成专用流水线。

装配焊接工艺装备的作用是:①提高装配质量和效率。如果用定位器和专用夹具进行焊接结构装配,则可不需划线或少划线而能保证装配精度。②改善劳动条件,减轻工人劳动强度,降低装配、焊接工人的技术要求。③提高焊接生产机械化、自动化的程度。④简化装配焊接工艺过程,装配时免除人工定位和夹紧,焊接后变形量小,减少矫正工作量。

2. 焊接工艺装备的分类及特点

焊接结构种类繁多、形状尺寸各异,其生产工艺过程和要求也各有不同,相应的焊接工艺装备也呈现多种多样。关于装配焊接工艺装备,按其功能分为如下几种。

(1) 装配焊接夹具。使工件准确定位并夹紧,以便进行装配焊接。包括各种定位器、压夹器、拉撑器、组合夹具和专用夹具等。

(2) 焊接工艺装备。按其不同的用途可分为:

1) 焊件变位机械。用于安装并支承焊接工件,使其实现一定的运动。包括各种焊接变位机、焊接回转台、焊接滚轮架、焊接翻转机等。

2) 焊机变位机械。用于安装焊接设备,使焊接机头实现符合焊接工艺要求的灵活运动。焊接机械有固定式和移动式,如平台式悬臂式、可伸缩悬臂式、门禁式焊接操作机。

3) 焊工变位机械。使焊工操作时处于有利的装配和焊接位置,以便顺利地进行手工焊或自动焊,如焊工升降台等,也可供装配、检验等工作人员操作使用。

4) 装配焊接综合工艺装置。它指各种装配焊接工序的自动化生产流水线,包括专用装配焊接装置、焊接机器人等。

5) 焊接辅助装置。它指配合焊接工作的一些辅助装置,以求提高焊接效率和焊接质量,改善劳动条件。包括焊剂回收输送装置,焊条、焊剂烘箱与保温筒,焊接件预热、后热设备,焊丝处理装置,焊剂垫,冷却水循环器等。

在实际生产中,装配焊接工艺装备常按需要组合起来使用,如定位器、夹紧器等夹具与装配台架、焊接装置合在一起,组成成套装备。

3. 焊接工艺装备选用的基本原则

(1) 工艺装备应有足够的强度和刚度,因为它不仅承受工件自重、夹紧力和锤击力,还要承受焊接变形引起的作用力、翻转工件产生的偏心力等。

(2) 工艺装备受力后不产生过大的拘束应力,工件装配焊接后能轻便地取出。

(3) 工艺装备要便于焊工操作,手动时操作力不会过大。过大的操作力配备风动、电动、液动装置。

(4) 工艺装备要便于制造安装,便于维修,寿命较长。

(5) 工艺装备应是经济的,装备本身的造价要低,使用后能降低产品成本。万能装置适用于多品种、单件或小批量工件的装配焊接。中等批的利用通用的、标准的工艺装备进行组合。大批量时才采用专门装置。

(二) 焊接工艺装备夹具

1. 焊接工艺装备夹具的分类及组成

在焊接结构生产中,装配和焊接是两道重要的生产工序,根据工艺通常以两种方式来完成,一种是先装配后焊接;另一种是边装配边焊接。焊接工艺装备夹具按动力源可分为手动、气动、液压、磁力、真空、电动、混合式等 7 类。一个完整的夹具是由定位器、夹紧机构、夹具体三部分组成的。

2. 焊接工艺装备夹具的作用及基本要求

主要作用如下:

(1) 采用定位器和各种夹紧夹具进行焊接结构装配,则可不用划线或很少划线就可准确地装配各种零件,施焊时还可免去定位焊。

(2) 制品几何尺寸一致,减少尺寸偏差,提高制品的精度和互换性。

(3) 减少搬运和翻转时间。

(4) 扩大焊机使用范围,使工件处于易施焊的位置。

(5) 改善劳动条件,提高劳动生产率。

基本要求如下:

(1) 焊接工艺装备夹具应动作迅速,操作方便。

(2) 夹紧可靠,刚性适当。

(3) 焊接工艺装备夹具工作时主要承受焊接应力、夹紧反力和焊件的重力,夹紧时不应损坏焊件的表面质量。当夹紧薄件和软质材料时,应限制夹紧力或加大压头接触面积。

(4) 焊接工艺装备夹具应有足够的装配、焊接空间,不能硬性焊接操作和焊工观察,不妨碍焊件的装卸。所有的定位元件和夹紧机构应与焊道保持适当的距离,或者布置在焊件的下方或侧面。夹紧机构的执行元件应能够伸缩或转位。

(5) 注意各种焊接方法在导热、导电、隔磁、绝缘等方面对夹具提出的特殊要求。

(6) 夹具的施力点应位于焊件的支承处或者布置在靠近支承的地方,要防止支承反力与夹紧力、支承反力与重力形成力偶。

(7) 接近焊接部位的夹具,应考虑操作手把的隔热,防止焊接飞溅物对夹紧机构和定位器表面的损伤。

（8）用于大型板焊接结构的夹具，要有足够的强度和刚度，特别是夹具体的刚度对结构的形状精度、尺寸精度影响较大，设计时要留有较大的余量。

（9）在同一个夹具上，定位器和夹紧机构的结构形式不宜过多，并且尽量只选用一种动力源。

（10）焊接工艺装备夹具本身应具有较好的制造工艺性和较高的机械效率。

（11）尽量选用已通用化、标准化的夹紧机构一级标准的零部件来制作焊接工艺装备夹具。

（12）为了保证使用安全，应设置必要的安全联锁保护装置。

（三）焊接变位机械

焊接变位机械的作用是改变焊件、焊机（或焊钳、焊枪等）、焊工的操作位置，以达到和保持最佳的施焊条件，同时利于实现焊接的机械化和自动化。

1. 焊件变位机械

（1）焊件变位机。它是集翻转（或倾斜）和回转功能于一体的变位机械，其结构较简单，占地面积小，且能移动。主要用于焊接筒体法兰、机架、机座、壳体等非长形工件，也可用于装配、切割、喷漆、检验和清理等作业。图5-39所示的焊件变位机分别为伸臂式和座式焊件变位机械。

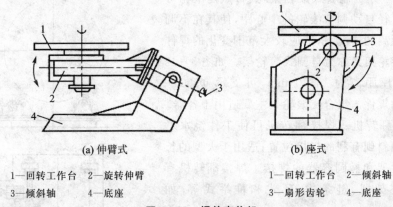

(a) 伸臂式　　　　　　　　　　　　　(b) 座式

1—回转工作台　2—旋转伸臂　　　　　　1—回转工作台　2—倾斜轴
3—倾斜轴　　　4—底座　　　　　　　　3—扇形齿轮　　4—底座

图5-39　焊件变位机

（2）焊接回转台。它可实现工件绕垂直轴或倾斜轴回转，以便进行焊接、堆焊或切割。工作台由直流电动机驱动，转速均匀可调，以适应焊速要求。常用于高度不大的法兰环缝焊接和封头边缘切割等。图5-40所示为各种焊接回转台，图5-40(a)用于小型焊件；图5-40(b)所示的焊接回转台可移动，操作灵活；图5-40(c)是可调仰角的回转台；图5-40(d)可承载大焊件。

（3）焊接滚轮架。它是借助焊件与主动滚轮间的摩擦力来带动圆筒形焊件旋转，从而改变焊缝与焊机的相对位置。滚轮架是进行环缝焊接的机械设备，不仅可以进行等径回转体的焊接，适当调整主、从动轮的高度还能进行锥体、分段不等径回转体的焊接。常见的有长轴式滚轮架和组合式滚轮架。

图5-41所示为长轴式滚轮架，主动滚轮6由一长轴相连，由电动机1减速后驱动。由于焊件的转速是焊接时的主要参数，所以电动机常选用直流式电磁调速电动机。主动滚轮6与从动滚轮8之间的距离可以调节，以适应不同直径的焊件。长轴式滚轮架适用于细长薄壁管

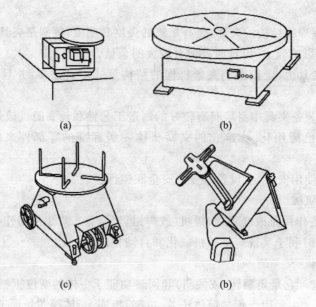

(a)　　　　　　　　　(b)

(c)　　　　　　　　　(b)

图 5 - 40　几种常见的焊接回转台

的装配和焊接。

图 5 - 42 所示为组合式滚轮架,其特点是滚轮可以根据焊件直径自动调节滚轮的中心距,使其在不调整滚轮支座距离的情况下,适应较大范围变化的焊件直径。这种滚轮架又称为自调式滚轮架。如图 5 - 42 所示,滚轮支座距离为 1 350 mm,可支承 $\Phi900\sim$ $\Phi4\,000$ mm 的焊件。组合式滚轮架主要适用于容器。

(4)焊接翻转机。焊接翻转机可使工件绕水平轴线转动或倾斜到有利的焊接位置,适用于大型的长条形梁、柱、框架和椭圆容器的焊接。焊接翻转机有框架式、头尾架式、链条式、环式和推举式等,如图 5 - 43 所示。

框架式翻转机[见图 5 - 43(a)]用一根横梁连接在头尾架的枢轴上,工件固定在横梁上,随横梁翻转。适用于板结构、桁架结构等较长工件的倾斜变位。根据需要,框架也可升降。这种翻转机可机力和液压驱动,采用液压驱动则结构简单,抗过载能力强,动作稳定。

头尾架式翻转机[见图 5 - 43(b)]由主动的头架及从动的尾架组成,头尾架的间距可按工件长度调节。当翻转短小工件时,在头架上安装工作台和夹具,就能单独用。头尾架式翻转机的主要缺点是:翻转时只在头架端施加扭转力,因而不适用于刚性差、

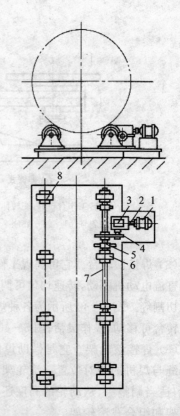

1—电动机　2—联轴器　3—减速器　4—齿轮对
5—轴承　6—主动滚轮　7—公共轴　8—从动滚轮
图 5 - 41　长轴式滚轮架

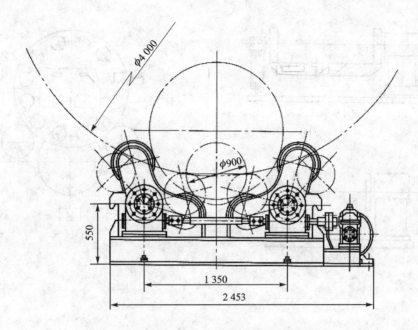

图 5-42 组合式滚轮架

易挠曲的工件,仅适用于轴类及筒形、椭圆形工件的环缝焊接及表面堆焊。

链条式翻转机[见图 5-43(c)]适用于装配定位焊后刚度很强的梁柱类构件翻转变位。

环式翻转机[见图 5-43(d)]适用于大型构件的组对和焊接。工件支承在两个转环内,每个转环由两个半圆组成,分别安放在两对滚轮架上,借摩擦力或齿圈传动。所以它也只适用于装配定位焊后刚度很强的梁柱和非圆形构件的翻转变位,有些非圆形构件的两端部各装有圆形转板,分别安放在两对滚轮架上进行旋转变位。如制冷机本体用这种方法旋转变位,各焊缝均能到达水平位置。推举式翻转机[见图 5-43(e)]大多采用液压传动,负载大,适用于轿车架、机座、桁架结构等件 5°~90°翻转。

2. 焊机变位机械

焊机变位机械主要有两大类,一类是焊接操作机,用于控制各种焊机在空间中的位置,以获得焊缝与焊机的最佳立置;另一类是电渣焊立架,它是电渣焊的专用设备。

(1)焊接操作机。

1)平台式焊接操作机。图 5-44 所示为平台焊接操作机的结构。其操作平台 2 可以升降,以适应不同直径的筒体,主要用于外环缝和外纵缝焊接。自动焊小车可在平台上的专用轨道上水平移动,焊工和辅助工人也可在平台上进行操作。立柱不能回转,只能随台车移动。

2)悬臂式焊接操作机。图 5-45 所示为悬臂式操作机,它一般是利用悬臂的伸出长度来焊接容器的内纵缝和内环缝。悬臂 3 上安装有专用轨道,焊机在其上行走可焊内纵缝,若焊接机固定而让容器回转,则可焊内环缝。

3)伸缩臂式焊接操作机。伸缩臂式焊接操作机是在悬臂式操作机的基础上发展起来的一种更为先进的焊接操作机。图 5-46 所示为一种伸缩臂式焊接操作机。该焊接操作机具有可以随台车 11 移动、绕立柱 8 回转、沿伸缩臂 5 水平伸缩与垂直升降 4 个运动,作业范围大,机动性强,并且伸缩臂能以焊速运行,能完成内外纵缝的自动焊接。

4)门架式焊接操作机。焊机安装在门式焊接架上,门架横梁上设有轨道,焊机沿轨道移

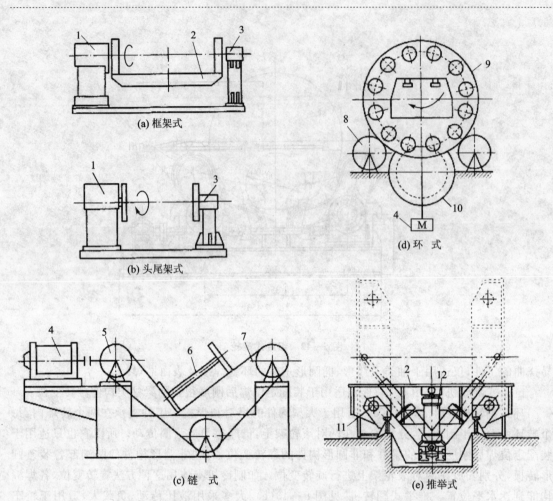

(a) 框架式

(b) 头尾架式

(c) 链 式

(d) 环 式

(e) 推举式

1—头架　2—翻转工作台　3—尾架　4—驱动装置　5—主动链条　6—工件
7—链条　8—托轮　9—支承环　10—齿轮圈　11—推拉式轴销　12—推举液压缸

图 5 - 43　焊接翻转机的类型

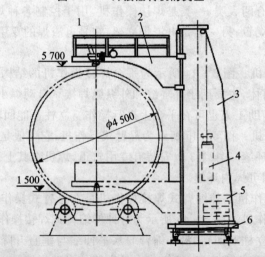

1—自动焊机　2—操作平台　3—立柱　4—配重　5—压重　6—台车

图 5 - 44　平台式焊接操作机

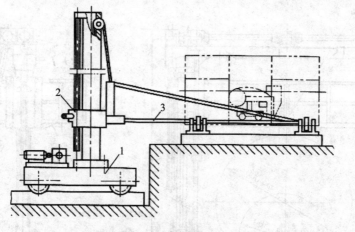

1—行走台车 2—升降机构 3—悬臂

图 5-45 悬臂式焊接操作机

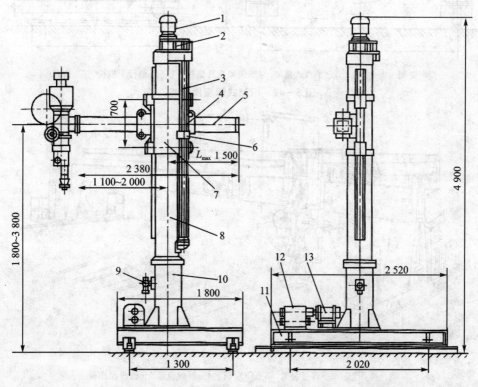

1—升降用电动机 2,12—减速器 3—丝杆 4—导向装置 5—伸缩臂
6—螺母 7—滑座 8—立柱 9—定位器 10—柱套 11—台车 12—行走电动机

图 5-46 伸缩臂式焊接操作机

动,而门架横梁作升降移动。图 5-47 所示为一种最简单的门架式焊接操作机,可以进行筒体纵缝和环缝焊接。图 5-48 所示为门架沿轨道移动的焊接操作机,体积庞大,适用于大面积钢板的对接焊。这在船体外壳板拼板和肋骨角缝焊接中获得广泛应用。

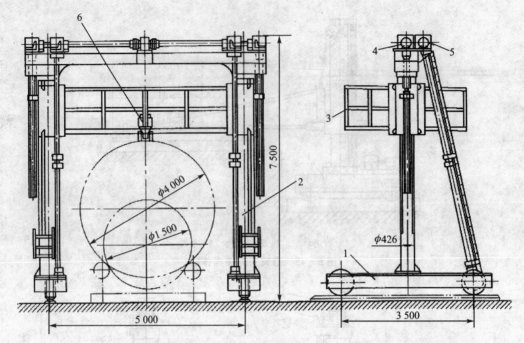

1—走架　2—立柱　3—平台式横梁　4—横梁提升机构　5—门架行走机构　6—焊机

图 5-47　门架式焊接操作机

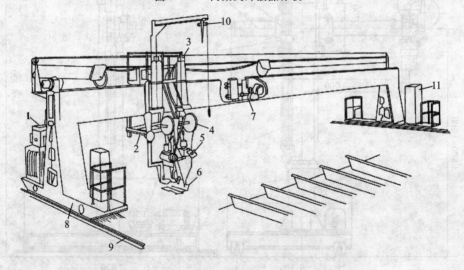

1—变压器　2—焊接装置　3—CO$_2$ 瓶　4—焊丝盘　5—机头操作板

6—焊嘴及导轮　7—门架行走机构　8—行走小车　9—轨道　10—电动葫芦　11—整流器

图 5-48　移动门架式焊接操作机

3. 焊工变位机械

又称为焊工升降台，可将焊工连同施焊器材升降到所需工作位置，以便装配和焊接，主要用于高大工件。对升降台的要求是安全，移动平稳，调节方便，能承受足够的负载。焊工升降台可手动，最好是电动、液压传动，便于控制。液压式焊工升降台有肘臂式、套筒式和铰链式，分别如图 5-49～图 5-51 所示。

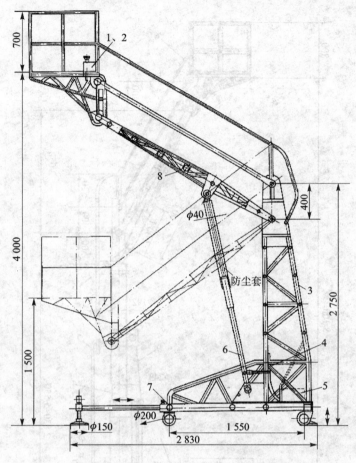

1—脚踏液压泵 2—工作台 3—立架 4—液压管
5—手摇液压泵 6—液压缸 7—行走底座 8—转臂

图 5-49 肘臂式管结构焊工升降台

(四) 焊接机器人简介

1. 焊接机器人的发展历程及其在国内外应用现状

焊接机器人是机器人与现代焊接技术的结合,是自动化焊装生产线中的基本单元,并常和其他设备一起组成机器人柔性作业系统,如弧焊机器人工作站。焊接机器人广泛应用于汽车、摩托车、电子电器、工程机械、航天航空及能源等行业。汽车制造业应用最多,全球汽车及其相关企业应用的焊接机器人数量,占焊接机器人总量的 55%～60%。焊接机器人的性能在不断提高,并逐步向智能化方向发展。

机器人就其技术发展进程可分为三代:

第一代机器人(示教再现型机器人):基本工作原理是示教再现,对环境的变化没有应变能力,是目前广泛使用的机器人。

第二代机器人(适应型机器人):在第一代机器人上增加感知系统(视觉、力觉等),对环境的变化可进行一定范围的适应性调整,目前已进入实用阶段并开始逐渐推广。

第三代机器人(智能型机器人):它不仅具有感知功能,还具有一定决策和规划的能力,能根据人的命令或按照所处的环境,自行做出决策,规划动作,即按任务编程。目前已制成了科

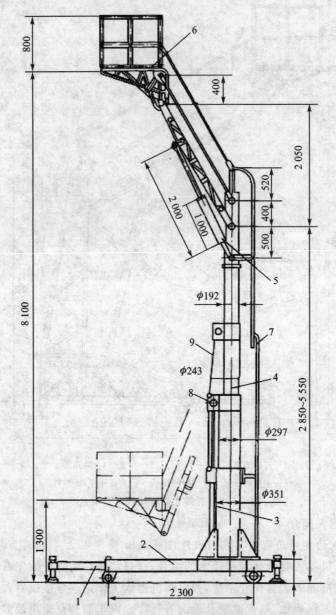

1—可伸缩支承座 2—行走底座 3—液压缸 4—升降套筒
5—工作台升降液压缸 6—工作台 7—扶梯 8—滑轮 9—提升钢索

图 5-50 套筒式焊工升降台

研样机。

2. 焊接机器人系统的组成和分类

图 5-52 所示为一套典型的焊接机器人系统的组成,分为如下 4 部分。

(1)执行系统。又称为机器人本体,包括机器人手部、臂部、机身及机器人移动机构等。

(2)控制系统。包括控制柜、示教盒及再现盒等。控制柜中装有运动控制装置、位置检测装置及伺服驱动装置等。

(3)焊接系统。包括焊接电源、送丝机构及焊枪或焊钳等。

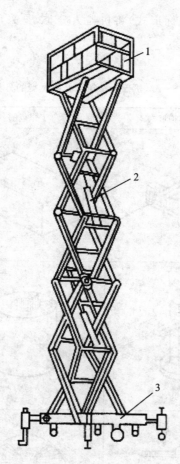

1—工作台　2—推举液压缸　3—底座

图 5-51　铰链式焊工升降台

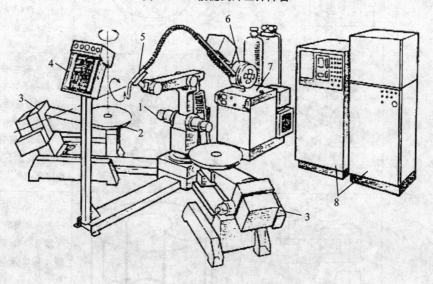

图 5-52　焊接机器人系统的组成

（4）配套工艺装备。包括转胎、变位机等。

按操作机械结构形式(即坐标形式)将机器人分类,是采用最多的分类方法,如表5-3所列。

表5-3 机器人按机械结构类型的分类

名　　称	机器人结构形式	工作范围	说　　明
直角坐标系机器人			手臂具有三个棱柱关节,其轴线按直角坐标配置;运动学模型简单直观,需要较大的操作间,可达性差;多做成大型龙门式或框架式机器人
圆柱坐标系机器人			手臂至少有一个回转关节和一个棱柱关节,其轴线按圆柱坐标配置;运动学模型简单直观,易于进入空腔和开口部分;水平臂外伸距离越长,位移分辨率越低
极(球)坐标系机器人			手臂有两个回转关节和一个棱柱关节,其轴线按极坐标配置;运动学模型较复杂。视觉上不直观;占用空间较小,操作范围大且灵活
关节型机器人			手臂具有三个回转关节;具有最好的操作灵活性和可达性,工作空间大,旋转关节易于密封;运动学模型解算复杂,视觉上不直观,结构刚度较差
SCARA机器人			它有三个旋转关节和一个移动关节,是水平关节型结构;动力学上的计算比关节型机器人容易,柔顺性好;能够实现高精度和高速度运动

3. 弧焊机器人工作站

弧焊机器人的应用范围很广,除汽车行业外,在通用机械、金属结构、航空航天、机车车辆及造船等行业都有应用。可以认为,在需要机械化和自动化的弧焊作业场合都可以采用弧焊机器人,并且特别适合多品种中小批量生产。就其发展而言,它尚处于第一代机器人向第二代机器人过渡转型阶段,即配有焊缝自动跟踪(如电弧传感器、激光视觉传感器等)和熔池形状控制系统等,可对环境的变化进行一定范围的适应性调整。

(1)弧焊机器人工作站的特点。弧焊机器人工作站对焊接质量的影响因素较多,外界因素的干扰也很多,如定位装卡及加工误差,焊接热变形等都会对焊接质量有影响。因此,难以实现完全无人化的生产。大多数系统往往需要人工进行辅助作业。装卸焊件及检查监视是一种人机共存的系统,系统集成就要综合考虑各种因素。

(2)弧焊机器人工作站的构成。弧焊机器人可以被应用在所有的弧焊和切割技术领域,最常用的应用范围是 CO_2 气体保护焊、熔化极活性气体保护焊(MAG 焊)、熔化极惰性气体保护焊(MIG 焊)、自动填丝的钨极惰性气体保护焊(TIG 焊)以及等离子弧焊。同时,还可应用于氧-燃气火焰切割、等离子弧切割、等离子弧喷涂及激光焊接和切割等方面。图 5-53 所示是一套弧焊机器人工作站的系统配置示意图。它包括弧焊机器人系统、控制系统、周边设备和安全装置等。

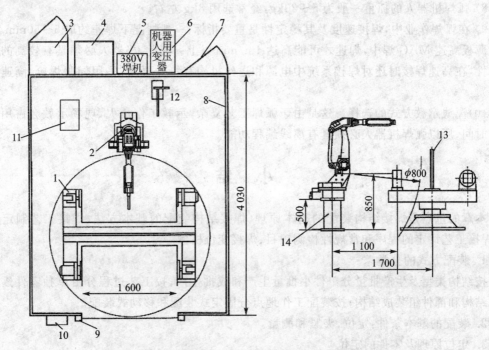

1—焊机变位机　2—机器人　3—机器人控制柜　4—PLC 控制柜
5—焊接电源　6—变压器　7—安全门　8—安全栏　9—安全光栅　10—操作盘
11—清抢剪丝机　12—焊丝盘架　13—弧光防护屏　14—机器人底座

图 5-53　弧焊机器人工作站的系统配置示意图

(3)弧焊工艺对机器人的基本要求。在选用或引进弧焊机器人及弧焊机器人工作站时,必须注意以下几点:

1)弧焊作业均采用连续路径控制(CP),其定位精度应小于或等于±0.5 mm。

2) 必须使弧焊机器人可达到的工作空间大于焊接所需的工作空间,经常将机器人悬挂起来或安装在运载小车上使用。

3) 按焊件材质、焊接电源、弧焊方法来选择合适类型的机器人。例如,钢材一般选 CO_2/MAG 弧焊机器人;不锈钢选 MIG 弧焊机器人;铝材选脉冲 TIG 弧焊机器人或 MIG 弧焊机器人等。

4) 正确选择周边设备,组成弧焊机器人工作站。弧焊机器人只是柔性焊接作业系统的主体,还应有行走机构及小型和大型移动机架,以扩大机器人的工作范围。同时,还应有各种定位装置、夹具及变位机。多自由度变位机应能与机器人协调控制,使焊缝处于最佳焊接位置(平焊、船形焊)。

5) 弧焊机器人应具有以下重要功能:防碰撞及焊枪矫正、焊缝自动跟踪、熔透控制、焊缝始端检出、定点摆弧及摆动焊接、多层焊、清枪剪丝等。

6) 机器人应具有较高的抗干扰能力和可靠性(平均无故障工作时间应超过 2 000 h,平均修复时间不大于 30 min;在额定负载和工作速度下连续运行 120 h 应正常),并有较强的故障自诊断功能(如"粘丝"、"断弧"故障显示及处理等)。

7) 弧焊机器人示教记忆容量(即编程容量,通常用时间或位置点数来表示)应大于5 000点。

8) 弧焊机器人的抓重一般为 5~20kg,经常选用 8kg 左右。

9) 在弧焊作业中,焊接速度及其稳定性是重要指标:一般情况下焊速约取 5~50mm/s,只有在薄板高速 MAG 焊中,焊速才可能高达 4m/min 以上。因此,机器人必须具有较高的速度稳定性,在高速焊接时还对焊接系统中电源和送丝机构有特殊要求(采用伺服焊枪、高速送丝机等)。

10) 离线示教方式的选择。这是由于弧焊工艺复杂,示教工作量大,现场示教会占用大量生产时间,所以弧焊机器人必须具有离线编程功能。

小 结

本章的重点是焊接结构装配的基本原理、焊接结构装配的基本方法、焊接工艺制定的内容、焊接工艺评定的程序和常规性检测项目、焊接变位机械。

1. 装配方式的分类

按结构类型及生产批量分单件小批量生产和成批生产;按工艺过程分由单独零件逐步组装成结构和部件组装成结构;按装配工作地点分固定式装配和移动式装配。

2. 装配的基本条件:定位、夹紧和测量。

3. 定位原理及零件的定位

(1) 六点定位原理:要使零件(一般可视为刚体)在空间具有确定的位置,就必须约束其 6 个自由度。要限制零件在空间的 6 个自由度,至少要在空间设置 6 个定位点与零件接触。

(2) 定位基准:在结构装配过程中,必须根据一些指定的点、线、面来确定零件或部件在结构中的位置,这些作为依据的点、线、面称为定位基准。

(3) 定位基准的选择。

1) 装配定位基准尽量与设计基准重合。

2）同一构件上与其他构件有连接或配合关系的各个零件，应尽量采用同一定位基准。

3）应选择精度较高，又不易变形的零件表面或边棱作为定位基准。

4）所选择的定位基准应便于装配中的零件定位与测量。

4. 装配中的测量

（1）测量基准：测量中，为衡量被测点、线、面的尺寸和位置精度而作为依据的点、线、面称为测量基准。

（2）各种项目的测量：线性尺寸的测量、平行度的测量、垂直度的测量、同轴度的测量、角度的测量。

5. 装配工具及常用设备

（1）装配工具及量具：装配工具有大锤、小锤、手砂轮、撬杠、扳手及各种划线用的工具等；量具有钢卷尺、钢直尺、水平尺、90°角尺、线锤及各种检验零件定位情况的样板等。

（2）常用设备：定位器、压夹器、装配平台、胎架。

6. 焊接结构的装配方法：划线装配法、样板装配法、定位元件定位装配法、定位焊。

7. 典型结构件的装配

（1）T形梁的装配：划线装配法或胎夹具装配法。

（2）箱形梁的装配：划线装配法或胎夹具装配法。

（3）筒节的对接装配：筒体卧装或筒体立装。

8. 焊接工艺制定的内容

（1）合理选择结构件各接头焊缝的焊接方法，并确定相应的焊接设备和焊接材料。

（2）合理选定焊接工艺参数，如焊条直径、焊接电流、电弧电压、焊接速度，埋弧焊时还需选定焊剂牌号，气保焊时还需选定气体种类、气体流量、焊丝直径等。

（3）合理选定焊接热参数（预热、后热、焊后热处理等）。

（4）选择或设计焊接工艺装备。

9. 焊接工艺评定的程序

（1）统计工作。

（2）编制焊接工艺指导书或焊接工艺评定任务书。

（3）焊接试件的准备。

（4）准备焊接设备及工艺装备。

（5）焊工准备。

（6）焊接试件。

（7）焊接试件的性能试验。

（8）编制焊接工艺评定报告。

10. 典型焊接结构的焊接工艺：40t 液化气储罐筒体中插入罐体的各接管与凸缘法兰之间小环焊缝焊接工艺。

11. 焊接工艺装备的分类

（1）装配焊接夹具：定位器、压夹器、拉撑器、组合夹具和专用夹具等。

（2）焊接工艺装备。

1）焊件变位机械：焊件变位机、焊接回转台、焊接滚轮架和焊接翻转机。

2）焊机变位机械：平台式焊接操作机、悬臂式焊接操作机、伸缩臂式焊接操作机和门架式焊接操作机。

3）焊工变位机械：液压式焊工升降台有肘臂式、套筒式和铰链式。

12．焊接机器人

（1）焊接机器人系统的组成：执行系统、控制系统、焊接系统和配套工艺装备。

（2）焊接机器人的分类：直角坐标系机器人、圆柱坐标系机器人、极（球）坐标系机器人、关节型机器人、SCARA 机器人。

（3）弧焊机器人工作站。

练习与思考题

1．焊接结构装配有哪些分类？装配的基本条件有哪些？

2．六点定位原理是什么？结合图 5-2 谈谈你对六点定位原理的理解。

3．定位基准的含义是什么？零件定位时，定位基准的选择应考虑哪些因素？

4．测量基准的含义是什么？简述测量基准与定位基准的关系。

5．装配中常有哪些项目需要测量，各用什么测量工具？

6．装配中常用的工具及量具有哪些？常用的定位器形式有哪几种？各自应用在什么场合？

7．典型压夹器由哪几部分组成？各部分有何作用？

8．压夹器主要有哪些类别？在实际应用中应该怎样选择？

9．装配平台有几种？分别适用于什么场合？

10．什么是装配胎架？用胎架装配有什么特点？

11．什么是装配方法？基本的装配方法有哪些？各有何特点？

12．装配焊接顺序有几种类型？

13．装配和焊接之间有何内在联系？应怎样处理装配和焊接的关系？

14．焊接工艺制定的内容有哪些？简述焊接工艺评定的目的和程序。

15．什么是焊接变位机械？焊接变位机械有哪几种类型？

16．简述焊接机器人系统的组成和分类。

17．弧焊机器人工作站有哪些特点？

18．简述弧焊工艺对弧焊机器人的基本要求。

学习情境六　焊接结构工艺性审查与工艺规程

知识目标
1. 了解焊接结构工艺性审查的目的。
2. 掌握焊接结构工艺性审查的步骤、内容。
3. 熟悉焊接结构工艺过程分析的方法及内容。
4. 熟悉焊接结构加工工艺规程编制的原则;掌握焊接结构加工工艺规程编制的主要内容及步骤。

任务一　焊接结构工艺性审查

一、任务分析

　　焊接结构工艺性审查是制定工艺文件、设计工艺装备和实施焊接生产的前提。工厂在首次新产品生产时,为了提高设计产品结构的工艺性,往往需要进行焊接结构工艺性审查。另外,在工艺性审查基础上,要制定焊接工艺规程。焊接工艺规程是指导焊接结构生产和准备技术装备,进行生产管理及实施生产进度的依据。本任务结合部分工程实例,主要介绍了焊接结构工艺性审查和工艺规程编制的有关知识。

二、相关知识

(一) 焊接结构工艺性审查的目的

　　焊接结构的工艺性是指设计的焊接结构在具体的生产条件下能否经济地制造出来,并采用最有效的工艺方法的可行性。焊接结构的工艺性是关系着一个产品制造快慢、质量好坏和成本高低的大问题。因此,一个结构的工艺性好坏也是这个结构设计好坏的重要标志之一。为了提高设计产品结构的工艺性,工厂应对所有新设计的产品、改进设计的产品和外来产品图样,在首次生产前进行结构工艺性审查。

　　焊接结构工艺性审查是一个复杂问题,在审查中应实事求是,多分析比较,以便确定最佳方案。图 6 - 1(a)所示为带双孔叉的连杆结构,装配和焊接不方便;图 6 - 1(b)所示结构是采用正面和侧面角焊缝连接的,虽然装配和焊接方便,但因为是搭接接头,疲劳强度低,所以也不能满足使用性能的要求;图 6 - 1(c)所示结构是采用锻焊组合结构,使焊缝成为对接形式,既保证了焊缝强度,又便于装配焊接,可见是合理的接头形式。

　　焊接结构是否经济合理,还受产品的数量和生产条件的影响。如图 6 - 2 所示的弯头,有3 种形式,每种形式的工艺性都适应一定的生产条件。图 6 - 2(a)是由两个半压制件和法兰组成,在大量生产且有大型压床的条件下,工艺性是好的;图 6 - 2(b)是由两段钢管和法兰组成,在流速低、单件生产或缺设备的条件下,工艺性是好的;图 6 - 2(c)是由许多环形件和法兰组成,在流速高且单件生产的条件下,工艺性是好的。以上例子说明,结构工艺性的好坏,是相对

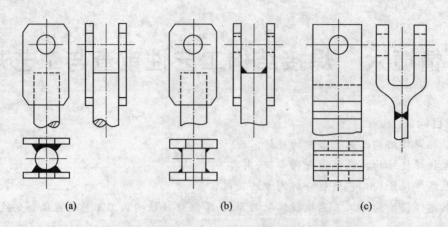

图 6-1　双孔叉的连杆结构

某一具体条件而言的,只有用辩证的观点才能更有效地评价。

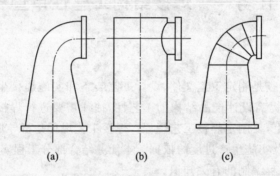

图 6-2　弯头形式

　　进行焊接结构工艺性审查的目的概括起来讲,是保证结构设计的合理性、工艺的可行性、结构使用的可靠性和经济性。此外,通过工艺性审查可以及时调整和解决工艺性方面的问题,加快工艺规程编制的速度,缩短新产品生产准备周期,减少或避免在生产过程中发生重大技术问题。通过工艺性审查,还可以提前发现新产品中关键零件或关键加工工序所需的设备和工艺装备,以便提前安排定货和设计。

　　(二) 焊接结构工艺性审查的步骤

　　1. **产品结构图样审查**

　　制造焊接结构的图样是工程的语言,它主要包括新产品设计图样、继承性设计图样和按照实物测绘的图样等。由于它们工艺性完善程度不同,所以工艺性审查的侧重点也有所区别。但是,在生产前无论哪种图样都必须按以下内容进行图样审查,合格后才能交付生产准备和生产使用。

　　对图样的基本要求是:绘制的焊接结构图样应符合机械制图国家标准中的有关规定。图样应当齐全,除焊接结构的装配图外,还应有必要的部件图和零件图。由于焊接结构一般都比较大,结构复杂,所以图样应选用适当的比例,也可在同一图中采用不同的比例绘出。当产品结构较简单时,可在装配图中直接把零件的尺寸标注出来。根据产品的使用性能和制作工艺需要,在图样上应有齐全合理的技术要求,若在图样上不能用图形、符号表示,则应有文字说明。

2. 产品结构技术要求审查

焊接结构技术要求主要包括使用要求和工艺要求。使用要求一般是指结构的强度、刚度、耐久性(抗疲劳、耐腐蚀、耐磨和抗蠕变等),以及在工作环境条件下焊接结构的几何尺寸、力学性能、物理性能等。而工艺要求是指组成产品结构材料的焊接性及结构的合理性、生产的经济性和方便性。

为了满足焊接结构的技术要求,首先要分析产品的结构,了解焊接结构的工作性质及工作环境,然后必须对焊接结构的技术要求以及所执行的技术标准进行熟悉、消化理解,并结合具体的生产条件来考虑整个生产工艺能否适应焊接结构的技术要求,这样可以做到及时发现问题,提出合理的修改方案,改进生产工艺,使产品全面达到规定的技术要求。

(三) 焊接结构工艺性审查的内容

在进行焊接结构工艺性审查前,除了要熟悉该结构的工艺特点和技术要求以外,还必须了解被审查产品的用途、工作条件、受力情况及产量等有关方面的问题。在进行焊接结构的工艺性审查时,主要审查以下几方面内容。

1. 从降低应力集中的角度分析结构的合理性

应力集中不仅是降低疲劳强度的主要原因,也是降低材料塑性,引起结构脆断的主要原因,对结构强度有很坏的影响。为了减小应力集中,应尽量使结构表面平滑,截面改变的地方应平缓并有合理的接头形式。一般常从以下几个方面考虑:

(1) 尽量避免焊缝过于集中。图6-3(a)中用8块小肋板加强轴承套,许多焊缝集中在一起,存在严重的应力集中,不适合承受动载荷。如果采用图6-3(b)的形式,不仅改善了应力集中的情况,也使工艺性得到改善。图6-4(a)中焊缝布置,都有不同程度的应力集中,而且可焊性差,若改成图6-4(b)所示结构,则其应力集中和可焊性都得到改善。

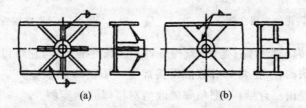

(a)　　　　　　　　　　　　　(b)

图6-3　肋板的形状与位置比较

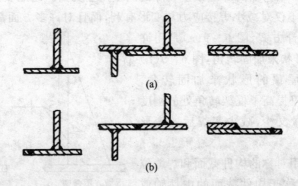

图6-4　焊缝布置与应力集中的关系

(2) 尽量采用合理的接头形式。对于重要的焊接接头应采用开坡口的焊缝,防止因未焊透而产生应力集中。应设法将角接接头和 T 形接头转化为应力集中系数较小的对接接头。图 6-5 所示是这种转化的应用实例,将图 6-5(a)的接头转化为图 6-5(b)的形式,实质上是把焊缝从应力集中的位置转移到没有应力集中的地方,同时也改善了接头的工艺性。应当指出,在对接接头中只有当力能够从一个零件平缓地过渡到另一个零件上去时,应力集中才是最小的。

(3)尽量避免构件截面的突变。在截面变化的地方必须采用圆滑过渡或平缓过渡,不要形成尖角。例如,搭接板存在锐角时[见图 6-6(a)]应把它改变成圆角或钝角[见图 6-6(b)]。又如肋板存在尖角时[见图 6-7(a)]应将它改变成图 6-7(b)的形式。在厚板与薄板或宽板与窄板对接时,均应在接合处有一定的斜度,使之平滑过渡。

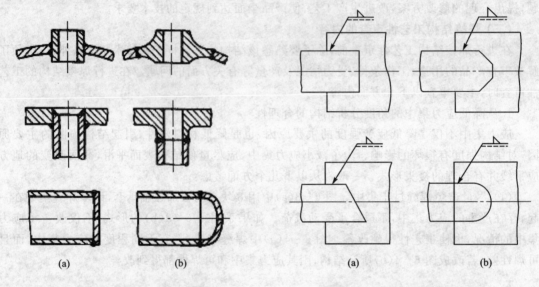

| (a) | (b) | | (a) | (b) |

图 6-5　接头转化的应用实例　　　　图 6-6　搭接接头中搭板的形式

(4)应用复合结构。复合结构具有发挥各种工艺长处的特点,它可以采用铸造、锻造和压制工艺,将复杂的接头简化,把角焊缝改成对接焊缝。不仅降低了应力集中,而且改善了工艺性。图 6-8 所示是应用复合结构,把角焊缝改为对接焊缝的实例。

2. 从减小焊接应力与变形的角度分析结构合理性

(1)尽可能地减少结构上的焊缝数量和焊缝的填充金属量。这是设计焊接结构时一条最重要的原则。因为它不仅对减小焊接应力与变形有利,而且对许多方面都有利。图 6-9 所示的框架转角有两个设计方案,图 6-9(a)是用许多小肋板,构成放射形状来加固转角,图 6-9(b)是用少数肋板构成屋顶的形状来加固转角。图 6-9(b)的方案不仅提高了框架转角处的刚度与强度,而且焊缝数量又少,减少了焊后的变形和复杂的应力状态。

(2)尽可能地选用对称的构件截面和焊缝位置。这种焊缝位置对称于构件截面的中性轴或使焊缝接近中性轴时,在焊后能得到较小的弯曲变形。图 6-10 所示为各种截面的构件,

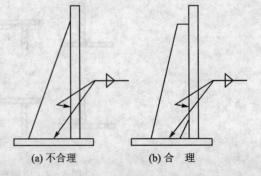

(a) 不合理　　　　(b) 合　理

图 6-7　肋板的合理形式

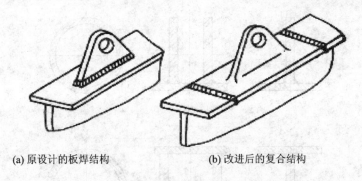

(a) 原设计的板焊结构　　　　　(b) 改进后的复合结构

图 6-8　采用复合结构的应用实例

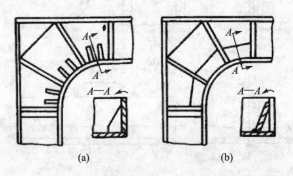

(a)　　　　　　　　　　(b)

图 6-9　框架转角处加强肋布置的比较

图 6-10(a) 所示构件的焊缝都在 x—x 轴一侧,焊后由于焊缝纵向收缩,最容易产生弯曲变形;图 6-10(b) 所示构件的焊缝位置对称于 x—x 轴和 y—y 轴,焊后弯曲变形较小,且容易防止;图 6-10(c) 所示构件由两根角钢组成,焊缝位置与截面重心并不对称,若把距重心近的焊缝设计成连续的,把距重心远的焊缝设计成断续的,则能减少构件的弯曲变形。

(3) 尽可能地减小焊缝截面尺寸。在不影响结构的强度与刚度的前提下,尽可能地减小焊缝截面尺寸或把连续角焊缝设计成断续角焊缝,减少塑性变形区的范围,使焊接应力与变形减少。

(4) 采用合理的装配焊接顺序。对复杂的结构应采用分部件装配法,尽量减少总装焊缝数量并使之分布合理,这样能大大减少结构的变形。为此,在设计结构时就要合理地划分部件,使部件的装配焊接易于进行,焊后经矫正能达到要求,这样就便于总装。由于总装时焊缝少,结构刚性大,焊后的变形就很小。

(5) 尽量避免各条焊缝相交。如图 6-11 所示,3 条角焊缝在空间相交。图 6-11(a) 所示的在交点处会产生三轴应力,使材料塑性降低,同时可焊性也差,并造成严重的应力集中。若把它设计成图 6-11(b) 所示的形式,则能克服以上缺点。

3. 从焊接生产工艺性分析结构的合理性

(1) 尽量使结构具有良好的可焊性。可焊性是指结构上每一条焊缝都能得到很方便的施焊,在工艺性审查时要注意结构的可焊性,避免因不易施焊而造成焊接质量不好。如图 6-12 所示构件,图 6-12(a) 所示的 3 个结构都没有必要的操作空间,很难施焊,如果改成图 6-12(b) 的形式,则具有良好的可焊性。又如厚板对接时,一般应开成 X 形或双 U 形坡口,若在构

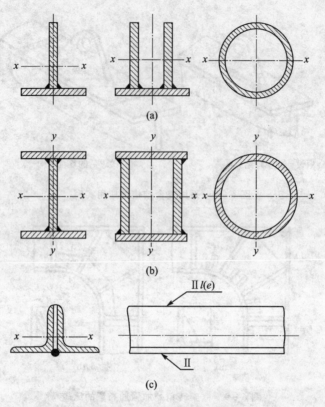

图 6-10　各种截面的构件

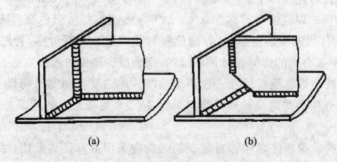

图 6-11　空间相交焊缝方案比较

件不能翻转的情况下,则会造成大量的仰焊焊缝,这样不但劳动条件差,质量还很保证,这时就必须采用 V 形或 U 形坡口来改善其工艺性。

　　(2)保证接头具有良好的可探性。严格检验焊接接头质量是保证结构质量的重要措施,对于结构上需要检验的焊接接头,必须考虑是否检验方便。对高压容器,其焊缝往往要求 100%射线探伤。图 6-13(a)所示的接头无法进行射线探伤或探伤结果无效,应改为图 6-13 (b)所示的接头形式。

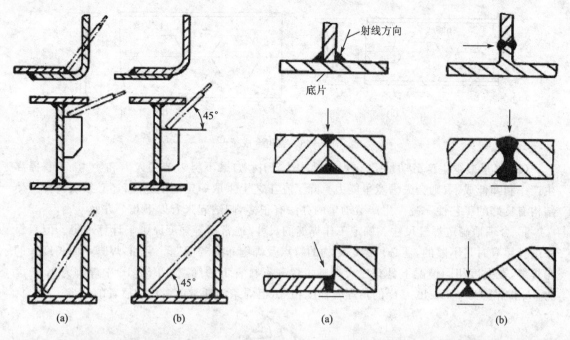

图6-12　可焊性比较　　　　　　图6-13　射线探伤的可探性比较

（3）尽量选用焊接性好的材料来制造焊接结构。在结构选材时首先应满足结构工作条件和使用性能的需要，其次是满足焊接特点的需要。在满足第一个需要的前提下，首先考虑的是材料的焊接性，其次考虑材料的强度。另外，在结构设计的具体选材时，为了使生产管理方便，材料的种类、规格及型号也不宜过多。

4．从焊接生产的经济性方面分析结构的合理性

合理地节约材料和缩短焊接产品加工时间，不仅可以降低成本，而且可以减轻产品重量，便于加工和运输等，所以在工艺性审查时应给予重视。

（1）使用材料一定要合理。一般来说，零件的形状越简单，材料的利用率就越高。图6-14所示为法兰盘备料的3种方案，图6-14(a)是用冲床落料制作，图6-14(b)是用扇形片拼接，图6-14(c)是用气割板条热弯而成，材料的利用率依次提高。若生产的工时也依次增加，则哪种方案好要综合比较才能确定。通常是法兰直径小，生产批量大时，可选用图6-14(a)方案；尺寸大、批量大时，采用图6-14(b)方案能节约材料，经济效果好；法兰直径大且窄，批量小，宜选用图6-14(c)方案。图6-15(b)所示为锯齿合成梁，如果用工字钢通过气割[见图6-15(a)]再焊接成锯齿合成梁，则能节约大量的钢材和焊接工时。

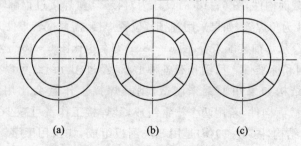

(a)　　　　　　　(b)　　　　　　　(c)

图6-14　法兰盘的备料方案比较

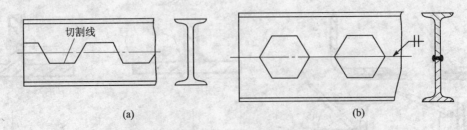

图 6 – 15　锯齿合成梁

（2）尽量减少生产劳动量 。在焊接结构生产中，如果不努力节约人力和物力，不断提高生产率和降低成本，则会失去竞争能力。除了在工艺上采取一定的措施外，还必须从设计上使结构有良好的工艺性。减少生产劳动量的办法有很多，归纳起来有以下几个方面：

1）合理地确定焊缝尺寸。确定工作焊缝的尺寸，通常用等强度原则来计算求得。但只靠强度计算有时是不够的，还必须考虑结构的特点及焊缝布局等问题。例如，焊脚小而长度大的角焊缝，在强度相同情况下具有比大焊脚短焊缝省料省工的优点，图 6 – 16 中焊脚为 K 长度为 $2L$ 和焊脚为 $2K$ 长度为 L 的角焊缝强度相等，但焊条消耗量前者仅为后者的一半。

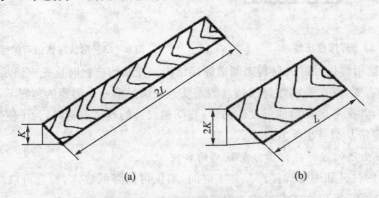

图 6 – 16　等强度的长短角焊缝

2）尽量取消多余的加工。对单面坡口背面不进行清根焊接的对接焊缝，通过修整表面来提高接头的疲劳强度是多余的，因为焊缝反面依然存在应力集中。对结构中的联系焊缝，若要求开坡口或焊透也是多余的加工，因为焊缝受力不大。图 6 – 17 中工字梁的上下翼板拼接处焊上加强盖板，就是多余的，由于焊缝集中反而降低了工字梁承受动载荷的能力。

3）尽量减少辅助工时。焊接结构生产中辅助工时一般占有较大的比例，减少辅助工时对提高生产率有重要意义。结构中焊缝所在位置应使焊接设备调整次数最少，焊件翻转的次数最少。图 6 – 18 所示为箱形截面构件，图 6 – 18(a) 设计为对接焊缝，焊接过程翻转一次，就能焊完 4 条焊缝；图 6 – 18(b) 设计为角焊缝，如果采用“船形”位置焊接，需要翻转焊件 3 次；若用平焊位置焊接则需多次调整机头。从焊前装配来看，图 6 – 18(a) 方案也比图 6 – 18(b) 要容易些。

4）尽量利用型钢和标准件。型钢具有各种形状，经过相互组合可以构成刚性更大的各种焊接结构，对同一种结构如果用型钢来制造，则其焊接工作量会比用钢板制造要少得多。图 6 – 18 所示为箱形截面构件，若用两个槽钢组成，其焊接工作量可减少一半。图 6 – 19 所示为一根变截面工字梁结构，图 6 – 19(a) 是用 3 块钢板组成，如果用工字钢组成，可将工字钢用气割分开[见图 6 – 19(c)]，再组装焊接起来[见图 6 – 19(b)]，就能大大减少焊接工作量。

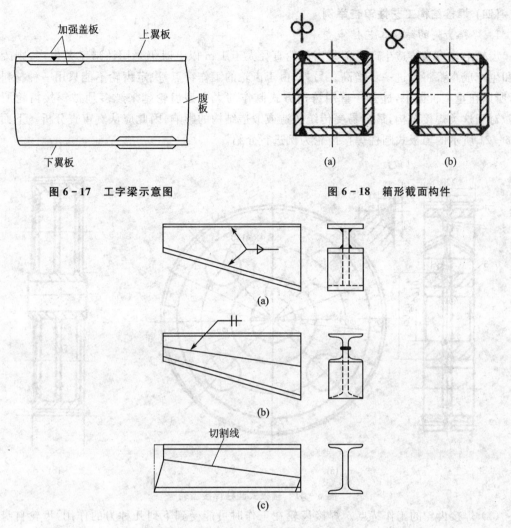

图 6-17 工字梁示意图　　　　　图 6-18 箱形截面构件

图 6-19 型钢组合工字梁

5) 有利于采用先进的焊接方法。埋弧焊的熔深比焊条电弧焊大,有时不需开坡口,从而节省工时;采用 CO_2 气体保护焊时,不仅成本低、变形小且不需清渣。在设计结构时应使接头易于使用上述较先进的焊接方法。图 6-20 所示为箱形结构,图 6-20(a)形式可用焊条电弧焊焊接,若做成图 6-20(b)形式,就可使用埋弧焊和 CO_2 气体保护焊。

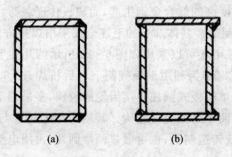

图 6-20 箱形结构

（四）焊接结构工艺性审查举例

1. 焊接齿轮的结构工艺性审查

齿轮毛坯多为铸造生产。但是当齿轮直径大于 1 m 以上时仍采用铸造工艺生产,则废品率和生产成本都将会进一步增高。另外,由于齿轮的工作特点,决定齿轮不能只用一种材料制造,所以在重型机械中,过去一直用铸造方式制作的大中型齿轮越来越多地被焊接齿轮所代替。对于这类焊接结构,最容易受传统铸造或锻造结构的影响,因此应认真审查分析。下面以图 6-21 所示的辐板式圆柱焊接齿轮为例进行介绍。

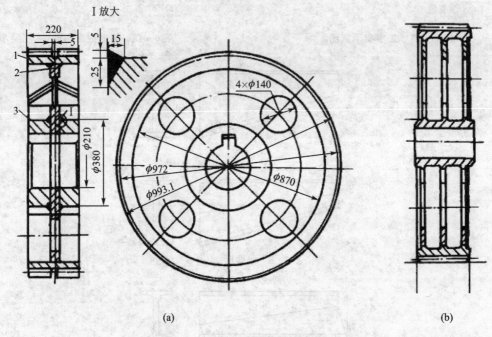

图 6-21　辐板式圆柱焊接齿轮

（1）焊接齿轮的工作特点。焊接齿轮在工作时可能受到下列几种力的作用:齿轮自身转动时产生的离心力;由传动轴传来的转动力矩或由外界作用的圆周力;由于工作部分结构形状和所处的工作条件不同而引起的轴向力和径向力;由于各种原因引起的振动和冲击力。

（2）焊接齿轮的结构特点。焊接齿轮分为工作部分和基体部分。工作部分是指直接与外界接触并实现功能的部分,如轮齿;基体部分由轮缘、轮辐和轮毂组成,主要对工作部分起支撑和传递力的作用。制造时可选用不同的材料以满足齿轮各部位的工作要求。如果轮缘、轮毂的表面受力大,则可选用强度高的低合金钢生产;而辐板传递载荷,需要足够的韧性,强度要求可低些,选用 Q235 低碳钢制造。基体部分的毛坯全部采用焊接方法制造,其中考虑到齿轮的厚度、直径和设备能力,轮缘毛坯可以采用如图 6-22 所示的几种生产方式制备。图 6-22(a)为分段锻造后拼焊;图 6-22(b)为利用钢板气割下料后拼焊;图 6-22(c)为钢板卷圆后焊成简体,然后逐个切割下来。单辐板式圆柱焊接齿轮的轮辐,多采用等厚度的圆钢板制作。轮毂是基体与轴相连的部分,是简单的圆筒体结构。转动力矩通过它与轴之间的过盈配合或键进行传递。轮毂毛坯用锻造或铸造制备,也可锻成两半圆片,再用电渣焊接等方法拼焊起来。

从以上分析可以看出:

1）焊接齿轮的整体结构应做到匀称和紧凑,轮体上焊缝分布相对于转动轴线应均匀对称

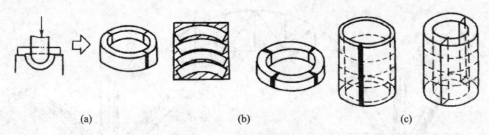

(a)　　　　　　　　　　(b)　　　　　　　　　　(c)

图 6-22　轮缘毛坯的制备

以保证机械的平衡。

2）根据轮体上各组成部分所处的地位和工作特点不同，对材料要求不同，因此应按实际需要选择材料，同时注意材料的焊接性。

3）由于齿轮采用辐板式焊接结构，轮缘和轮毂对焊缝刚性约束大，基体上两条环行封闭的焊缝在焊接过程中最容易产生裂纹，因此应选用抗裂性能较好的低氢型焊接材料，并在工艺上采用预热或对工件实施对称焊接等措施。

4）从焊接齿轮受力上分析，基体是在动载荷下工作，其破坏形式主要是疲劳破坏。因此，基体的焊接结构需要尽量避免一切引起应力集中的因素，如接头应开坡口并两面施焊、焊缝避开应力集中区、在应力集中部位采用大圆弧过渡等。

5）焊接齿轮的结构形式不应受传统结构的影响，在受力分析的基础上发挥焊接工艺的特长，通过对各构件的合理组合，有可能会获得强度高、刚性好和重量轻的新结构。

2. 型钢桁架的结构工艺性审查

桁架是主要用于承受横向载荷的梁类结构，还可以作为机器骨架及各种支承塔架。一般来说，当构件承载小、跨度大时，采用桁架作梁具有节省钢材、重量轻、可以充分利用材料的优点。同时，桁架运输和安装，制造时易于控制变形。但桁架节点处均用短焊缝连接，装配费工，难于采用自动化、高效率的焊接方法。因此，一般认为跨度大于 30 m、载荷较小时，使用桁架是比较经济的。

（1）桁架的技术参数。桁架的主要技术参数是跨度和刚度。起重机桁架的跨度是指桥架两轨道之间的距离，桁架弦杆轴线之间最大间距为桁架高度。

（2）型钢桁架节点结构分析。为了保证桁架结构的强度和刚度，桁架杆件截面所用的型钢种类越少越好，且杆件所用角钢一般不得小于 L50 mm×50 mm×5 mm，钢板厚度不小于 5 mm，钢管壁厚不小于 4 mm。杆件截面宜用宽而薄的型钢组成，以增大刚度。

从桁架的技术要求及生产工艺看，分析桁架节点结构的主要目的是：防止在节点处产生附加力矩及减少节点处应力集中。图 6-23 所示为屋顶桁架 A 处节点结构设计的 4 种形式。图 6-23（a）节点的几何中心线不重合，将产生附加力矩，同时件 1、2、3 间距小，施焊比较困难。图 6-23（b）节点的几何中心线重合，附加力矩小，但型钢 1、3 与件 4 的过渡尖角大，易在尖角处形成应力集中。图 6-23（c）节点选用连接板 4，使件 1、2、3 与件 4 的焊缝过长，焊后易使桁架产生变形，且增加了装配工作量，浪费材料。图 6-23（d）节点结构采用带弧形的连接板，降低了节点的应力集中，提高了节点的承载力。为使焊缝不致太密集，又有足够长度以满足强度要求，桁架节点处应多设置节点板。原则上桁架节点板越小越好；节点结构形式越简单，切割次数越少越好，最好用矩形、梯形和平行四边形的节点板。

综上所述，要使型钢桁架节点结构合理，必须要做到以下几点：

1）杆件截面的重心线应与桁架的轴线重合，在节点处各杆应汇交于一点。

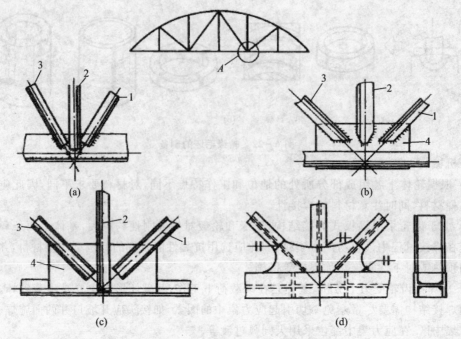

图 6-23　几种节点结构形式比较

2）桁架杆件宜直切或斜切，不可尖角切割。图 6-24（a）～图 6-24（c）所示较好，图 6-24（d）不宜采用。

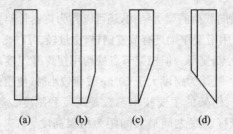

图 6-24　桁架杆件的切割

3）在铆接结构中，桁架的节点必须采用节点板；焊接桁架可有可无节点板。当采用节点板时，其尺寸不宜过大，形状应尽可能简单。

4）角钢桁架弦杆为变截面时，应将接头设在节点处。为便于拼接，可使拼接处两侧角钢肢背平齐。为减小偏心可取两角钢的重心线之间的中心线与桁架轴线重合，如图 6-25（a）所示。对于重型桁架，弦杆变截面的接头应设在节点之外，以便简化节点构造，如图 6-25（b）所示。

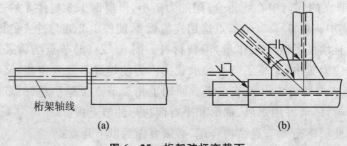

图 6-25　桁架弦杆变截面

任务二　焊接结构生产工艺过程分析

一、任务分析

任何一项技术都会产生技术和经济两个方面的效果。技术方面的效果不仅表现在达到了技术条件的要求,而且提高了产品质量和改善了劳动条件等。经济方面的效果表现在劳动量的减少、劳动生产率的提高及材料消耗的减少等。采取技术措施,最好在技术和经济两个方面效果都好,这才是最先进的工艺。但是,这两个方面通常并不是经常统一的,在决策前应进行工艺过程分析。

二、相关知识

(一) 生产纲领对工艺过程分析的影响

焊接工艺过程分析的目的,是根据不同的生产纲领选择来确定最佳工艺方案。生产纲领是指某产品或零部件在一年内的产量(包括废品)。生产纲领不同,工艺装备夹具设计的内容和要求也不相同。按照生产纲领的大小,焊接生产可分为3种类型:单件生产、成批生产和大量生产。生产类型的划分如表6-1所列。不同的生产类型,其特点是不一样的,因此所选择的加工路线、设备情况、人员素质、工艺文件等也是不同的。

(1) 单件生产。当产品的种类繁多,数量较小,重复制造较少时,其生产性质可认为是单件生产,编制工艺规程时应选择适应性较广的通用装配焊接设备、起重运输设备和其他工艺装备设备,这样可以在最大程度上避免了设备的闲置。使用机械化生产是得不偿失的,所以可选择技术等级较高的工人进行手工生产。应充分挖掘工厂的潜力,尽可能降低生产成本。编制的工艺规程应简明扼要,只需粗定工艺路线并制定必要的技术文件。

表6-1　生产类型划分

生产类型		产品类型及同种零件的年产量/件		
		重型	中型	轻型
单件生产		5以下	10以下	100以下
成批生产	小批生产	5~100	10~200	100~500
	中批生产	100~300	200~500	500~5 000
	大批生产	300~1 000	500~5 000	5 000~50 000
大量生产		1 000以上	5 000以上	50 000以上

(2) 大量生产。当产品的种类单一,数量很多,工件的尺寸和形状变化不大时,其性质接近于大量生产。因为要长时间重复加工,所以宜采用机械化、自动化水平较高的流水线生产,每道工序都由专门的机械和工艺装备完成,加工同步进行,生产设备负荷越大越好。对于大量生产的产品,要求制定详细的工艺规程和工序,尽可能实现工艺典型化、规范化。

(3) 成批生产。成批生产的产品具有周期性重复加工的特点,机械化程度介于单件生产和大量生产之间。应部分采用流水线作业,但加工节奏不同步,所以应有较详细的工艺规程。

（二）工艺过程分析的方法及内容

产品的工艺过程分析，应从保证技术条件的要求和采用先进工艺的可能性两个方面着手。保证产品技术条件的各项要求，是编制工艺规程最基本的要求。要做到这一点，首先对产品的结构特点和工艺特点进行研究，估计出生产过程中可能遇到的困难；其次要抓住与技术条件所规定的要求有密切关系的那些工序，它们就是工艺分析中的主要对象。例如，在桥式起重机桥架结构的技术条件中，对其外形尺寸有较高的要求，其结构特点是外形尺寸大，腹板一般是用较薄的钢板，而且焊缝分布不对称。因此，可以判定焊接应力与变形是焊接桥架结构的关键，也是工艺分析的主要对象。

工艺过程分析应遵循"在保证技术条件的前提下，取得最大经济效益"的原则。为此，进行工艺过程分析时主要从两个方面着手。

1. 从保证技术条件的要求进行工艺分析

焊接结构的技术条件，一般可归纳为获得优质的焊接接头和获得准确的外形尺寸两个方面。

（1）保证获得优质的焊接接头。焊接接头的质量应满足产品设计的要求，主要表现在焊接接头的性能应符合设计要求和焊接缺陷应控制在规定范围之内两个方面。一般来说，影响焊接接头质量的主要因素，可归纳为以下 3 个方面：

1）焊接方法的影响。不同焊接工艺方法的热源具有不同的性质，它们对焊接接头质量有着不同的影响。例如电渣焊时，由于热源移动缓慢而热输入又大，所以使焊接接头具有粗大的金相组织，要对焊件进行一定的热处理以后，才能获得所需的力学性能。又如埋弧自动焊时，由于热源具有电流大、移动快的特点，所以促成了很多条件都成了导致气孔的原因，如焊剂受潮、焊丝和焊件上的铁锈及油污以及生产管理中的一些问题（如装配后没即时施焊会引起接缝处生锈）等。在进行工艺分析时，这些都是选择工艺方法和确定相应措施的依据。

2）材料成分和性能的影响。在焊接热过程作用下，母材与焊缝金属中发生了相变与组织变化，在熔化金属中进行着冶金反应，所有这些都将影响焊接接头的各种性能。例如，碳钢结构的焊接接头内，随着母材含碳量的增加，使钢的淬硬倾向增大，热影响区内容易产生冷裂纹，同时也促使焊缝中气孔和热裂纹的产生，这些都增加了产生缺陷的可能性。合金结构钢中各种合金元素对焊接性的影响更为显著。焊后在热影响区容易产生塑性差的组织和冷裂纹；在焊缝内会形成塑性差的焊缝金属或产生热裂纹。

3）结构形式的影响。由于结构因素而引起的焊接缺陷是很常见的，例如在刚性非常大的接头处，由于应力很大或冷却速度大，而产生裂纹。有时在接头某一个方向上散热不好，会产生严重的咬边缺陷，降低了焊接接头的动载强度。可焊性不好的接头，在一般情况下难以得到优良的接头质量（如容易产生成形不好、未焊透等）。

总之，影响焊接接头质量的因素很多，但这些因素不是单一存在的，而是相互作用，错综复杂。在分析接头质量时，既要考虑到如何获得优质的焊缝，又要考虑到不同工作条件下对结构所提出的技术要求。

（2）保证获得准确的外形和尺寸。在焊接结构的技术条件中，另一个方面是要求获得准确的外形和尺寸。这不仅关系到它的使用性能，而且还因为焊接过程绝大多数是在不对称的局部加热的情况下完成的,所以在焊接接头和焊接结构中产生应力与变形也是不可避免的,这就给焊接结构生产带来许多麻烦。因此,在焊接工艺分析时应结合产品结构、生产性质和生产条件,提出控制变形的措施,确保技术条件的要求。要做到这一点,必须考虑以下两个方面的问题:

1)考虑结构因素的影响。根据结构的刚性大小和焊缝分布,分析焊后每条焊缝可能引起焊接变形的方向及大小程度,找出对技术条件最不利的那些焊缝。

2)采用适当的工艺措施。考虑如何安排装配、焊接顺序,才能防止和减小焊接应力与变形。在此基础上考虑焊接方法、焊接参数、焊接方向的影响,使用反变形法或刚性固定法等措施。

2. 从采用先进工艺的可能性进行分析

在进行工艺分析的过程中,首先应分析使用先进技术的可行性。采用先进技术,可大大简化工序,缩短生产周期,提高经济效益。这里从 3 个方面来讨论:

(1)采用先进的工艺方法。所谓先进的工艺方法,是对某一种具体的焊接结构而言。如果同一结构可以用几种焊接方法焊接,其中有一种焊接方法相对的生产率高而且焊接质量好,同时对其他生产环节也无不利的影响,工人劳动条件也好,则可以说这种方法就是先进的焊接工艺方法。例如某厂高压锅炉的锅筒纵缝焊接,筒体材料为 20 钢,壁厚为 90 mm,如图 6-26 所示。

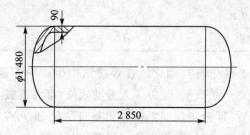

图 6-26　高压锅炉的锅筒

这种纵焊缝可以用多种方法来焊接,现在只讨论多层埋弧自动焊与电渣焊的效果(见表 6-2)。

从表 6-2 中可以看出:

1)用电渣焊代替多层埋弧自动焊以后,大约 50% 的工序得到取消或简化,在生产过程中完全取消了机械加工和预热工序,使生产过程大为简化。

2)从两种工艺方法的生产率来比较,多层埋弧自动焊的机动时间为 100%,电渣焊焊完同样长度焊缝的机动时间为 44%。

3)从焊缝质量来比较,获得优良焊缝的稳定程度,电渣焊比多层埋弧自动焊要大。生产经验证明,在汽包制造中电渣焊的返修率仅为 5%,而多层埋弧自动焊为 15%~20%。

4)从技术经济指标看,也说明了电渣焊的优越性。

某锅炉厂在制造高压汽包的生产中,用电渣焊代替多层埋弧自动焊后,使生产率提高了一倍,成本降低了 25% 左右。两种工艺方法比较见表 6-2。

表 6－2　两种工艺方法比较

方法			多层埋弧焊	电渣焊
工序	1		划线,下料,拼接板坯	划线,下料,拼接板坯
	2		板坯加热(1 050℃)	板料加热
	3		初次滚圆(对口处留出 300～350mm)	滚圆
	4		机械加工坡口	气割坡口
	5		再次加热	
	6		再次滚圆	
	7		装配圆筒(装上卡板、引出板)	
	8		预热(200～300℃)	
	9		手工封底焊缝	装配(焊上引出板)
	10		除去外面卡板和清焊根	
	11		预热(200～300℃)	
	12		埋弧自动焊(18～20层)	
	13		回火(焊后立即进行)	
	14		除去内部卡板和封底焊缝	电渣焊
	15		埋弧焊内部多层焊缝	正火,随后滚圆
	16		焊缝表面加工	
经济技术指标	每公斤熔化金属	电能消耗	1.95kW·h	1.05kW·h
		焊剂消耗	1.07kg	0.05kg
	熔化系数		1.96g/A·h	36.5g/A·h

（2）焊接生产过程的机械化与自动化。在焊接结构生产中不断提高机械化与自动化水平,对提高劳动生产率、提高产品质量、改善工人劳动条件,都有着极其深远的意义。

焊接结构的生产过程,可部分实现加工机械化与自动化,也可全盘实现,这要根据具体条件来决定。在产品进行批量生产时,应优先考虑机械化与自动化。对于单件小批生产的产品,一般不必采用。但是如果产品的种类具有相似性,工艺装备设备具有通用性,则可以先进行方案对比再做出选择。

（3）改进产品结构创造先进的工艺过程。在进行工艺分析时,应当创造性地采用完全新的工艺过程,有些产品只要结构形式稍加改变,工艺过程就变化很大,可明显提高产品质量及生产率,机械化与自动化水平也提高了。因此,可以说这就是先进的工艺过程。实践证明,先进工艺过程的创造,往往是从改进产品结构形式或某些接头形式开始的。

三、工作过程——典型焊接结构工艺过程分析举例

例如小型受压容器,常见的结构形式如图 6－27 所示,工作压力为 1.6 MPa,壁厚为 3～5 mm,它由两个压制的椭圆封头和一个圆筒节组成,它由一条纵焊缝和两条环焊缝焊成。对于单件、小批量生产来说,这种结构形式是合理的。它的主要工艺过程是:压制椭圆封头→滚圆筒节→焊纵焊缝→装配→焊接两条环缝。这种工艺过程的优点是封头压制容易、模具费低;其缺点是工序多、焊缝多、需要滚圆设备,装配也麻烦。在产量多的时候就不宜用上述的工艺过程,可将容器改成图 6－28 所示的结构形式,就能简化工艺过程使生产率大幅度提高。它的主要工艺过程是:压制杯形封头→装配→焊接环焊缝。很明显工序、焊缝都减少了,装配也很

容易,所以生产率和产品质量都提高了,而工人的劳动条件也有改善;它的缺点是模具费用高,但由于产量多平均每个产品所负担的模具费用就不高了。这种结构还取消了圆筒节,节约了购置滚圆筒节设备的费用和车间生产面积,所以在大批量生产的情况下,采用图6-28所示的结构是合理的。

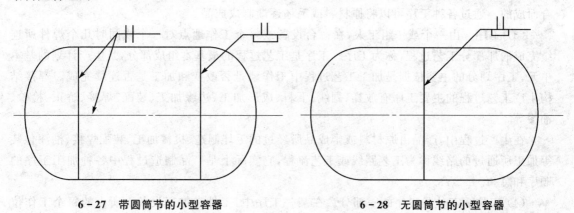

　　6-27　带圆筒节的小型容器　　　　　　　　6-28　无圆筒节的小型容器

最后还要考虑安全生产和改善工人的劳动条件。生产必须要安全,要防触电、防辐射、注意通风等。在焊接带有人孔的容器环缝时,应设计成不对称的双V形坡口,内浅外深,这样可以减少容器内的焊接量,劳动条件比对称双V形坡口改善了很多。

任务三　焊接结构生产工艺规程制定

一、任务分析

　　本任务介绍了焊接结构生产工艺规程的有关概念及其作用,介绍了焊接结构加工工艺规程的编制。编制工艺规程是生产中一项技术措施。它是根据产品的技术要求和工厂的生产条件,以科学理论为指导,结合生产实际所拟定的加工程序和加工方法,而且工艺规程是指导生产的主要技术文件。因此,有必要对工艺规程的编制进行全面的认识和学习。

二、相关知识

(一)焊接结构生产工艺规程的概念及作用

1. 焊接结构生产工艺规程有关概念

(1)生产过程。将原材料或半成品转变为产品的全部过程称为生产过程。它包括直接改变零件形状、尺寸和材料性能或将零部件进行装配焊接等所进行的加工过程,如划线下料、成形加工、装配焊接及热处理等;同时也包括各种辅助生产过程,如材料供应、零部件的运输保管、质量检验、技术准备等。前者称为工艺过程,后者称为辅助生产过程。

　　在现代焊接产品的制造中,为了提高劳动生产率,便于组织生产,一件产品的生产过程往往是由许多专业化的工厂联合完成的。例如一台压力容器的大部分零部件的制造,整台设备的装配、试车、检验和油漆等都是在容器生产厂进行的,但大型容器中的封头、各类接管、密封件、标准人手孔、大型锻件和其他有关标准件等,则多是由其他的专业工厂所制造。一个工厂的生产过程可以划分为不同车间的生产过程,如焊接车间的生产过程、锻造车间的生产过程、装配车间的生产过程等。因此,任何工厂(或车间)的生产过程,是指该工厂(或车间)直接把进厂(或车间)的原料和半成品变为成品的各个劳动过程的总和。

(2) 焊接结构产品的工艺过程。焊接结构产品的工艺过程是由一系列的工序依次排列组合而成的。通过各种工序可以将原材料或毛坯逐渐制成成品。

(3) 工序。由一个或一组工人,在一台设备或一个工作地点对一个或同时几个焊件所连续完成的那部分工艺过程,称为工序。工序是工艺过程的最基本组成部分,是生产计划的基本单元,工序划分的主要依据是加工工艺过程中工作地是否改变和加工是否连续完成。焊接结构生产工艺过程的主要工序有放样、划线、下料、成形加工、边缘加工、装配、焊接、矫正、检验、油漆等。

在生产过程中,产品由原材料或半成品所经过的毛坯制造、机械加工、装配焊接、油漆包装等加工所通过的路线称为工艺路线或工艺流程,它实际上是产品制造过程中各种加工工序的顺序和总和。

(4) 工位。工位是工序的一部分。在某一工序中,工件在加工设备上所占的每个工作位置称为工位。例如在转胎上焊接工字梁上的 4 条焊缝,如果用一台焊机,则工件需转动 4 个角度,即有 4 个工位,图 6 - 29(a)所示;如果用两台焊机,焊缝 1、4 同时对称焊→翻转→焊缝 2、3同时对称焊,工件只需装配两次,即有两个工位,如图 6 - 29(b)所示。

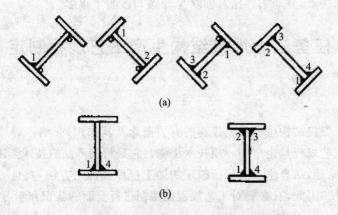

图 6 - 29　工字梁焊接工位

(5) 工步。工步是工艺过程的最小组成部分,它还保持着工艺过程的一切特性。在一个工序内工件、设备、工具和工艺规范均保持不变的条件下所完成的那部分动作称为工步。构成工步的某一因素发生变化时,一般认为是一个新的工步。例如厚板开坡口对接多层焊时,打底层用 CO_2 气体保护焊,中间层和盖面层均用焊条电弧焊。一般情况下,盖面层选择的焊条直径较粗,电流也大一些,则这一焊接工序是由 3 个不同的工步组成。

(6) 工艺规程。工艺规程就是将工艺路线中的各项内容,以工序为单位,按照一定格式写成的技术文件。在焊接结构生产中,工艺规程由两部分组成:一部分是原材料经划线、下料及成形加工制成零件的工艺规程;另一部分是由零件装配焊接形成部件或由零部件装配焊接成产品的工艺规程。

工艺规程是工厂中生产产品的科学程序和方法,也是产品零部件加工、装配焊接、工时定额、材料消耗定额、计划调度、质量管理以及设备选购等生产活动的技术依据。工艺规程的技术先进性和经济性,决定着产品的质量与成本,决定着产品的竞争能力,决定着工厂的生存与发展。因此,工艺规程是工厂工艺文件中的指导性技术文件,也是工厂工艺工作的核心。

2. 工艺规程的作用

编制工艺规程是生产中一项技术措施,它是根据产品的技术要求和工厂的生产条件,以科学理论为指导,结合生产实际所拟定的加工程序和加工方法。科学的工艺规程具有如下作用:

(1) 工艺规程是指导生产的主要技术文件。工艺规程是在总结技术人员和广大工人实践经验的基础上,根据一定的工艺理论和必要的工艺试验制定出来的。按照合理的工艺规程组织生产,可以使结构在满足正常工作和安全运行的条件下达到高质、优产和最佳的经济效益。

(2) 工艺规程是生产组织和生产管理的基本依据。从工艺规程所涉及的内容可知,它能够为组织生产和科学管理提供基础素材。根据工艺规程,工厂可以进行全面的生产技术准备工作,如原材料、毛坯的准备,工作场地的调整与布置,工艺装备的设计与制造等。工厂的计划、调度部门是根据生产计划和工艺规程来安排生产的,使全厂各部门紧密地配合,均衡完成生产计划。

(3) 工艺规程是设计新厂或扩建、改建旧厂的基础技术依据。在新建和扩建工厂、车间时,只有根据工艺规程和生产纲领才能确定生产所需的设备种类和数量,设备布置,车间面积,生产工人的工种、等级、人数以及辅助部门的安排等。

(4) 工艺规程是交流先进经验的桥梁。学习和借鉴先进工厂的工艺规程,可以大大地缩短工厂研制和开发的周期。同时,工厂之间的相互交流,能提高技术人员的专业能力和技术水平。

工艺规程一旦确定下来,任何人都必须严格遵守,不得随意改动。但是随着时间的推移,新工艺、新技术、新材料、新设备不断涌现,某一工艺规程在应用一段时间后,可能会变得相对的落后,所以应定期对工艺规程进行修订和更新,不然工艺规程就会失去指导意义。

(二) 焊接结构加工工艺规程的编制

1. 编制工艺规程的原则

工艺过程需保证 4 个方面的要求:安全、质量、成本和生产率。它们是产品工艺的支柱,即先进的工艺技术是在保证安全生产的条件下,用最低的成本,高效率地生产出质量优良具有竞争力的产品。工艺过程的灵活性较大,对不同零件和产品,在这方面的具体要求有所不同,达到和满足这些要求的方法和条件也不一样,但都存在着一定的规律性。在编制工艺规程时,应深入研究各种典型零件与产品在这方面的规律性,寻求一种科学的解决方法,在保证质量的前提下用最经济的方法制造出零件与产品。编制工艺规程应遵循下列原则:

(1) 技术上的先进性。在编制工艺规程时,要了解国内外本行业工艺技术的发展情况,对目前本厂所存在的差距要心中有数。要充分利用焊接结构生产工艺方面的最新科学技术成就,广泛地采用最新的发明创造、合理化建议和国内外先进经验。尽最大可能保持工艺规程技术上的先进性。

(2) 经济上的合理性。在一定生产条件下,要对多种工艺方法进行对比与计算,尤其要对产品的关键件、主要件、复杂零部件的工艺方法,采用价值工程理论,通过核算和方案评比,选择经济上最合理的方法,在保证质量的前提下以求成本最低。

(3) 技术上的可行性。编制工艺规程必须从本厂的实际条件出发,充分利用现有设备,发掘工厂的潜力,结合具体生产条件消除生产中的薄弱环节。由于产品生产工艺的灵活性较大,所以在编制工艺规程时一定要照顾到工序间生产能力的平衡,要尽量使产品的制造和检测都在本厂进行。

(4) 良好的劳动条件。编制的工艺规程必须保证操作者具有良好而安全的劳动条件,应尽量采用机械化、自动化和高生产率的先进技术,在配备工艺装备时应尽量采用电动和气动装置,以减轻工人的体力劳动,确保工人的身体健康。

(5) 在编制工艺规程时必须注意以下两点:

1) 试制和单件小批量生产的产品,编制以零件加工工艺过程卡和装配焊接工艺过程卡为主的工艺规程。

2) 工艺性复杂、精密度较高的产品以及成批生产的产品,编制以零件加工工序卡、装配工序卡和焊接工序卡为主的工艺规程。

2. 工艺规程的主要内容

(1) 工艺过程卡。将产品工艺路线的全部内容,按照一定格式写成的文件,它的主要内容有:备料及成形加工过程,装配焊接顺序及要求,各种加工的加工部位,工艺留量及精度要求,装配定位基准、夹紧方案,定位焊及焊接的方法,各种加工所用设备和工艺装备,检查和验收标准,材料的消耗定额以及工时定额等。

(2) 加工工序卡。除填写工艺过程卡的内容外,还须填写操作方法、步骤及工艺参数等。

(3) 绘制简图。为了便于阅读工艺规程,在工艺过程卡和加工工序卡中应绘制必要的简图。图形的复杂程度,应能表示出本工序加工过程的内容、本工序的工序尺寸、公差及有关技术要求等,图形中的符号应符合国家标准。

3. 编制工艺规程的步骤

(1) 技术准备。产品的装配图和零件工作图、技术标准、其他有关资料以及本厂的实际情况,是编制工艺规程最基本的原始资料。在进行技术准备工作时应做好以下几项工作:

1) 对产品所执行的标准要消化理解,并在熟悉的基础上掌握这些标准;要研究产品各项技术要求的制定依据,以便根据这些依据在工艺上采取不同的措施;找出产品主要技术要求和关键零部件的关键技术,以便采用合适的工艺方法,采取稳妥可靠的措施。

2) 对经过工艺性审查的图样,再进行一次分析。其作用是通过再消化分析,可以发现遗漏,尽量把问题和不足暴露在生产前,使生产少受损失;另一个作用是通过分析,明确产品的结构形状,各零部件间的相对位置和连接方式等,作为选择加工方法的基础。

3) 熟悉产品验收的质量标准,它是对产品装配图和零件工作图技术要求的补充,是工艺技术、工艺方法及工艺措施等决策的依据。

4) 要掌握工厂的生产条件,这是编制切实可行工艺规程的核心问题。要深入现场了解设备的规格与性能、工艺装备的使用情况及制作能力、工人的技术素质等。

5) 掌握产品生产纲领与生产类型,根据它来确定工艺类型和工艺装备等。

(2) 产品的工艺过程分析。在技术准备的基础上,根据图样深入研究产品结构及备料、成形加工、装配及焊接工艺的特点,对关键零部件或工序应进行深入的分析研究。考虑生产条件和生产类型,通过调查研究从保证产品技术条件出发,在尽可能采用先进技术的条件下,提出几个可行的工艺方案,然后经过全面的分析、比较或经过试验,最后选出一个最好的工艺路线方案。

(3) 拟定工艺路线。工艺路线的拟定是编制工艺规程的总体布局,是对工程技术,尤其是

对工艺技术的具体运用,也是工厂提高质量、水平和提高经济效益的重要步骤。拟定工艺路线要完成以下内容:

1) 加工方法的选择。确定各零部件在备料、成形加工、装配和焊接等各工序所采用的加工方法和相应的工艺措施。选择加工方法要考虑各工序的加工要求、材料性质、生产类型以及本厂现有的设备条件等。

2) 加工顺序的安排。焊接结构生产是一个多工种的生产过程,根据产品结构特点,考虑到加工方便,焊接应力与变形以及质量检查等方面问题,合理安排加工顺序。在大多数情况下,将产品分解成若干个工艺部件,要分别制定它们的装配、焊接顺序和它们之间组装成产品的顺序。

3) 确定各工序所使用的设备。应根据已确定的备料、成形加工、装配和焊接等工序的加工方法,选用设备的种类和型号,对非标准设备应提出简图和技术要求。

在拟定工艺路线时,都要提出两个以上的方案,通过分析比较选取最佳方案。尤其是对关键件、复杂件的工艺路线,在拟定时应深入车间、工段、生产班组作调查了解,征求有丰富经验工人的意见,以便拟定出最合理的工艺路线方案。工艺路线一般是绘制出装配焊接过程的工艺流程图,并附以工艺路线说明,也可用表格的形式来表示。

(4) 编写工艺规程。在拟定了工艺路线并经过审核、批准后,就可着手编写工艺规程。这一步的工作是把工艺路线中每一工序的内容,按照一定的规则填写在工艺卡片上。

编写工艺规程时,语言要简明易懂,工程术语统一,符号和计量单位应符合有关标准,对于一些难以用文字说明的内容应绘制必要的简图。

在编写完工艺规程后,工艺人员还应提出工艺装备设计任务书,编制工艺管理性文件,如材料消耗定额、外购件、外协件、自制件明细表、专用工艺装备明细表等。

三、工作过程——冷却器的筒体加工工艺过程制定

把已经设计或制定的工艺规程内容写成文件形式,就是工艺文件。工艺文件的种类和形式多种多样,繁简程度也有很大差别。按照最新颁布的指导性技术文件中提出的常用工艺文件目录,焊接结构生产常用的工艺文件主要有工艺过程卡片、工艺卡片、工序卡片和工艺守则等。

1. 常用工艺文件种类

(1) 工艺过程卡片。它是描述零件整个加工工艺过程全貌的一种工艺文件。它是制定其他工艺文件的基础,也是进行技术准备、编制生产计划和组织生产的依据。通过工艺过程卡可以了解零件所需的加工车间、加工设备和工艺流程。表6-3所示为装配工艺过程卡。

(2) 工艺卡片。它是以工序为单位来说明零部件加工方法和加工过程的一种卡片。工艺卡片表示了每一工序的详细情况,所需的加工设备以及工艺装备。表6-4所示为焊接工艺卡片。

(3) 工序卡片。它是在工艺卡片的基础上为某一道工序编制的更为详细的工艺文件。工序卡片上必须有工序简图,表示本工序完成后的零件形状、尺寸公差、零件的定位和装配装夹方式等。表6-5所示为装配工序卡。

(4) 工艺守则。它是焊接结构生产过程中的各个工艺环节应遵守和执行的制度。主要包括守则的适用范围,与加工工艺有关的焊接材料及配方,加工所需设备及工艺装备,工艺操作

前的准备以及操作顺序、方法、工艺参数、质量检验和安全技术等内容。表 6-6 所示为工艺守则格式。

表 6-3 装配工艺过程卡

	装配工艺过程卡	产品型号		产品图号			共 页	第 页
		产品名称		零件名称				
工序号	工序名称	工序内容	装配部门	设备及工艺装备			辅助材料	工时定额/min
(1)	(2)	(3)	(4)	(5)			(6)	(7)
插图								
插校								
底图号								
装订号								
				设计（日期）	审核（日期）		标准化（日期）	会签（日期）
标记	处数	更变文件号	签字	日期				

注：表中（）填写内容：

(1) 工序号；　　　　　　　　　　　　(5) 各工序所使用的设备及工艺装备；

(2) 工序名称；　　　　　　　　　　　(6) 各工序所需使用的辅助材料；

(3) 各工序装配内容和主要技术要求；　　(7) 各工序的工时定额。

(4) 装配车间、工段或班组；

表 6-4　焊接工艺卡片

焊接工艺卡		产品型号		产品图号				
		产品名称		零件名称			共 页	第 页
简图(17)				主要组成部件				
				序号	图号	名称	材料	件数
				(1)	(2)	(3)	(4)	(5)
工序号	工序内容	设备	工艺装备	电压或气压	电流或焊嘴号	焊条、焊丝、电极		焊剂	其他规范	工时
						型号	直径			
(6)	(7)	(8)	(9)	(10)	(11)	(12)	(13)	(14)	(15)	(16)
插图										
插校										
底图号										
装订号										
					设计（日期）	审核（日期）	标准化（日期）	会签（日期）		
标记	处数	更变文件号	签字	日期						

注:表中( )填写内容:

(1)序号用阿拉伯数字 1、2、3、……填写;

(2)~(5)分别填写焊接的零、部件的图号、名称、材料牌号和件数,按设计要求填写;

(6)工序号;

(7)每道工序的焊接操作内容和主要技术要求;

(8)、(9)设备和工艺装备分别填写其型号或名称,必要时写其编号;

(10)~(16)可根据实际需要填写;

(17)绘制焊接简图。

表 6-5 装配工序卡

		装配工序卡		产品型号		产品图号				
				产品名称		零件名称			共 页	第 页
工序号	(1)	工序名 称	(2)	车间	(3)	工段	(4)	设备	(5)	工序工时 (6)
简图(7)										
工步号	工步内容			工艺装备			辅助材料		工时定额/min	
(8)	(9)			(10)			(11)		(12)	
插图										
插校										
底图号										
装订号										
					设计 (日期)	审核 (日期)	标准化 (日期)	会签 (日期)		
标记	处数	更变 文件号	签字	日期						

注:表中( )填写内容:

(1)工序号;

(2)装配本工序的名称;

(3)执行本工序的车间名称或代号;

(4)执行本工序的工段名称或代号;

(5)本工序所使用的设备型号名称;

(6)本工序工时定额;

(7)绘制装配简图或装配系统图;

(8)工步号;

(9)各工步名称、操作内容和主要技术要求;

(10)各工步所需使用的工艺装备型号名称或其编号;

(11)各工步所需使用的辅助材料;

(12)各工步工时定额。

表 6 - 6　工艺守则

(工厂名称)					(　)工艺守则(1)		(2)	
							共(3)页	第(4)页
插图 (5)								
(6) 插校								
(7) 底图号								
(8) 装订号					资料来源	编制	(签字 18)	(日期)
						审核	(19)	(23)
					(16)	标准化	(20)	
(9)	(11)	(12)	(13)	(14)	(15)	编制部门	批准	(21)
(10)	标记	处数	更变文件号	签字	日期	(17)		(22)

注:表中( )填写内容:

(1)工艺守则的类别,如焊接、热处理等;

(2)工艺守则的编号(按 JB/T 9166—1998 规定);

(3)~(4)该守则的总页数和顺页数;

(5)工艺守则的具体内容;

(6)~(15)填写内容同"表头、表尾及附加栏"的格式;

(16)编写该守则的参考技术资料;

(17)编写该守则的部门;

(18)~(22)责任者签字;

(23)各责任者签字后填写日。

2. 制定加工工艺过程的实例

筒体加工工艺过程的制定。图 6 - 30 所示为一冷却器的筒体。

(1)主要技术参数。筒节数量:4 段(整个筒体由 4 段筒节组成)。材料:Ni - Cr 不锈钢。

椭圆度 $e(D_{max} - D_{min})$:≤6mm。内径偏差:$\phi 600^{+3}_{-2}$mm。

组对筒体:长度公差为 5.9mm,两端平行度公差为 2mm。

检验:试板进行晶间腐蚀试验;焊缝外观合格后,进行 100% 射线探伤。

(2)筒体制造的工艺过程。该筒体为圆筒形,结构比较简单。筒体总长 5 936 mm,直径为 Φ600 mm,分为 4 段筒节制造。由于筒节直径小于 800 mm,所以可用单张钢板制作,

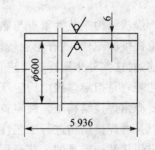

图 6 - 30　圆筒形筒体

筒节只有一条纵焊缝。各筒节开坡口、卷制成形,纵缝焊完成后按焊接工艺组对环焊,并进行射线探伤。具体内容填入筒体加工工艺过程卡(见表 6 - 7)。

表 6-7 筒体加工工艺过程卡

筒体加工工艺过程卡			产品型号		部件图号		共 页
			产品名称	筒体	部件名称		第 页
工序号	工序名称	工序内容	车间		工艺装备及设备	辅助材料	工时定额
0	检验	材料应符合国家标准要求的质证书	检验				
10	划线	号料、划线、筒体由 4 段组成,同时划出 400(500)×135 试块一副	划线				
20	切割下料	按划线尺寸切割下料	下料		等离子切割机		
30	刨边	按图要求刨各筒节坡口	机加		刨边机		
40	成型	卷制成型	成型		卷板机		
50	焊接	组对焊缝和试板,除去坡口及两侧的油漆;按焊接工艺组焊纵缝试板	焊机		自动焊	焊丝焊剂	
60	检验	1.纵焊缝外观合格,按 GB3323 标准进行 100%射线探伤,要求合格 2.试板按"规程"附录二要求合格 3.按 GB1223 进行晶间腐蚀试验	检验		射线探伤设备		
70	校型	校圆:$e \leqslant 3mm$	成型				
80	组焊	按焊接工艺组对环焊缝	铆焊		自动焊	焊丝焊剂	
90	检验	环焊缝外观合格后,按 GB3323 标准进行 100%射线探伤,要求合格	检验		射线探伤设备		
100	焊接	在筒节 1 的右端组焊衬环,要求衬环与筒体紧贴	铆焊				

小 结

焊接结构工艺性审查与熟悉结构图样是焊接生产准备工作中最重要的任务之一。由生产单位提供的图样,既有企业新设计和改进设计的产品,也有随订单来的外来图样,企业首次生产前,对这些外来图样也要进行工艺审查。在工艺性审查基础上,要制定焊接工艺规程。焊接工艺规程是指导焊接结构生产和准备技术装备,进行生产管理及实施生产进度的依据。本章主要介绍焊接结构工艺性审查和工艺规程编制的有关知识及典型焊接结构的生产工艺。本章重点是对焊接结构进行工艺性审查,制定合理的焊接工艺规程。难点是根据实际情况合理地制定焊接结构产品的工艺规程。

1. 焊接结构工艺性审查

(1)工艺性审查的目的。焊接结构工艺性审查的目的是保证结构设计的合理性、工艺的可行性、结构使用的可靠性和经济性。此外,通过工艺性审查可以及时调整和解决工艺性方面的问题,加快工艺规程编制的速度,缩短新产品生产准备周期,减少或避免在生产过程中发生重大技术问题。通过工艺性审查,还可以提前发现新产品中关键零件或关键加工工序所需的设备和工艺装备，以便提前安排定货和设计。

（2）工艺性审查的步骤。先对产品结构图样审查，然后对产品技术要求进行审查。

（3）工艺性审查的内容。主要审查的内容有：

1）从降低应力集中的角度分析结构的合理性。

2）从减小焊接应力与变形的角度分析结构合理性。

3）从焊接生产工艺性分析结构的合理性。

4）从焊接生产的经济性方面分析结构的合理性。

2. 焊接结构工艺过程分析

产品的工艺过程分析，应从保证技术条件的要求和采用先进工艺的可能性两个方面着手。保证产品技术条件的各项要求，是编制工艺规程最基本的要求。要做到这一点，首先对产品的结构特点和工艺特点进行研究，估计出生产过程中可能遇到的困难；其次要抓住与技术条件所规定的要求有密切关系的那些工序，它们就是工艺分析中的主要对象。

工艺过程分析应遵循"在保证技术条件的前提下，取得最大经济效益"的原则。为此，进行工艺过程分析时主要从两个方面着手：

（1）从保证技术条件的要求进行工艺分析。焊接结构的技术条件，一般可归纳为获得优质的焊接接头和获得准确的外形尺寸两个方面。

（2）从采用先进工艺的可能性进行分析。在进行工艺分析的过程中，首先应分析使用先进技术的可行性。采用先进技术，可大大简化工序，缩短生产周期，提高经济效益。所谓先进工艺主要是指先进的工艺方法、焊接生产过程的机械化与自动化和改进产品结构创造先进的工艺过程。

3. 焊接结构生产工艺规程制定

（1）焊接结构工艺规程的概念。

1）生产过程。将原材料或半成品转变为产品的全部过程称为生产过程。它包括直接改变零件形状、尺寸和材料性能或将零部件进行装配焊接等所进行的加工过程。

2）焊接结构产品的工艺过程。焊接结构产品的工艺过程是由一系列的工序依次排列组合而成的。通过各种工序可以将原材料或毛坯逐渐制成成品。

3）工序。由一个或一组工人，在一台设备或一个工作地点对一个或同时几个焊件所连续完成的那部分工艺过程，称为工序。工序是工艺过程的最基本组成部分，是生产计划的基本单元。

4）工位。工位是工序的一部分。在某一工序中，工件在加工设备上所占的每个工作位置称为工位。

5）工步。工步是工艺过程的最小组成部分，它还保持着工艺过程的一切特性。在一个工序内工件、设备、工具和工艺规范均保持不变的条件下所完成的那部分动作称为工步。

6）工艺规程。工艺规程就是将工艺路线中的各项内容，以工序为单位，按照一定格式写成的技术文件。在焊接结构生产中，工艺规程由两部分组成：一部分是原材料经划线、下料及成形加工制成零件的工艺规程；另一部分是由零件装配焊接形成部件或由零部件装配焊接成产品的工艺规程。

（2）工艺规程的作用。编制工艺规程是生产中一项技术措施，它是根据产品的技术要求和工厂的生产条件，以科学理论为指导，结合生产实际所拟定的加工程序和加工方法。科学的工艺规程具有如下作用：

1）工艺规程是指导生产的主要技术文件。

2）工艺规程是生产组织和生产管理的基本依据。

3）工艺规程是设计新厂或扩建、改建旧厂的基础技术依据。

4）工艺规程是交流先进经验的桥梁。

（3）编制工艺规程的原则。在编制工艺规程时，应深入研究各种典型零件与产品在这方面的规律性，寻求一种科学的解决方法，在保证质量的前提下用最经济的方法制造出零件与产品。编制工艺规程应遵循下列原则：

1）技术上的先进性。

2）经济上的合理性。

3）技术上的可行性。

4）良好的劳动条件。

5）在编制工艺规程时必须注意试制和单件小批量生产的产品，编制以零件加工工艺过程卡和装配焊接工艺过程卡为主的工艺规程；工艺性复杂、精密度较高的产品以及成批生产的产品，编制以零件加工工序卡、装配工序卡和焊接工序卡为主的工艺规程。

（4）工艺规程的主要内容包括：工艺过程卡、加工工序卡、绘制简图。

（5）编制工艺规程的步骤：①技术准备；②产品的工艺过程分析；③拟定工艺路线；④编写工艺规程。

思考与练习题

1．进行工艺性审查的目的是什么？

2．如何从减小焊接应力与变形的角度进行工艺性审查？

3．解释下列名词术语：

生产过程、工艺过程、工艺规程、工序、工位、工步、生产纲领。

4．工艺规程有什么作用？编制工艺规程的基本原则是什么？

5．编制工艺规程的步骤有哪些？

6．常用的工艺规程有哪些？各适用于什么范围？

7．生产纲领对工艺过程分析有何影响？

8．简述焊接结构生产工艺过程分析的方法和内容。

学习情境七　典型焊接结构的加工工艺

知识目标

1. 了解压力容器的概念分类、结构特点及其焊接接头的分类。
2. 熟悉高、中、低压压力容器的制造工艺特点及流程。
3. 了解桥式起重机桥架组成、主要部件结构特点和技术要求。
4. 熟悉主梁及端梁的制造工艺和桥架的装配与焊接工艺。
5. 了解船舶结构的类型及特点，熟悉船舶制造中的焊接工艺。
6. 掌握船舶结构焊接顺序的基本原则和工艺守则。
7. 了解轿车板壳结构点焊的工作循环过程。
8. 掌握低碳钢板、中碳钢板和镀锌低碳钢板的点焊规范参数和对点焊接头的要求。
9. 掌握货车板壳结构的组成部件和焊接工艺。
10. 了解飞机起落架的结构特点和起落架典型结构。
11. 掌握飞机起落架的制造工艺流程和焊接工艺。
12. 了解飞机油箱的分类和结构特点。
13. 掌握飞机油箱的制造工艺流程和焊接工艺。

任务一　压力容器的加工工艺

一、任务分析

本任务主要介绍了压力容器的概念分类、结构特点及其焊接接头的分类，重点描述其制造难点、技术关键及其生产工艺，以便进一步巩固和运用前几章所学的理论知识，以提高分析和解决实际问题的能力，为以后打下良好的基础。

二、相关知识

(一) 压力容器的概念及分类

压力容器是指盛装盛装气体或者液体，承载一定压力的密闭设备，它在现代工业、民用和军事等领域被广泛地应用。石油天然气储运、化工生产、核能发电、运载火箭发射以及大型管道工程等都离不开压力容器。压力容器多为焊接制造，是典型的焊接结构。压力容器的规格品种繁多，分类的方法也较多，可以按用途、壁厚、压力、使用温度、生产工艺和国家有关管理规程进行分类。

1. 按容器在生产中的作用分类

根据压力容器在生产工艺过程中的作用，可分为反应压力容器、换热压力容器、分离压力容器、储存压力容器 4 种。具体划分如下：

(1) 反应压力容器(代号 R)：主要用于完成介质的物理或化学反应的压力容器，如反应器、反应釜、分解锅、硫化罐、分解塔、聚合釜、高压釜、超高压釜、合成塔、变换炉、蒸煮锅、蒸球、蒸压釜、煤气发生炉等。

（2）换热压力容器（代号 E）：主要用于完成介质的热量交换的压力容器，如管壳式余热锅炉、热交换器、冷却器、冷凝器、加热器、消毒锅、染色器、烘缸、蒸炒锅、预热锅、溶剂预热器、蒸锅、蒸脱机、电热蒸汽发生器、煤气发生炉水夹套等。

（3）分离压力容器（代号 S）：主要用于完成介质的流体压力平衡缓冲和气体净化分离的压力容器，如分离器、过滤器、集油器、缓冲器、洗涤器、吸收塔、铜洗塔、干燥塔、汽提塔、分汽缸、除氧器等。

（4）储存压力容器（代号 C，其中球罐代号 B）：主要用于储存或盛装气体、液体、液化气体等介质的压力容器，如各种型式的储罐。

在一种压力容器中，如果同时具备两个以上的工艺作用原理，则应当按工艺过程中的主要作用来划分品种。

2. 按厚度分类

压力容器的基本几何参数是直径和壁厚。直径与其容器体积相联系，壁厚的大小则由压力、温度、材料、介质条件等因素来决定。在其他条件一定时，直径越大则壁厚也相应增大。工程上是以容器外径和内径的比值 $K = D_0/D_i$ 的大小来划分的，K 值的大小反映的是直径比，但由于内径和外径之间是两个壁厚之差的关系，所以 K 值的大小说明了直径与壁厚的相对关系。根据 K 值的大小，可分为薄壁容器和厚壁容器。

- 薄壁容器——$K \leqslant 1.2$。
- 厚壁容器——$K > 1.2$。

3. 按承压方式分类

根据承压方式，压力容器可分为内压容器和外压容器。对于内压容器而言，器壁承受拉应力，通过强度条件来确定壁厚；外压容器器壁承受压应力，对于薄壁容器而言，突出的问题是可能在压应力作用下使壳体丧失稳定性，故外压薄壁容器常按稳定条件确定壁厚。

在外压容器中，当容器的内压力小于 1atm（约 0.1 MPa）时又称为真空容器。

4. 按压力等级分类

可分为 4 个承受等级：

低压容器（代号 L）　　0.1 MPa$\leqslant p <$1.6 MPa；

中压容器（代号 M）　　1.6 MPa$\leqslant p <$10 MPa；

高压容器（代号 H）　　10 MPa$\leqslant p <$100 MPa；

超高压容器（代号 U）　　$p \geqslant$100MPa。

5. 按安装方式分类

安装方式是指容器安装后轴线所处的位置，可分为立式容器和卧式容器。

6. 按安全技术管理分类

压力容器的危害性还与其设计压力 P 和全容积 V 的乘积有关，pV 值越大，则容罚破裂时爆炸能量越大，危害性也越大，对容器的设计、制造、检验、使用和管理的要求越高。《压力容器安全技术监察规程》采用既考虑容器压力与容积乘积大小，又考虑介质危害程度以及容器品种的综合分类方法，有利于安全技术监督和管理。该方法将压力容器分为三类。

（1）第三类压力容器。具有下列情况之一的，为第三类压力容器。

1）高压容器。

2）中压容器(仅限毒性程度为极度和高度危害介质)。

3）中压储存容器(仅限易燃或毒性程度为中度危害介质,且 pV 乘积大于或等于 10MPa·m³)。

4）中压反应容器(仅限易燃或毒性程度为中度危害介质,且 pV 乘积大于或等于 0.5MPa·m³)。

5）低压容器(仅限毒性程度为极度和高度危害介质,且 pV 乘积大于或等于 0.2MPa·m³)。

6）高压、中压管壳式余热锅炉。

7）中压搪玻璃压力容器。

8）使用强度级别较高(指相应标准中抗拉强度规定值下限大于或等于 540MPa)的材料制造的压力容器。

9）移动式压力容器,包括铁路罐车(介质为液化气体、低温液体)、罐式汽车、液化气体运输(半挂)车、低温液体运输(半挂)车、永久气体运输(半挂)车和罐式集装箱(介质为液化气体、低温液体)等。

10）球形储罐(容积大于或等于 50m³)。

11）低温液体储存容器(容积大于 5m³)。

(2) 第二类压力容器。具有下列情况之一的,为第二类压力容器。

1）中压容器。

2）低压容器(仅限毒性程度为极度和高度危害介质)。

3）低压反应容器和低压储存容器(仅限易燃介质或毒性程度为中度危害介质)。

4）低压管壳式余热锅炉。

5）低压搪玻璃压力容器。

(3) 第一类压力容器。除上述规定以外的低压容器为第一类压力容器。

在上述分类中涉及的易燃介质是指可燃气体或蒸气与空气的混合气体,易燃介质遇明火能够发生爆炸的浓度范围称为爆炸浓度极限,爆炸时的最低浓度称为爆炸下限,最高浓度称为爆炸上限。爆炸浓度极限一般用可燃气体或蒸气在混合物中的体积分数来表示,爆炸下限小于 10%,或爆炸上限和下限之差值大于或等于 20% 的介质,一般称为易燃介质。

对于介质的危害性,根据国家有关标准可分为 4 个级别。以每立方米的空气中含毒物的毫克数来表示,最高允许质量浓度划分标准为:

极度危害(Ⅰ级)　<0.1mg/m³;

高度危害(Ⅱ级)　<1.0mg/m³;

中度危害(Ⅲ级)　<10mg/m³;

轻度危害(Ⅳ级)　≥10mg/m³。

(二) 压力容器的结构特点

压力容器的结构是多种多样的,但其基本构成是筒体(圆柱形、圆锥形、球形,如图 7-1 所示)、封头、法兰、接管、支座、密封元件、安全附件。压力容器零部件通过焊接、法兰连接和螺纹连接。由于圆柱形和圆锥形容器在结构上大同小异,所以这里先简单介绍圆柱形容器(见图 7-2)的结构特点。

1. 封头

根据几何形状的不同,压力容器的封头可分为凸形封头、锥形封头和平盖封头 3 种,其中凸形封头应用最多。

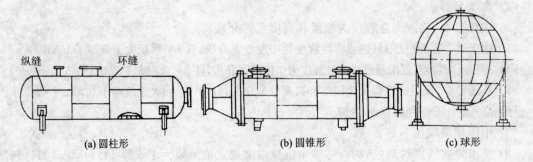

(a) 圆柱形　　　　　　　　　　(b) 圆锥形　　　　　　　　　(c) 球形

图 7 - 1　容器的典型形式

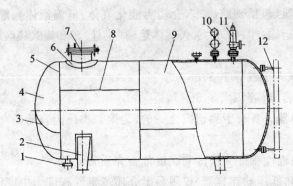

1—法兰　2—支座　3—封头拼接焊缝　4—封头　5—环焊缝　6—补强圈
7—人孔　8—纵焊缝　9—筒体　10—压力表　11—安全阀　12—液面计

图 7 - 2　压力容器的总体结构

（1）凸形封头有椭圆形封头、碟形封头、无折边球面封头和半球形封头等形式，如图 7 - 3 所示。

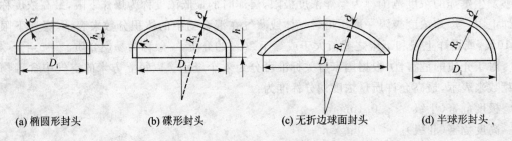

(a) 椭圆形封头　　　(b) 碟形封头　　　(c) 无折边球面封头　　　(d) 半球形封头、

图 7 - 3　凸形封头

椭圆形封头的纵断面呈半椭圆形，一般采用长短轴比值为 2 的标准封头。

碟形封头又称为带折边的球形封头。它由三部分组成：第一部分指内半径为 R_i 的球面；第二部分指高度为 h 的圆形直边；第三部分为连接第一和第二部分的过渡区（内半径为 r）。该封头特点为深度较浅，易于压力加工。

无折边球形封头又称为球缺封头。虽然它深度浅，容易制造，但球面与圆筒体的连接处存在明显的外形突变，使其受力状况不良。这种封头在直径不大、压力较低、介质腐蚀性很小的场合可考虑采用。

（2）锥形封头分为无折边锥形封头、大折边锥形封头和折边锥形封头 3 种，如图 7 - 4 所示。从应力分析可知，锥形封头大端的应力最大，小端的应力最小。因此，其壁厚是按大端设计的。

锥形封头由于其形状上的特点,有利于流体流速的改变和均匀分布,有利于物料的排出,而且对厚度较薄的锥形封头来说,制造比较容易,顶角不大时其强度也较好,它适用于某些受压不高的石油化工容器。

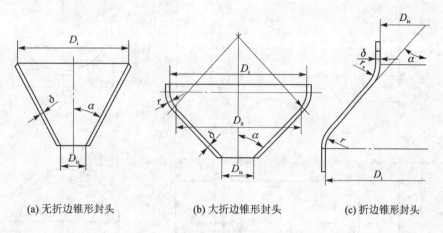

(a) 无折边锥形封头　　　　　(b) 大折边锥形封头　　　　　(c) 折边锥形封头

图 7 - 4　锥形封头

（3）平盖封头的结构最为简单,制造也很方便,但在受压情况下平盖中产生的应力很大。因此,要求它不仅要有足够的强度,还要有足够的刚度。平盖封头一般采用锻件,与筒体焊接或螺栓连接,多用于塔器底盖和小直径的高压及超高压容器。

2. 筒体

筒体是压力容器最主要的组成部分,由它构成储存物料或完成化学反应所需要存在大部分压力的空间。当筒体直径较小(小于 500 mm)时,可用无缝钢管制作。当直径较大时,筒体一般用钢板卷制或压制(压成两个半圆)后焊接而成。筒体较短时可做成完整的一节,当筒体的纵向尺寸大于钢板的宽度时可由几个筒节拼接而成。由于筒节与筒节或筒节与封头之间的连接焊缝呈环形,所以称为环焊缝。所有的纵、环焊缝焊接接头,原则上均采用对接接头。

3. 法兰

法兰按其所连接的部分,分为管法兰和容器法兰。用于管道连接和密封的法兰称为管法兰;用于容器顶盖与筒体连接的法兰称为容器法兰。法兰与法兰之间一般加密封元件,并用螺栓连接起来。

4. 开孔与接管

由于工艺要求和检修时的需要,常在石油化工容器的封头上开设各种孔或安装接管,如人孔、手孔、视物孔、物料进出接管,以及安装压力表、液位计、流量计、安全阀等接管的开孔。

手孔和人孔是用来检查容器的内部并用来装拆和洗涤容器内部的装置。手孔的直径一般不小于 150 mm。直径大于 1 200 mm 的容器应开设人孔。位于筒体上的人孔一般开成椭圆形,净尺寸为 300 mm×400 mm;封头部位的人孔一般为圆形,直径为 400 mm。对于可拆封头(顶盖)的容器及无需内部检查或洗涤的容器,一般可不设人孔。筒体与封头上开孔后,开孔部位的强度被削弱,一般应进行补强。

5. 支座

压力容器靠支座支承并固定在基础上。随着圆筒形容器的安装位置不同,有立式容器支座和卧式容器支座两类。对于卧式容器主要采用鞍形支座,对于薄壁长容器也可采用圈形支座,如图7-5所示。

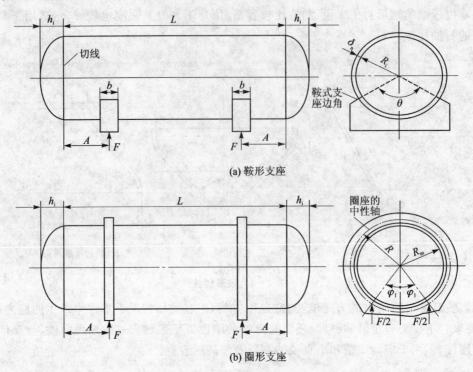

(a) 鞍形支座

(b) 圈形支座

图7-5 卧式容器的典型支座

(三) 压力容器焊接接头的分类

压力容器既是工业生产中常用的设备,也是一种较易发生事故的特殊设备;一旦发生事故,不仅使容器本身遭到破坏,往往还诱发一连串的恶性事故,如破坏其他设备和建筑设施,危及人员的生命和健康,污染环境,给国民经济造成重大损失,其结果可能是灾难性的。所以,必须严格控制压力容器的设计、制造、安装、选材、检验和使用监督。目前,我国压力容器的生产厂家大多执行国家标准 GB 150—1998《钢制压力容器》,内容包括压力容器用钢标准及在不同温度下的许用应力,板、壳元件的设计计算,容器制造技术要求、检验方法与检验标准。为贯彻执行上述基础标准,各部门还制定了各种相关的专业标准和技术条件。

在 GB150—1998 标准中规定,压力容器受压元件用钢应具有钢材质检证书,制造单位应按该质检证书对钢材进行验收,必要时应进行复检。焊接拼装的压力容器,根据接头所连接两元件的结构类型以及应力水平,将接头分为 A、B、C、D4 这类,如图 7-6 所示。

A 类焊缝是圆筒部分的纵向接头(多层包扎容器层板层纵向接头除外)、球形封头与圆筒连接的环向接头、各类凸形封头中的所有拼焊接头以及嵌入式接管与壳体对接连接的接头。

B 类焊缝是壳体部分的环向接头、锥形封头小端与接管连接的接头、长颈法兰与接管连接的接头。但已规定为 A、C、D 类的焊接接头除外。

C 类焊缝是平盖、管板与圆筒非对接连接的接头,法兰与壳体、接管连接的接头,内封头与圆筒的搭接接头以及多层包扎容器层板层纵向接头。

D 类焊缝是接管、人孔、凸缘、补强圈等与壳体连接的接头。但已规定为 A、B 类的焊接接头除外。

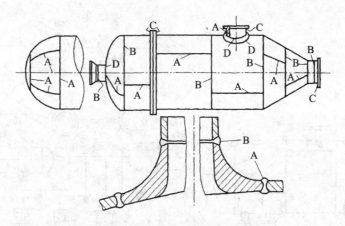

图7-6 压力容器焊接接头分类

焊接接头分类的原则仅根据焊接接头在容器所处的位置,而不是按焊接接头的结构形式分类,焊接接头形式应由容器的重要性、设计条件以及施焊条件等确定。这样,同一类别的焊接接头在不同的容器条件下,就可能有不同的焊接接头形式。

在标准中,对焊前的冷热加工成形规定了坡口加工的表面要求,规定了封头的拼接要求及形状和尺寸偏差,A、B类焊缝的对口错边量,焊接在环向、轴向形成的棱角的大小,不等厚板对接时单面或双面削薄厚板边缘的要求,容器壳体圆度的要求,法兰和平盖按相应的标准要求。焊接技术条件中规定了焊前准备、施焊环境、焊接工艺评定的要求及参照标准、焊缝表面的形状尺寸及外观要求,焊缝返修应符合规定。热处理技术条件中规定了容器及其受压元件需进行热处理的条件、热处理的方式及其使用规则。在试板与试样条例中规定了容器制备焊接试板的条件、热处理试板的条件、制备产品焊接试板、焊接工艺纪律检查试板的要求及试板检验与评定的标准。在无损探伤技术中规定,主要受压部件的焊接接头应进行外形尺寸及外观检查,合格后再进行无损探伤检查;同时还规定了射线探伤或超声波探伤的检查范围,焊缝表面进行磁粉或渗透探伤检查的条件,探伤质量检验的标准。在压力试验和致密性试验中,规定了液压和气压试验的介质、试验压力、试验温度及试验的具体方法,规定了气密性试验和煤油渗漏试验的具体过程及要求。

三、工作过程——压力容器的制造工艺

1. 中、低压压力容器的制造工艺

中、低压压力容器的结构及制造较为典型,应用也最为广泛。这类容器一般为单层筒形结构,以下图7-7所示的压力容器为例介绍其具体的生产工艺流程,其主要受力元件是封头和筒体。

（1）封头的制造。目前广泛采用冲压成形工艺加工封头。现以椭圆形封头为例来说明其制造工艺。

封头的制造工艺大致如下:原材料检验→划线→下料→拼缝坡口加工→拼板的装焊→加热→压制成形→二次划线→封头余量切割→热处理→检验→装配。

椭圆形封头压制前的坯料是一个圆形,封头的坯料尽可能采用整块钢板,如果直径过大,则一般采用拼接。这里有两种方法:一种是用两块或由左右对称的3块钢板拼焊,其焊缝必须

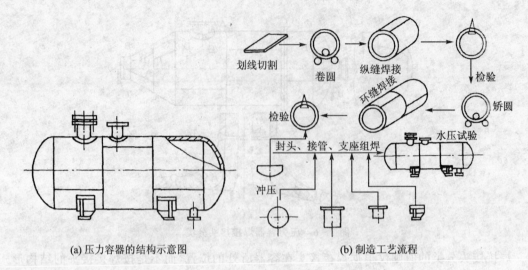

(a) 压力容器的结构示意图　　　　　　　(b) 制造工艺流程

图 7-7　圆筒形压力容器的制造工艺流程

布置在直径或弦的方向上；另一种是由瓣片和顶圆板拼接制成，焊缝方向只允许是径向和环向的。径向焊缝之间最小距离应不小于名义厚度 δ_n 的 3 倍，且不小于 100mm，如图 7-8 所示。封头拼接焊缝一般采用双面埋弧焊焊接。

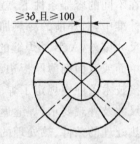

图 7-8　封头拼缝位置

封头成形有热压和冷压之分。采用热压时，为保证热压质量，必须控制始压和终压温度。低碳钢始压温度一般为 1 000～1 100℃，终压温度为 850～750℃。加热的坯料在压制前应清除表面的杂质和氧化皮。封头的压制是在水压机（或油压机）上，用凸凹模一次压制成形的，不需要采取特殊措施。

已成形的封头还要对其边缘进行加工，以便于筒体装配。一般应先在平台上划出保证直边高度的加工位置线，用氧气切割割去加工余量，可采用图 7-9 所示的封头余量切割机。此机械装备在切割余量的同时，可通过调整割矩角度直接割出封头边缘的坡口（V 形），经修磨后直接使用；如对坡口精度要求高或其他形式的坡口，一般是将切割后的封头放在立式车床上进行加工，以达到设计图样的要求。封头加工完后，应对主要尺寸进行检查，合格后才可与筒体装配焊接。

（2）筒节的制造。筒节制造的一般过程为：原材料检验→划线→下料→边缘加工→卷制→纵缝装配→纵缝焊接→焊缝检验→矫圆→复检尺寸→装配。

筒节一般在卷板机上卷制而成，由于一般筒节的内径比壁厚要大许多倍，所以筒节下料的展开长度 L 可用筒节的平均直径 D_p 来计算，即

$$L = 2\pi D_p$$
$$D_p = D_g + \delta$$

式中　D_g——筒节的直径；

　　　δ——筒节的壁厚。

筒节可采用剪切或半自动切割下料，下料前先划线，包括切割位置线、边缘加工线、孔洞中心线及位置线等，其中管孔中心线距纵缝及环缝边缘的距离不小于管孔直径的 0.8 倍，并打上

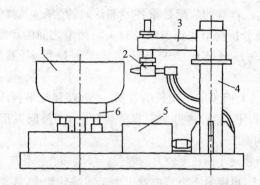

1—封头　2—割炬　3—悬臂　4—立柱　5—传动系统　6—支座

图7-9　封头余量切割机示意图

样冲标记。图7-10所示为筒节划线示意图。这里需注意,筒节展开方向应与钢板轧制的纤维方向一致,最大夹角也应小于45°。

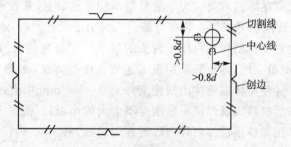

图7-10　筒节划线示意图

中、低压压力容器的筒节可在三辊或四辊卷板机上冷卷而成,卷制过程中要经常用样板检查曲率,卷圆后其纵缝处的棱角、径纵向错边量应符合技术要求。

筒节卷制好后,在进行纵缝焊接前应先进行纵缝的装配,主要是采用杠杆-螺旋拉紧器、柱形拉紧器等各种工艺装备夹具来消除卷制后出现的质量问题,满足纵缝对接时的装配技术要求,保证焊接质量。装配好后即进行定位焊。筒节的纵环缝坡口是在卷制前就加工好的,焊前应注意坡口两侧的清理。

筒节纵缝焊接的质量要求较高,一般采用双面焊,顺序是先里后外。纵缝焊接时,一般都应进行产品的焊接试板;同时,由于焊缝引弧处和灭弧处的质量不好,所以焊前应在纵向焊缝的两端装上引弧板和引出板。图7-11所示为筒节两端装上引弧板、焊接试板和引出板的情况。筒节纵缝焊完后还必须按要求进行无损探伤,再经矫圆,满足圆度的要求后才送入装配。

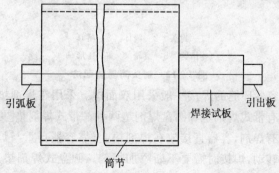

引弧板　　　焊接试板　　引出板

筒节

图7-11　焊接试板、引弧板和灭弧板与筒节的组装情况

（3）容器的装配工艺。容器的装配是指各零部件间的装配，其接管、人孔、法兰、支座等的装配较为简单。下面主要分析筒节与筒节以及封头与筒节之间的环缝装配工艺。

1）筒节与筒节之间的环缝装配要求比纵缝装配困难得多，其装配方法有立装和卧装两种。

① 立装适合于直径较大而长度不太长的容器，一般在装配平台或车间地面上进行。装配时，先将一筒节吊放在平台上，然后将另一筒节吊装其上，调整间隙后，即沿四周定位焊，依相同的方法再吊装上其他的筒节。

② 卧装一般适合于直径较小而长度较大的容器。卧装多在滚轮架或 V 形铁上进行。先把将要组装的筒节置于滚轮架上，再将另一筒节放置于小车式滚轮架上，移动辅助夹具使筒节靠近，端面对齐。当两筒节连接可靠后，可将小车式滚轮架上的筒节推向滚轮架，再装配下一个筒节。

筒节与筒节装配前，可先测量周长，再根据测量尺寸采用选配法进行装配，以减少错边量；或在筒节两端内使用径向推撑器，把筒节两端整圆后再进行装配。另外，相邻筒节的纵向焊缝应错开一定的距离，其值在周围方向应大于筒节壁厚的 3 倍以上，并且不应小于 100 mm。

2）封头与筒体的装配也可采用立装和卧装。当封头上无孔洞时，也可先在封头外临时焊上起吊用吊耳（吊耳与封头材质相同），便于封头的吊装。立装与前面所述筒节之间的立装相同；卧装时，如果是小批量生产，则一般采用手工艺装备配的方法，如图 7-12 所示。装配时，在滚轮架上放置筒体，并使筒体端面伸出滚轮架外 400～500 mm 以上，用起重机吊起封头，送至筒体端部，相互对准后横跨焊缝焊接一些刚度不太大的小板，以便固定封头与筒体间的相互位置。移去起重机后，用螺旋压板等将环向焊缝逐段对准到适合的焊接位置，再用"Ⅱ形马"横跨焊缝用定位焊固定。批量生产时，一般是采用专门的封头装配台来完成封头与筒体的装配。封头与筒体组装时，封头拼接焊缝与相邻筒节的纵焊缝也应错开一定的距离。

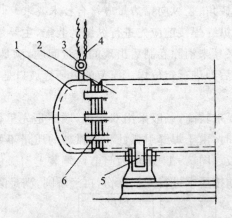

1—封头　2—筒体　3—吊耳
4—吊钩　5—滚轮架　6—Ⅱ形马

图 7-12　封头简易装配法

（4）容器的焊接。容器环缝的焊接一般采用双面焊。采用在焊剂垫上进行双面埋弧焊时，经常使用的环缝焊剂垫有带式焊剂垫和圆盘焊剂垫两种。带式焊剂垫[见图 7-13(a)]是在两轴之间的一条连续带上放有焊剂，容器直接放在焊剂垫上，靠容器自重与焊剂贴紧，焊剂靠容器转动时的摩擦力带动一起转动，焊接时需要不断添加焊剂。圆盘式焊剂垫是一个可以转动的装满焊剂的圆盘，放在容器下边，圆盘与水平面成 15°角，焊剂紧压在工件与圆盘之间，环缝位于圆盘最高位置,焊接时容器旋转带动圆盘随之转动,使焊剂不断进入焊接部位,如图 7-13(b)所示。

容器环焊缝时,可采用各种焊接操作机进行内外缝的焊接,但在焊接容器的最后一条环缝时,只能采用手工封底的或带垫板的单面埋弧焊。

容器的其他部件,如人孔、接管、法兰、支座等,一般采用焊条电弧焊焊接。容器焊接完以后,还必须用各种方法进行检验,以确定焊缝质量是否合格。对于力学性能试验、金相分析、化学分析等破坏性试验,是用于对产品焊接试板的检验;而对容器本身的焊缝则应进行外观检查、各种无损探伤、耐压及致密性试验等。凡检验出超过规定的焊接缺陷,都应进行返修,直到重新探伤后确认缺陷已全部清除才算返修合格。焊缝质量检验与返修的各项规定可参看标准有关内容。

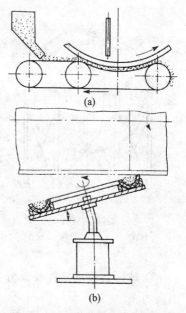

图 7-13　焊剂垫形式

2. 高压容器的制造工艺特点

近年来,石油、化工、锅炉等设备都在向大容量、高参数(高压、高温)发展,因此高压容器的容量越来越大,温度和压力越来越高,应用也越来越广泛。高压容器所使用的钢比中、低压容器所使用的钢强度更高,同时壁厚也要大得多。高压容器大体上分为单层和多层结构两大类。在大型容器方面,因为单层结构制造工艺比较简单,或由于本身结构的需要,所以单层结构容器应用较广,如电站锅炉汽包。

单层结构容器的制造过程与前面所述的中、低压单层容器大致相同,只是在成形和焊接方法的选取等方面有所不同。单层高压容器由于壁较厚,筒节一般采用加热弯卷,加热矫正成形。由于加热时产生的氧化皮危害较严重,会使钢板内外表面产生麻点和压坑,所以加热前需涂上一层耐高温、抗氧化的涂料,防止卷板时产生缺陷;热卷时,钢板在辊筒的压力下会使厚度减小,减薄量为原厚度的 5%～6%,而长度略有增加,因此下料尺寸必须严格控制。始卷温度和终卷温度视材质而定。筒节纵缝可采用开坡口的多层多道埋弧焊,但如果壁厚太大($\delta > 50$ mm),采用埋弧焊则显得工艺复杂,材料消耗大,劳动条件差,这时可采用电渣焊,以简化工艺,降低成本,电渣焊后需进行正火处理。容器环缝多用电渣焊或窄间隙埋弧焊来完成。若采用窄间隙埋弧焊技术,则可在宽 18～22 mm,深达 350 mm 的坡口内自动完成每层多道的窄间隙接头。与普通埋弧焊相比,效率大大提高,同时可节约焊接材料。

容器焊完后,除需进行外观检查外,所有焊缝还要进行超声波探伤及 X 射线探伤。另外,由于壁较厚,焊后应力较大,高压容器焊后均应进行消除应力处理。

3. 球形容器的制造工艺

(1) 球形容器的结构形式。球形容器一般称为球罐,它主要用来储存带有压力的气体或液体。

球罐按其瓣片形状分为橘瓣式、足球瓣式和混合式,如图 7-14 所示。橘瓣式球罐因安装较方便,焊缝位置较规则,目前应用最广泛。橘瓣式球罐按直径大小和钢板尺寸分为三带、四带、五带和七带橘瓣式球罐。足球瓣式的优点是所有瓣片的形状、尺寸都一样,材料利用率高,下料和切割比较方便,但大小受钢板规格的限制。混合式球罐的中部用橘瓣式,上极和下极用足球瓣式,常用于较大型球罐。一个完整的球体,往往需要数十或数百块的瓣片。

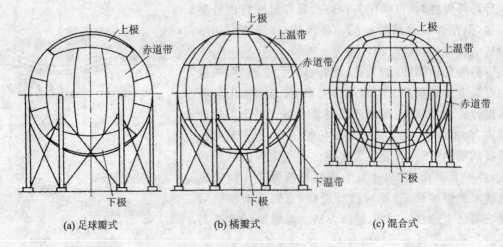

(a) 足球瓣式   (b) 橘瓣式   (c) 混合式

图 7 - 14 球罐形式

(2) 球罐的技术条件及其分析。球罐的工作条件及结构特征决定了球罐的技术条件是相当高的。

首先球罐的各球瓣下料、坡口、装配精度等尺寸均要确保质量,这是保证球罐质量的先决条件。另外,由于工作介质和压力、环境的要求,且返修困难,故焊接质量要严格控制,要保证受压均匀。焊接变形也要严格控制,这必须有合适的工夹具来配合及采用正确的装焊顺序。

一般球罐多在厂内预装,然后将零件编号,再到工地上组装焊接。球罐的焊缝多数采用焊条电弧焊,要求焊工的技术水平较高,并要有严格的检验制度,对每一生产环节都要认真对待。

(3) 球罐的制造工艺。

1) 瓣片制造。球瓣的下料及成形方法较多。由于球面是不可展曲面,所以多采用近似展开下料。通过计算(常用球心角弧长计算法),放样展开为近似平面,然后压延成球面,再经简单修整即可成为一个瓣片,此方法称为一次下料。还可以按计算周边适当放大,切成毛料,压延成形后进行二次划线,精确切割,此方法称为二次下料,目前应用较广。如果采用数学放样,数控切割,则可大大提高精度与加工效率。

对于球瓣的压形,一般直径小、曲率大的瓣片采用热压;直径大、曲率小的瓣片采用冷压。压制设备为水压机或油压机等。冷压球瓣采用局部成形法。具体操作方法是:钢板由平板状态进行初压时不要压到底,每次冲压坯料一部分,压一次移动一定距离,并留有一定的压延重叠面,这可避免工件局部产生过大的突变和折痕。当坯料返程移动时,可以压到底。

2) 支柱的制造。球罐的支柱形式多样,以赤道正切式应用最为普遍。

赤道正切支柱多数是管状形式,小型球罐选用钢管制成;大型球罐由于支柱直径大而长,所以用钢板卷制拼焊而成。例如考虑到制造、运输、安装的方便,大型球罐的支柱制造时分成上、下两部分,其上部支柱较短。上、下支柱的连接是借助一短管,安装时便于对拢。

支柱接口的划线、切割一般是在制成管状后进行的。划线前应先进行接口的放样制作样板,其划线样板应以管子外壁为基准。支柱制造好后要按要求进行检查,合格后还要在支柱下部的地方,约离其端部 1 500 mm 处取假定基准点,以供安装支柱时测量使用。

3) 球罐的装焊。球罐的装配方法很多,现场安装时,一般采用分瓣装配法。分瓣装配法是将瓣片或多瓣片直接吊装成整体的安装方法。分瓣装配法中以赤道带为基准来安装的方法运用得最为普遍。赤道带为基准的安装顺序是先安装赤道带,以此向两端发展。它的特点是由于赤道带先安装,其重力直接由支柱来支承,使球体利于定位,稳定性好,辅助工艺装备少。图 7-15 所示是橘瓣式球罐分瓣装配法中以赤道带为基准的装配流程图。

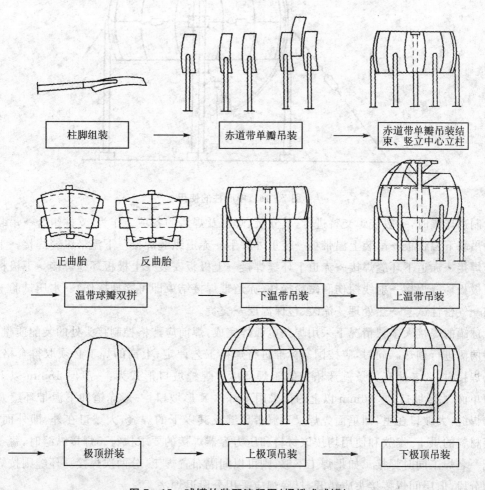

柱脚组装 → 赤道带单瓣吊装 → 赤道带单瓣吊装结束、竖立中心立柱

正曲胎　反曲胎

→ 温带球瓣双拼 → 下温带吊装 → 上温带吊装

→ 极顶拼装 → 上极顶吊装 → 下极顶吊装

图 7-15　球罐的装配流程图(橘瓣式球罐)

装配时,在基础中心一般都要放一根中心柱[见图 7-16]作为装配和定位的辅助装置。它由 $\varphi300\sim\varphi400$ mm 的无缝钢管制成,分段用法兰连接。装赤道板时,用中心柱拉住瓣片中部,用花篮螺钉调节并固定位置。温带球瓣可先在胎具上进行双拼,胎具制成与球瓣具有相同形状的曲面。

胎具分两种:正曲胎,胎具制成凸形,用于球瓣外缝的焊接;反曲胎,胎具制成凹形,用于球瓣内缝的焊接。装下温带时,先把下温带板的上口挂在赤道板下口,再夹住瓣片下口,通过钢丝绳吊在中心柱上,如图 7-16 所示。钢丝绳中间加一倒链装置,把温带板拉起到所需位置。装上温带时,它的下口搁在赤道板上口,再用固定在中心柱上的顶杆顶住它的上口,通过中间的双头螺钉调节位置,也可以在中心柱上面做成一个倒伞形架,上温带板上口就搁在其上。温带板都装好后,拆除中心柱。

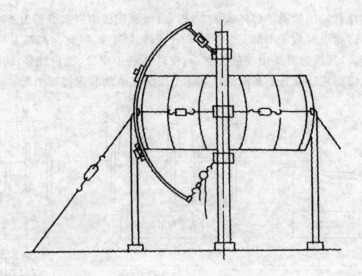

图 7 - 16 中心柱的使用

制造球罐时,一般装焊交替进行,其安装、焊接及焊后的各项工作为:支柱组合→吊装赤道板→吊装下温带板→吊装上温带板→装里外脚手→赤道纵缝焊接→下温带纵缝焊接→上温带纵缝焊接→赤道下环缝焊接→赤道上环缝焊接→上极板安装→上极板环缝焊接→下极板安装→下极板环缝焊接→射线探伤和磁粉探伤(赤道带焊接结束即可穿插探伤)→水压试验→磁粉探伤→气密性试验→热处理→涂装、包保温层→交货。

球罐的焊接大多数情况下采用焊条电弧焊完成,焊前应严格控制接头处的装配质量,并在焊缝两侧进行预热。同时,应按国家标准进行焊接工艺评定,上岗的焊工必须取得合格证书。现场焊接时,要参照有关条例严格控制施焊环境。焊缝坡口形式为:一般厚 18mm 以下的板采用单面 V 形坡口;厚 20mm 以上的板采用不对称 X 形坡口,一般赤道和下温带环缝及其以上的焊缝,大坡口在里,即里面先焊。下温带环缝及其以下的焊缝,大坡口在外,即外面先焊。焊接材料的烘干、发放和使用均按该材料和压力容器焊接的要求执行。焊接纵缝时,每条焊缝要配一名焊工同时焊接。如果焊工不够,则可以间隔布置焊工,分两次焊接。环缝则按焊工数均匀分段,但层间焊接接头应错开,打底焊应采用分段退焊法。

用焊条电弧焊焊接球罐的工作量大,效率低,劳动条件差,因此一直在探索应用机械化焊接的方法,现已采用的有埋弧焊、管状丝极电渣焊、气体保护电弧焊等。

4)球罐的整体热处理。球罐焊后是否要进行热处理,主要取决于其材质与厚度。球罐的热处理一般是进行整体退火。火焰退火处理用的退水装置如图 7 - 17 所示。加热前将整球连地脚螺钉从基础上架起,浮架在辊道上,以便处理过程中自由膨胀。热处理时应监测实际位移值,并按计算位移值来调整柱脚的位移,温度每变化 100℃,应调整一次。移动柱脚时,应平稳缓慢,一般在柱脚两面装两个千斤顶来调节伸缩。

①加热方法。球罐外部应设防雨雪棚。球壳板外加保温层并安装测温热电偶。将整台球罐作为炉体,在上人孔处安装一个带可调挡板的烟囱;在下人孔处安装高速烧嘴,烧嘴要设在球体中心线位置,以使球壳板受热均匀。高速烧嘴的喷射速度快,燃料喷出后点火燃烧,喷射热流呈旋转状态,能均匀加热。燃料可用液化石油气、天然气或柴油。另外,在球罐下极板

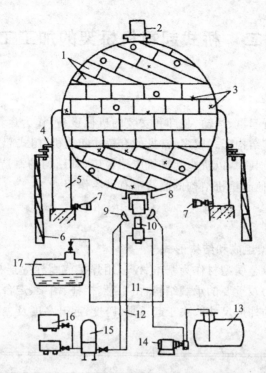

1—保温毡　2—烟囱　3—热电偶布置点（O 为内侧，X 为外侧）　4—指针和底盘
5—柱脚　6—支架　7—千斤顶　8—内外套筒　9—点燃器　10—烧嘴　11—油路软管
12—气路软管　13—油罐　14—泵组　15—贮气罐　16—空压机　17—液化气贮罐

图 7-17　退火装置示意图

外侧一般还要安装电热器，作为罐体低温区的辅助加热措施。

② 温度的控制。可通过以下措施控制球罐的升、降温速度和球体温度场的均匀化。

a. 通过调节上部烟囱挡板的开闭程度来控制升、降温速度。

b. 通过调节燃料、进风量来调节升温速度和控制恒温时间；通过调节燃料与空气的比例来调节火焰长度，从而控制球体的上下部温差，使球体温度场均匀化。

c. 在下极板采用加电热补偿器的方法，以免下部低温区升温过缓。

d. 通过增加或减少保温层厚度的方法来调节散热量，以使球体温度场均匀化。

e. 保温与测温。球罐的保温一般通过外贴保温毡实现。先将焊有保温钉的带钢纵向绕在球体外面，然后贴上保温毡。多层保温时，各保温毡接缝处要对严，各层接缝要错开，不得形成通缝。单层保温时，保温毡接缝要搭接 100mm 以上。在下极板处贴保温毡前要把电热补偿器挂好。保温毡贴好后再用钢带勒紧，以使保温毡贴紧罐壁。

球壳板温度的监测用热电偶测量完成。在球体上设有若干个测温点，热电偶的测温触头要用螺栓固定在球壳板上，外侧测温热电偶工作触点周围要用保温材料包严，接线端应露出一定的长度，并注明编号，用补偿导线将其与记录仪连接起来。

球罐热处理也可采用履带式电加热和红外线电加热。电加热法比较简便、干净，热处理过程可以用计算机自动控制，控制精度高，温差小。

任务二　桥式起重机桥架的加工工艺

一、任务分析

　　起重机是对物料进行起重、运输、装卸和安装的机械设备,作为运输机械在国民生产各个部门的应用十分广泛。其结构形式较多,常见的有桥式起重机、门式起重机、塔式起重机、悬挂起重机和汽车起重机等。其中,以桥式起重机应用最广,其结构的制造技术具有典型性,掌握了它的制造技术,对于其他起重机结构的制造都有借鉴作用。

二、相关知识

(一) 桥式起重机桥架组成和结构形式

　　桥式起重机桥架是以金属型材作为基本材料,用焊接或螺栓等连接成能承受载荷的结构物。桥架是桥式起重机中较重要的承载结构,由主梁、栏杆、端梁、走台、轨道及操作室等组成,如图 7-18 所示。桥架的外形尺寸取决于起重量、跨度、起升高度及主梁结构形式。

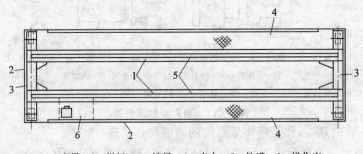

1—主梁　2—栏杆　3—端梁　4—走台　5—轨道　6—操作室

图 7-18　桥式起重机桥架结构

　　桥式起重机桥架常见的结构形式如图 7-19 所示。

　　(1) 中轨箱形梁桥架。如图 7-19(a)所示,该桥架由两根主梁和两根端梁组成。主梁外侧分别设有走台,轨道放在箱形梁的中心线上,小车载荷依靠主梁上翼板和肋板来传递。该结构工艺性好,主梁、端梁等部件可采用自动焊接,生产率高;制造过程中主梁的变形量较大。

　　(2) 偏轨箱形梁桥架。如图 7-19(b)所示,它由两根偏轨箱形梁和两根端梁组成。小车轨道安装在上翼板边缘主腹板处,载荷直接作用在主腹板上。主梁多为宽主梁形式,依靠加宽主梁来增加桥架水平刚度,同时可省掉走台,主梁制造时变形较小。

　　(3) 偏轨空腹箱形梁桥架。如图 7-19(c)所示,该桥架与偏轨箱形梁桥架基本相似,只是副腹板上开有许多矩形孔洞,自重减轻,又能使梁内通风散热,为梁内放置运行机构和电器设备提供了有利条件,同时便于内部维修,但制造比偏轨箱形梁麻烦。

　　(4) 箱形单主梁桥架。如图 7-19(d)所示,它由一根宽翼缘偏轨箱形主梁与端梁不在对称中心连接,以增大桥架的抗倾翻力矩能力。小车偏跨在主梁一侧使主梁受偏心载荷,最大轮压作用在主腹板顶面的轨道上,主梁上要设置一到两根支承小车反滚轮的轨道。该桥架制造成本低,主要用于起重量大,跨度较大的门式起重机。

　　在上述几种桥架形式中,以中轨箱形梁桥架最为典型,应用最为广泛,本任务所涉及的内

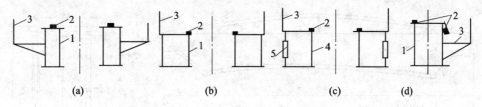

1—箱形主梁 2—轨道 3—走台 4—工字形主梁 5—空腹梁

图7-19 桥式起重机桥架的结构形式

容均为该结构。

（二）桥式起重机桥架主要部件结构特点和技术要求

1. 主梁

主梁是桥式起重机桥架中的主要受力部件。箱形主梁的一般结构如图7-20所示，由左右两块腹板，上下两块翼板以及若干长、短肋板组成。当腹板较高时，尚需加水平肋板，以提高腹板的稳定性，减小腹板的波浪变形；长、短肋板主要用于提高梁的稳定性及上翼板承受载荷的能力。

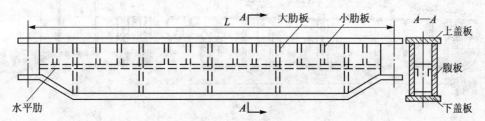

图7-20 箱形主梁

为保证起重机的使用性能，主梁在制造中应遵循一些主要技术要求，如图7-21所示。由于主梁在工作中不允许有下挠，所以主梁应满足一定的上拱要求，其上拱度 $f_k = L/700 \sim L/1\,000$（$L$ 主为梁的跨度）；为了补偿焊接走台时的变形；主梁向走台一侧应有一定的旁弯 $f_b = L/1\,500 \sim L/2\,000$；主梁腹板的波浪变形除对刚度、强度和稳定性有影响外，还影响表面质量，所以对波浪变形要加以限制，以测量长度1m计，腹板波浪变形 e 在受压区 $e < 1.2\delta_f$；主梁翼板和腹板的倾斜会使梁产生扭曲变形，影响小车的运行和梁的承载能力，因此一般要求上翼板水平度 $C \leqslant B/250$，腹板垂直度 $a \leqslant H/200$；另外，各筋板之间距离公差应在 ± 5 mm 范围之内。

2. 端梁

端梁是桥式起重机桥架组成部分之一，一般采用箱形结构，并在水平面内与主梁刚性连接。端梁按受载情况可分为两类：

（1）端梁受有主梁的最大支承压力，即端梁上作用有垂直载荷。结构特点是大车车轮安装在端梁的两端部，如图7-22（a）所示。此类端梁应计算弯矩，弯矩的最大截面是在与主梁连接处 $A—A$，支承截面 $B—B$ 和安装接头螺孔削弱的截面。

（2）端梁没有垂直载荷。结构特点是车轮或车轮的平衡体直接安装在主梁端部，如图7-22（b）所示。此类端梁只起联系主梁的作用，它在垂直平面几乎不受力，在水平面内仍属刚性连接并受弯矩的作用。

依据桥架宽度和运输条件，在端梁上设置一个或两个安装接头[图7-22（b）中为两个接头]，即将端梁分成两段或三段，安装接头目前都采用高强螺栓连接板。

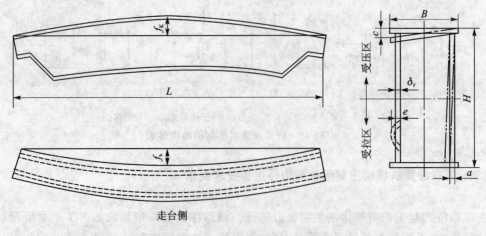

图 7-21 箱形主梁主要技术要求

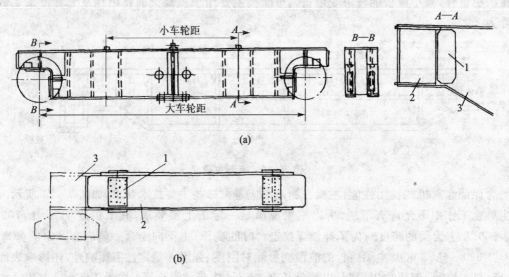

(a)

(b)

1—连接板 2—端梁 3—主梁

图 7-22 端梁的两种形式

对端梁的主要技术要求是：盖板水平倾斜 $b \leqslant B/250$（B 为盖板宽度）、腹板垂直偏斜 $h \leqslant H/250$（H 为腹板高度），同时对两端的弯板有特殊要求。端梁两端弯板[见图 7-23(a)]用于安装角形轴承箱及走轮，大车轮、轴和轴承等零部件装在角形轴承箱内，然后用螺栓紧固在端梁的弯板上，弯板压制成 90°焊接在腹板上。角形轴承箱两直角面及止口板均经过机械加工，而弯板是非加工面。如果弯板直角偏大，则安装角形轴承箱止口板与弯板的间隙大，需加垫片调整。这样，既费事，又难以保证质量，因而通常要求弯板直角偏差，折合最外端间隙不大于 1.5 mm，同时为保证桥架受力均匀和行走平稳，应控制同一端梁两端弯板高低差小于或等于 5 mm，并且要求同一车轮两弯板高低差 $g \leqslant 2$ mm，如图 7-23(b)所示。

3. 小车轨道

起重机轨道有 4 种：方轨、铁路钢轨、重型钢轨和特殊钢轨。中小型起重机采用方轨和铁路钢轨；重型起重机采用重型钢轨和特殊钢轨。中轨箱形梁桥架的小车轨道安放在主梁上翼板的中部。轨道多采用压板固定在桥架上，如图 7-24 所示。

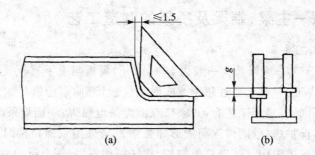

图 7 - 23　对端梁弯板的要求

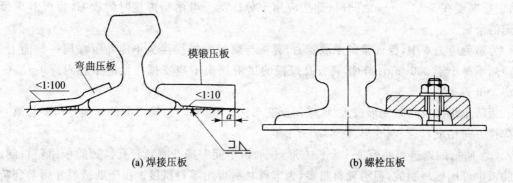

(a) 焊接压板　　　　　　　　　　　　(b) 螺栓压板

图 7 - 24　轨道压板形式($a=10mm$,无斜度)

为保证小车正常运行和桥架承载的需要,小车轨道安装时应满足以下要求:对同截面小车两轨道的高低差 c 有一定限制,一般当轨距 $T \leqslant 2.5$ m 时,$c=3$ m;轨距 $T>2.5$ m 时,$c \leqslant 5$ mm,如图 7-25 所示。同时,两轨道应相互平行,轨距偏差为 ± 5 mm。小车轨道的局部弯曲也有限制,一般在任意 2 m 范围内,不大于 1 mm。

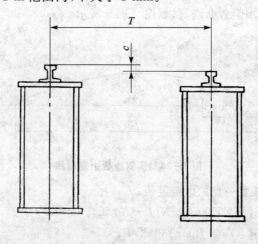

图 7 - 25　同一截面小车轨道高低差

三、工作过程——主梁、端梁及桥架的制造工艺

1. 主梁的制造工艺要点

（1）拼板对接焊工艺。主梁长度一般为 10～40 m，腹板与上下翼板要用多块钢板拼接而成，所有拼缝均要求焊透，并要求通过超声波或射线检验，其质量应满足起重机技术条件中的规定。根据板厚的不同，对接焊工艺有：开坡口双面焊条电弧焊；一面焊条电弧焊，另一面埋弧焊；双面埋弧焊；气体保护焊；单面焊双面成形埋弧焊。当采用双面拼接时，一面拼焊好后，必须把焊件翻转进行清根等工序。如果拼板较长，翻转操作不当，则会引起翘曲变形。采用单面焊双面成形具有焊缝一次成形，不需翻转清根，对装配间隙和焊接参数要求不十分严格等优点，钢板厚度在 5～12 mm 之间时，此法应用十分广泛。考虑到焊接时的收缩，拼板时应留有一定的余量。

为避免应力集中，保证梁的承载能力，翼板与腹板的拼接接头不应布置在同一截面上，错开距离不得小于 200 mm；同时，翼板及腹板的拼板接头不应安排在梁的中心附近，一般应离中心 2 m 以上。

为防止拼接板时角变形过大，可采用反变形法。双面焊时，第二面的焊接方向要与第一面的焊接方向相反，以控制变形。

（2）肋板的制造。肋板是一个长方形，长肋板中间一般开有减轻孔。短肋板用整料制成，长肋板也可用整料制成，但消耗材料多，为节省材料可用零料拼接。由于肋板尺寸影响到装配质量，所以要求其宽度差不能太大，只能为 1 mm 左右；长度尺寸允许有稍大一些的误差。肋板的 4 个角应保证 90°，尤其是肋板与上盖板接触处的两个角更应严格保证直角，这样才能保证箱形梁在装配后腹板与上盖板垂直，并且使箱形梁在长度方向不会产生扭曲变形。

（3）腹板上挠度的制备。考虑主梁的自重和焊接变形的影响，为满足技术规定的主梁上挠要求，腹板应预制出数值大于技术要求的上挠度，具体可根据生产条件和所用的工艺程序等因素来确定，一般跨中上挠度的预制值 f_m 可取（1/350～1/450）L。目前，上挠曲线主要有二次抛物线、正弦曲线以及四次函数曲线等，如图 7-26 所示。

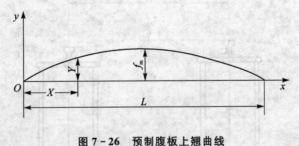

图 7-26 预制腹板上翘曲线

距主梁端部距离为任意一点的上挠度值：

1）二次抛物线上挠计算：$Y = 4f_m X(L-X)/L^2$。

2）正弦曲线上挠计算：$Y = f_m \sin 180° X/L$。

3）四次函数曲线上挠计算：$Y = 16f_m \left[X(L-X)/L^2 \right]^2$。

国内起重机制造一般采用二次抛物线上挠计算法，此法与正弦曲线上拱计算法的共同问题是端头起挠太快。生产中，开始几点的上拱计算值必须加以修整，以减缓拱度。采用四次函

数作上挠曲线,是取在移动载荷与自重载荷作用下主梁下挠曲线的相反值。端头起挠较为平缓,所以称为理想挠度曲线。

腹板上挠度的制备方法多采用先划线后气割,切出相应的曲线形状,在专业生产时,也可采用靠模气割。图 7-27 所示为靠模气割示意图,气割小车 1 由电动机驱动,4 个滚轮 4 沿小车导轨 3 作直线运动,运动速度为气割速度且可调节。小车上装有可作横向自由移动的横向导杆 7,导杆的一端装有靠模滚轮 6,沿着靠模 5 移动。靠模制成与腹板上挠曲线相同形状的导轨。导杆上装有两个可调节的割嘴 2,割嘴间的距离应等于腹板的高度加切口宽度。当小车沿导轨运动时,就能割出与靠模上挠曲线一致的腹板。当然也可采用计算机编程数控切割的方式进行加工。

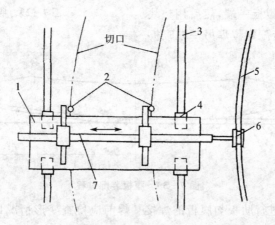

1—气割小车 2—割嘴 3—小车轨道 4—滚轮
5—靠模 6—靠模滚轮 7—横向导杆

图 7-27 腹板靠模气割示意图

(4) 装焊∏形梁。∏形梁由上翼板、腹板和肋板组成。该梁的组装定位焊分为机械夹具组装和平台组装两种,目前应用较广的是采用平台组装工艺,又以上翼板为基准的平台组装居多。装配时,先在上翼板上以划线定位的方式装配肋板,用 90°角尺检验垂直度后进行定位焊,为减小梁的下挠变形,装好肋板后应进行肋板与上翼板焊缝的焊接。如果翼板未预制旁弯,则焊接方向应由内侧向外侧[见图 7-28(a)],以满足一定旁弯的要求;如果翼板预制有旁弯,则方向应如图 7-28(b)所示,以控制变形。

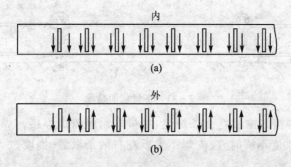

图 7-28 肋板的焊接方向

组装腹板时,首先要求在上翼板和腹板上分别划出跨度中心线,然后用吊车将腹板吊起与翼板、肋板组装,使腹板的跨度中心线对准上翼板的跨度中心线,然后在跨中点进行定位焊。腹板上边用安全卡1(见图7-29)将腹板临时紧固到长肋板上,可在翼板底下打楔子使上翼板与腹板靠紧,通过平台孔安放沟槽限位板3,斜放压杆2,并注意压杆要放在肋板处。当压下压杆时,压杆产生的水平力使下部腹板靠严肋板。为了使上部腹板与肋板靠紧,可用专用夹具式腹板装配胎夹紧。由跨中组装后,定位焊至腹板一端,然后用垫块垫好(见图7-30),再装配定位焊另一端腹板。

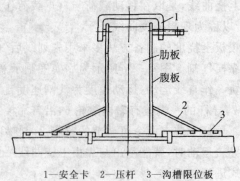

1—安全卡 2—压杆 3—沟槽限位板

图7-29 腹板夹卡图

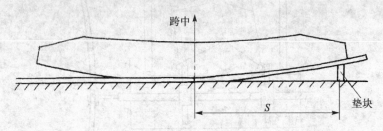

图7-30 腹板装配过程

　　腹板装好后,即应进行肋板与腹板的焊接。焊前应检查变形情况以确定焊接顺序。如果旁弯过大,则应先焊外腹板焊缝;如果旁弯不足,则应先焊内腹板焊缝。就国内生产而言,对∏形梁内壁焊缝,原大面积采用的焊条电弧焊逐步被较理想的 CO_2 气体保护焊替代,以减小变形,提高生产效率。为使∏型梁的弯曲变形均匀,应沿梁的长度由偶数焊工对称施焊。

　　(5)下翼板的装配。下翼板的装配关系到主梁最后成形质量。装配时先在下翼板上划出腹板的位置线,将∏型梁吊装在下翼板上,两端用双头螺杆将其压紧固定(见图7-31),然后用水平仪和线锤检验梁中部和两端的水平和垂直度及拱度,如果有倾斜或扭曲,则用双头螺杆单边拉紧。下翼板与腹板的间隙应不大于 1 mm,点焊时应从中间向两端同时进行。主梁两端弯头处的下翼板可借助起重机的拉力进行装配定位焊。

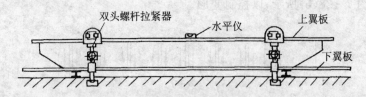

图7-31 下翼板的装配

　　(6)主梁纵缝的焊接。主梁有4条纵缝,尽量采用埋弧焊焊接。焊接顺序视梁的拱度和旁弯的情况而定。当拱度不够时,应先焊下翼板左右两条纵缝;挠度过大时,应先焊上翼板左右两条纵缝。

　　采用自动焊焊接4条纵缝时,可采用图7-32所示的焊接方式,焊接时从梁的一端直通焊到另一端。图7-32(a)所示为"船形"位置单机头焊,主梁不动,靠焊接小车移动完成焊接工作。平焊位置可采用双机头焊[见图 7-32(b)和图 7-32(c)]，其中图 7-32(b)所示为靠移动工件完成焊接，图 7-32(c)所示为通过机头移动来完成焊接操作。

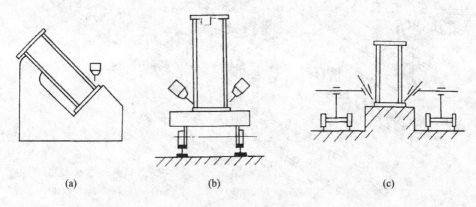

(a)　　　　　　　　　　(b)　　　　　　　　　　(c)

图 7-32　主梁纵缝自动焊

当采用焊条电弧焊时，应采用对称的焊接方法，即把箱形梁平放在支架上，由 4 名焊工同时从两侧的中间分别向梁的两端对称焊接，焊完后翻身，以同样的方式焊接另外一边的两条纵缝。

（7）主梁的矫正。箱形主梁装焊完毕后应进行检查，每根箱形梁在制造时均应达到技术条件的要求，如果变形超过了规定值，则应进行矫正。矫正时，应根据变形情况采用火焰矫正法，选择好加热的部位与加热方式进行矫正。

（8）流水线生产主梁的实例。这里简单介绍生产桥式起重机主梁流水作业线上几个主要生产环节及其所用的装备，如图 7-33 所示。

图 7-33(a)是用埋弧焊机头 4 焊接上翼板 5 的拼接焊缝（内侧），依靠龙门架 2 通过真空吸盘 3 把上翼板送至拼焊地点。

图 7-33(b)是安装长短肋板 6。

图 7-33(c)由龙门架 8 运送和安装腹板，再由龙门架 9 上的气动夹紧装置使腹板向肋板和上翼板贴紧，然后定位焊。

图 7-33(d)是有两个工作台同时工作，主梁翻转 90°处于倒置状态后，焊接腹板里侧的拼接焊缝和肋板焊缝，焊完一侧后，翻转 180°再焊另一侧。

图 7-33(e)是装配下翼板，用液压千斤顶 10 压住主梁两端，再由翻转机 11 送进下翼板，在龙门架子 12 的气动夹紧装置的压紧下进行定位焊，全部定位焊后松开主梁，然后焊接上翼板外面的拼接焊缝。

图 7-33(f)是焊接箱形主梁外侧的纵向角焊缝和腹板的拼接焊缝。

图 7-33(g)是进行质量检验，整个箱形主梁即告完成。

2. 端梁的制造工艺要点

箱形主梁桥架的端梁都采用钢板焊成的箱形结构，并在水平面内侧与主梁刚性连接。将主梁和端梁焊接成整体，这对运输造成一定的困难，因此尚需在端梁中设置 1 个或 2 个运输安装接头，即把端梁分成 2 或 3 段，通过螺栓连接。安装接头有两种形式：一种是连接板连接；另一种是角钢连接，如图 7-34 所示。

考虑到端梁与主梁连接焊缝均在端梁内侧，因此在组装焊接端梁时应注意各焊缝的方向

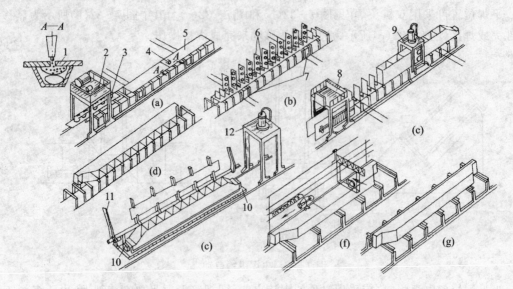

1—焊剂垫　2—行走龙门架　3—真空吸盘　4—埋弧焊机头　5—上翼板
6—肋板　7—焊接小车　8、9、12—行走龙门架　10—液压千斤顶　11—翻转机

图 7-33　流水线上装焊主梁

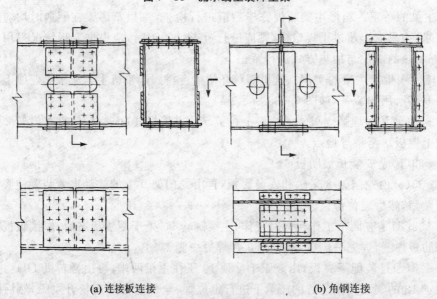

(a) 连接板连接　　　　　　　　　　　　　(b) 角钢连接

图 7-34　端梁安装的接头形式

与顺序,使端梁与主梁装焊前有一定的外弯量。端梁制造的大致工艺过程如下:

(1) 备料。包括上、下翼板、腹板、肋板及两端的弯板。弯板采用压制成形,各零件应满足技术规定。

(2) 装焊。首先肋板与上翼板装配并焊接,再装配两腹板并定位,然后装弯板(弯板是整个端梁的关键,装焊中必须严格保证弯板的角度)。为保证一端的一组弯板能在同一平面内,可预先在平台上用定位胎将其连成一体。组装弯板后,要用水平尺检查弯板水平度,并调节两端弯板的高度公差在规定范围内。接着进行端梁内壁焊缝的焊接,先焊外腹板与肋板、弯板的焊缝,再焊内腹板与肋板、弯板的焊缝,然后装配下翼板并定位。最后焊接端梁4条纵焊缝,并且应先焊下翼板与腹板纵缝。端梁制好后,同样应对其主要技术要求进行检查,不符合规定的应进行矫正。

3. 桥架的装配与焊接工艺

桥架组装焊接工艺包括已制好的主梁与端梁组装焊接、组装焊接走台、组装焊接小车轨道与焊接轨道压板等工序。主梁的外侧焊有走台,主梁腹板上焊有纵向角钢与走台相连。

(1) 桥架装焊工艺选择。

1) 作业场地的选择。由于户外环境易造成桥架外形尺寸的变化,所以组装应尽量选择在厂房内进行。必须在露天条件下作业时应随时进行测量,以便对尺寸进行修正。

2) 垫架位置的选择。由于自重对主梁挠度有影响,所以主梁垫架位置应选择在主梁的跨端或接近跨端的位置。起重量较小的桥架在最后测量调整时应尽量垫到端梁处。

3) 桥架的组装基准。为使桥架安装车轮后能正常运行,两个端梁上的4组弯板组装时应在同一水平面内,以该水平面为组装调整桥架各部的基准。为此,可穿过端梁上翼板的吊装孔立T形标尺,(图7-35所示为一个端梁上的两组弯板),4个T形标尺的下部分别固定到4组弯板上,用水准仪依次测量4个T形标尺上的测量点并作调整。如果4个T形标尺的测量点在同一水平面上,则4组弯板即在同一水平面内。

4) 桥架的装焊顺序。为减小桥架整体焊接变形,在桥架组装前应焊完所有部件本身的焊缝,不要等到整体组装后再补焊。因为这样部件的焊接变形容易控制,又便于翻转,容易施焊,可提高焊缝质量。

(2) 桥架组装焊接工艺要点。

1) 主梁、端梁组装。将分别经过阶段验收的两根主梁摆放到垫架上,通过调整,应使两主梁中心线距离、对角线差及水平高低差等均在相应的规定之内。然后,在端梁上翼板划出纵向中心线,用直尺将弯板垂直面的位置引到上翼板,与端梁纵向中心线相得基准点,以基准点为依据划出主梁装配时的纵向中心线,而后将端梁吊起按划线部位与主梁装配,用夹具将端梁固定于主梁的翼板上,调整端梁使其上翼板两端的 A'、C'、B'、D' 4点水平度差及对角线 $A'D'$ 与 $B'C'$ 之差在规定的数值内,如图7-36所示。同时,穿过吊装孔立T形标尺,用水准仪测量调整,保证同一端梁弯板水平面的标高差及跨度方向标高差不超过规定数值,所有这些检查合格后,再进行定位焊。

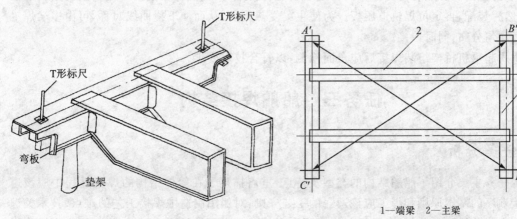

1—端梁 2—主梁

图7-35 桥架的水平基准　　　　图7-36 主梁与端梁的组装

主梁与端梁采用的焊接连接方式有直板和三角板连接两种,如图7-37所示。主要焊缝有主梁与端梁上下翼板焊缝、直板焊缝或三角板焊缝。为减小变形与应力,应先焊上翼板焊缝,然后焊下翼板焊缝,再焊直板或三角板焊缝;先焊外侧焊缝,后焊内侧焊缝。

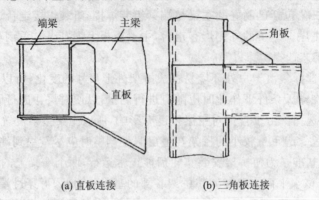

(a) 直板连接 　　　　　(b) 三角板连接

图7-37　主梁与端梁的焊接连接方式

2)组装焊接走台。为减小桥架的整体变形,走台的斜撑与连接板(见图7-38)要按图样尺寸预先装配焊接成组件,再进行桥架组装焊接。组装时,按图样尺寸划走台的定位线,走台应与主梁上翼板平行,即具有与主梁一致的上挠曲线。装配横向水平角钢时,用水平尺找正,使外端略高于水平线定位焊于主梁腹板上,然后组装定位焊斜撑组件,再组装定位焊走台边角钢。走台边角钢应具有与走台相同的上挠度。走台板应在接宽的纵向焊缝完成后进行矫平,然后组装定位焊在走台上。整个走台的焊缝焊接时,为减小应力变形,

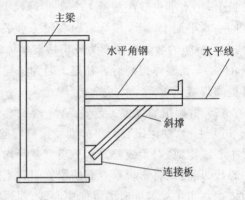

图7-38　组装焊接走台

应选择好焊接顺序。水平外弯大的一侧走台应先焊,走台下部焊缝应先焊。

3)组装焊接小车轨道。小车轨道用电弧焊方法焊接成整体,焊后磨平焊缝。小车轨道应平直,不得扭曲和有显著的局部弯曲。组装轨道与桥架时,应预先在主梁的上翼板划出轨道位置线,然后装配,再定位焊轨道压板。为使主梁受热均匀,从而使下挠曲线对称,可由多名焊工沿跨度均匀分布,同时焊接。

桥式起重机桥架组装焊接后应全面检测,以符合技术要求。

任务三　船舶焊接结构

一、任务分析

本任务主要介绍了船舶结构的类型及特点,重点描述了在船体结构的焊接过程中应该遵守焊接顺序的基本原则和焊工应该遵守的工艺守则,对船舶制造中焊接工艺的难点、技术关键及其生产工艺进行了分析,以便进一步巩固和运用前几章所学的理论知识,为以后走上工作岗位打下良好的基础。

二、相关知识

（一）船舶结构的类型及特点

船舶是一座水上浮动结构物,而作为其主体的船体则是板材和骨架的组合结构,如图 7 - 39 所示。

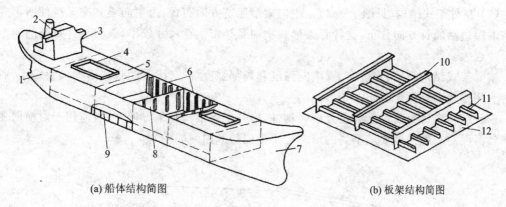

(a) 船体结构简图　　　　　　　　　　　　　　　(b) 板架结构简图

1—尾部　2—烟囱　3—上层建筑　4—货舱口　5—甲板　6—舷侧

7—首部　8—横舱壁　9—船底　10—桁材　11—骨材　12—板

图 7 - 39　船体结构的组成及其板架简图

船体是由钢板包裹,内部由骨架支承的刚性空腔,巨大的空腔可以排开大量的水,获得巨大的浮力,空腔内部的空间又为货物的装载提供了必要的空间。

1. 船舶板架结构的类型及使用范围

船体按骨架排列形式的不同可将船体分为纵骨架式结构、横骨架式结构和混合骨架式结构。

（1）纵骨架式结构（见图 7 - 40）。主向梁沿船长方向布置,由主向梁和交叉构件所形成的方格的长边沿船长方向分布。纵向构件排列密集且尺寸小,横向构件排列间距大且尺寸也大。

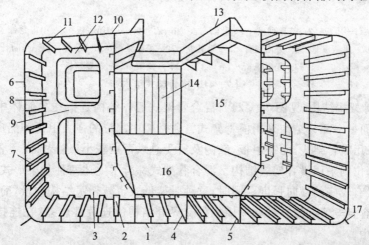

1—船底板　2—船底纵骨　3—肋板　4—中桁材　5—旁桁材　6—舷顶板

7—舷侧纵骨　8—强筋骨　9—撑材　10—甲板　11—甲板纵骨　12—强横梁

13—舱口围板　14—横舱壁　15—纵舱壁　16—内底板　17—舭龙骨

图 7 - 40　纵骨架式结构

纵骨架式结构具有较好的纵向强度，一般应用于对总纵强度要求较高的大型海洋船舶，目前有些内河船舶也采用这种骨架形式。

由于纵向构件的增多大大提高了船体的总纵强度，所以可选用较薄的板材，使船舶自重减轻，但施工建造比较复杂，同时由于横向构件尺寸的加大使货舱舱容得不到充分利用而影响载货量，且装卸也不便。

（2）横骨架式结构（见图7-41）。主向梁沿船宽方向布置，由主向梁和交叉构件所形成的方格的短边沿船长方向分布，这种骨架形式横向骨架密集且尺寸较小，纵向构件排列的间距大且尺寸也大。

横骨架式结构简单、建造容易、横向强度和局部强度好，又因其肋骨和横梁尺寸较小，所以舱容利用率较高且便于装卸。

这种结构在每个肋位上都设置横向构件，横骨架式结构施工方便，一般应用于对横向强度要求较高而对总纵强度要求不高的沿海中小型船舶和内河船舶。

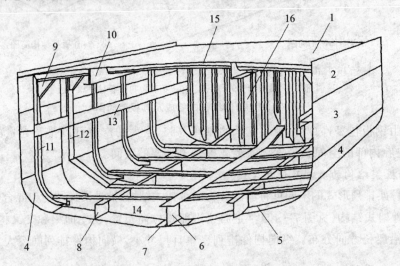

1—甲板　2—舷顶列板　3—舷侧列板　4—舭列板　5—船底板　6—中内龙骨
7—平板纵骨　8—旁内龙骨　9—梁肘板　10—甲板纵桁　11—肋骨　12—强肋骨
13—船舷纵桁　14—肋板　15—横梁　16—横舱壁板

图7-41　横骨架式结构

（3）混合骨架式结构（见图7-42）。混合骨架式船体结构是指在主船体中的一部分结构采用纵骨架式而另一部分结构采用横骨架式。通常船中部位的强力甲板和船底结构因所受的总纵弯矩大，采用纵骨架式，而下甲板、舷侧及所受总纵弯矩较小，建造施工不便和波浪冲击力较大的首、尾部位则采用横骨架式结构。混合骨架式综合了上述两种骨架形式的优点，既保证了总纵强度，又有较好的横向强度。同时，这种骨架形式也减轻了结构重量，简化施工工艺，并充分利用了舱容且方便装卸。但在纵横构件交界处结构的连续性较差，在连接节处容易产生较大的应力集中。

船体板架的类型、结构特征和使用范围如表7-1所列。

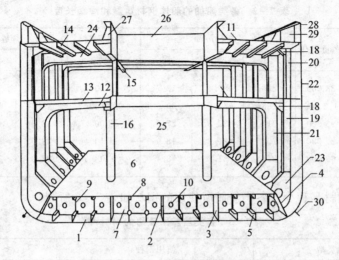

1—船底板　2—中桁材　3—旁桁材　4—内底边板　5—船底纵骨　6—内底板　7—实肋板
8—内底纵骨　9—加强筋　10—人孔　11—上甲板　12—舱口端梁　13—横梁　14—甲板纵骨
15—甲板纵桁　16—支柱　17—二层甲板　18—梁肘板　19—船舱肋骨　20—甲板间肋骨
21—强肋骨　22—舷侧列板　23—舭肘板　24—舱口端横梁　25—横舱壁　26—舱口围板
27—防倾肘板　28—舷墙板　29—舷墙扶强材　30—舭龙骨

图 7 - 42　混合骨架式结构

表 7 - 1　船体板架的类型、结构特征和使用范围

板架类型	结构特征	使用范围
纵骨架式	板架中纵向(船长方向)构件较密、间距较小，而横向(船宽方向)构件较稀、间距较大	大型油船的船体;大中型货船的甲板和船底;军用船舶的船体
横骨架式	板架中横向构件较密、间距较小，而纵向构件较稀、间距较大	小型船舶的船体,中型船舶的弦侧、甲板,民船的首尾部
混合骨架式	板架中纵向、横向构件的密度和间距相差不多	除特种船舶外,很少使用

2. 船体结构的特点

船体结构与其他焊接结构相比,具有以下特点:

(1) 零部件数量多。一艘万吨级货船的船体其零部件数量在 20 000 个以上。

(2) 结构复杂、刚性大。船体中纵、横构架相互交叉又相互连接,尤其是首尾部分还有不少典型结构。这些构件用焊接连成一体,使整个船体成为一个刚性的焊接结构。一旦某一焊缝或结构不连续处桁生微小的裂纹,就会快速地扩展到相邻构件,造成部分结构乃至整个船体发生破坏。因此,在设计时要避免构件不连续和应力集中的因素。在制造时要正确装配、保证焊接质量,并注意零件自由边的切割质量、构件端头和开孔处应实施包角焊等。

(3) 钢材的加工量和焊接工作量大。各类船舶的船体钢材重量和焊缝长度如表 7 - 2 所列。焊接工时一般占船体建造总工时的 30% ~ 40%。因此,设计时要考虑结构的工艺性,同时也要考虑采用高效焊接的可能性,并尽量减少焊缝的长度。

表7-2 各类船舶的船体钢材重量和焊缝长度

项 目 船 种	载重量/t	主尺寸/m			船体钢材 重量/t	焊缝长度/km		
		长	宽	深		对接	角接	合计
油船	88 000	226	39.4	18.7	13 200	28.0	318.0	346.0
货船	153 000	268	53.6	20.0	21 900	48.0	437.0	485.0
汽车运输船	16 000	210	32.2	27.0	13 000	38.0	430.0	468.0
集装箱船	27 000	204	31.2	18.9	11 100	28.0	331.0	359.0
散装货船	63 000	211	31.8	18.4	9 700	22.0	258.0	280.0

（4）使用的钢材品种少。各类船舶所使用的钢材如表7-3所列。

表7-3 各类船舶所使用的钢材种类

船舶类型	使用钢种	备 注
一般中小型船舶	船用碳钢	
大中型船舶、集装箱船和油船	船用碳钢 $\sigma_S=320\sim400MPa$ 的船用高强度钢	用于高应力区构件
化学药品	船用碳素钢和高强度钢 奥氏体不锈钢、双相不锈钢	用于货舱
液化气船	船用碳素钢和高强度钢 低合金高强度钢 0.5Ni、3.5Ni、5Ni 和 9Ni 钢， 36Ni，2Al2 铝合金	用于全压式液罐、半冷 半压和全冷式液罐和液舱

（二）船舶结构的焊接工艺原则

1. 焊接顺序的基本原则

所谓焊接顺序就是工件上各焊接接头和焊缝的焊接次序，合理选择焊接顺序，其目的是使焊接热输入合理分布，从而减小结构变形，降低并合理分布焊接残余应力。在船体建造中，为了减少船体结构的变形与应力，正确选择和严格遵守焊接顺序，是保证船体焊接质量的重要措施。由于船体结构复杂，各种类型的船体结构也不一样，所以焊接顺序也不相同。选择船体结构焊接顺序的基本原则是：

（1）船体外板、甲板的拼缝，一般应先焊横向焊缝（短焊缝），然后焊纵向焊缝（长焊缝），如图7-43所示。对具有中心线且左右对称的构件，应左右对称地进行焊接，最好是双数焊工同时进行焊接，避免构件中心线产生移位。埋弧焊一般应先焊纵向焊缝，后焊横向焊缝。

（2）构件中同时存在对接焊缝和角接焊缝时，应先焊对接焊缝，后焊角接焊缝。如果同时存在立焊缝和平焊缝，则应先焊立焊缝，后焊平焊缝。所有焊缝应采取由中间向左右，由中间向艏艉，由下往上的焊接顺序。

（3）凡靠近总段和分段合拢处的对接焊缝和角焊缝应留出200～300 mm暂时不焊，以利于船台装配对接，待分段、总段合拢后再进行焊接。

（4）手工焊时，焊缝长度小于1 000 mm时，可采用直通焊，焊缝长度大于1 000 mm时，采用分段退焊法。

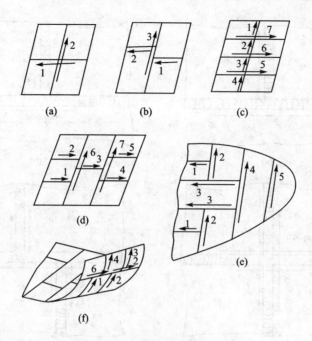

图 7 - 43　拼板接缝的焊接顺序

（5）在结构中同时存在厚板与薄板构件时，先将收缩量大的厚板进行多层焊，后将薄板进行单层焊。多层焊时，各层的焊接方向最好相反，各层焊缝的接头应相互错开。或采用分段退焊法（见图 7 - 44），焊缝的接头不应处在纵横焊缝的交叉点。

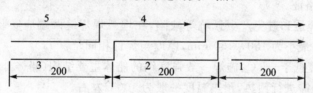

图 7 - 44　多层焊的分段退焊法

（6）刚性大的焊缝，如立体分段的对接焊缝（大接头），焊接过程不应间断，应力求迅速连续完成。

（7）分段接头呈 T 形和十字形交叉时，对接焊缝的焊接顺序是：T 形对接焊缝可采用先焊好横焊缝（立焊），后焊纵焊缝（横焊）的方法，如图 7 - 45（a）所示。也可以采用图 7 - 45（b）所示的顺序，先在交叉处两边各留出 200～300 mm，留在最后焊接，这可防止在交叉部位由于应力过大而产生裂缝。同样，十字形对接焊缝的焊接顺序如图 7 - 45（c）所示，横焊缝错开的 T 形交叉焊缝的焊接顺序如图 7 - 45（d）所示。

（8）船台大合拢时，先焊接总段中未焊接的外板、内底板、舷侧板和甲板等的纵焊缝，同时焊接靠近大接头处的纵横构架的对接焊缝，然后焊接大接头环形对接焊缝，最后焊接构架与船体外板的连接角焊缝。

2. 工艺守则

在船体结构的焊接过程中，焊工应该遵守以下几项守则：

（1）凡是担任船结构焊接的电焊工，必须按我国"钢质海船入级与建造规范"（英文略称

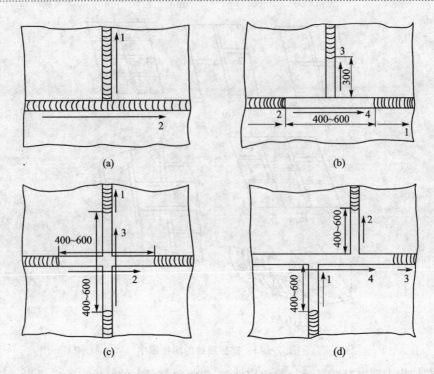

图 7 - 45 T形、十字形交叉焊缝的焊接顺序

ZC)规则,以及相对应的国外船检局(如 NK、GL、ABS 等)规则进行考试(包括定位焊的焊工),并取得考试合格证。

(2) 为了保证焊透和避免产生弧坑等缺陷,在埋弧焊焊缝两端应安装引弧和引出板。引弧与引出板的尺寸,最小为 150×150 mm,厚度与焊件相同。

(3) 当环境温度低于-5℃,施焊一般强度钢的船体主要结构(船体外板和甲板的接缝、艏柱、挂舵臂等)时,均需进行预热,预热温度一般为 100℃左右。

(4) 所有对接焊缝(包括 T 型构件的面板、腹板)正面焊好后,反面必须用碳弧气刨清根,未刨出金属光泽的焊缝不得焊接。

(5) 缺陷未修补的不上船台。分段建造产生的焊接缺陷和焊接变形应修正和矫正完毕后,再吊上船台。

(6) 焊条、焊剂等材料的烘焙、发放应按有关技术要求严格执行,一次使用不得超过 4h,而且回收烘焙只允许重复两次。

(7) 在焊接时,不允许在焊缝的转角处或焊缝的交叉处引弧或收弧,焊缝的接头应避开焊缝交叉处。引弧应在坡口中进行,严禁在焊件上缘引弧。

(8) 装配使用的定位焊焊条必须与焊工正式施焊的焊条牌号相同。在施焊过程中,遇到接头定位焊开裂、使错边量超过标准要求时,必须修正后再焊接。如果坡口间隙过大,则可采用堆焊坡口方法或采用临时垫板工艺,切不可以嵌焊条或用切割余料等作为填充嵌补金属材料。

(9) 当构件连续角焊缝与已完工的拼接缝相交时,可采取如下工艺措施:

1) 可将相交部分焊缝打平,但不允许该处焊缝呈突变的缺口。

2) 允许在构件腹板上开 R30 mm 的半圆孔或 60 mm×4 mm 的长形孔。让平焊缝增强量的高出部分通过,而施行角焊时将长孔填满。

3) 当构件要求水密时,其腹板上开长 60 mm、高 3 mm,剖面削斜 45°的长形孔,即使平焊缝增高部分通过,又能保证施焊角焊缝焊透。

4) 当构件穿越液舱时,应采取隔水孔或其他等效措施,距水密边界两侧各 100 mm 处的构件开 $R40$ mm 的半圆孔,保证半圆孔处有良好的包角,孔与水密边界之间加大角焊缝焊脚尺寸 10%。

(10) 按"ZC 船规"规定,一般船体结构中对下列部位在包角焊缝的规定长度内应采用双面连续的角焊缝:

1) 肋板趾端的包角焊缝长度应不小于连接骨材的高度,且不小于 75 mm。

2) 型钢端部,特别是短型钢的端部削斜时,其包角焊缝的长度应为型钢的高度或不小于削斜长度。

3) 各种构件的切口、切角和开孔的端部处和所有相互垂直连接构件的垂直交叉处的板厚大于 12 mm 时,包角焊缝的长度应不小于 75 mm,板厚小于或等于 12 mm 时,其包角焊缝长度应不小于 50 mm。

包角焊操作时,包角焊缝应有顺畅的过渡,焊脚尺寸不能小于设计尺寸,在构件的端部更不能以点焊代替。

(11) 焊接时,对以下船体结构和构件,按"ZC 船规"规定,应采用低氢型焊条:

1) 船体大合拢时的环形对接焊缝和纵桁材对接焊缝。

2) 具有冰区加强级的船舶,其外板的端接缝和边接焊缝。

3) 桅杆、吊货杆、吊艇架、拖钩架和系缆桩等承受强大载荷的舾装件及其所有承受高应力的零部件。

4) 要求具有较大刚度的构件,如艏框架、艉框架和艉轴架等,及其与外板和船体骨架的接缝。

5) 主机基座以及与其相连接的构件。

6) 用低合金钢材建造的所有船体焊缝。

7) 船长大于 90 m 的舷顶列板与强力甲板边板在舯 $0.5L$(L 为船长)区域内的角焊缝。

8) 蒸汽锅炉及 Ⅰ、Ⅱ 类受压容器。

(12) 当焊接 D、E 级高强度船体结构用钢时,严格按 D、E 级钢焊接的操作要求执行。

(13) 按"ZC 船规"规定,船体主要结构中的平行焊缝应保持一定距离。对接焊缝之间的平行距离应不小于 100mm,且避免尖角相交;对接焊缝与角焊缝之间的平行距离应不小于 50mm,如图 7-46 所示。

三、工作过程——船舶制造中的焊接工艺

在现代造船中,焊接是一项很关键的工艺,它不仅对船舶的建造质量有很大的影响,而且对提高生产率、降低成本、缩短造船周期起着很大的作用,焊接工时在整个船体建造中约占 30%~40%。船体钢材经预处理、下料、成形后进行船体装配与焊接工作,现代造船多采用整体装焊和分阶段装焊的工艺,其中整体装焊的造船方法称为整体建造法,分阶段装焊的造船方法称为分段建造法。

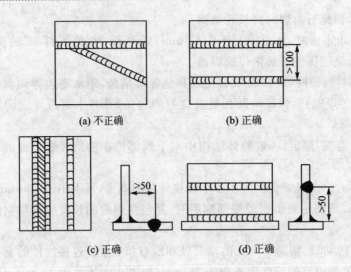

(a) 不正确　　　　　　　　(b) 正确

(c) 正确　　　　　　　　(d) 正确

图 7 - 46　焊缝之间的平行距离

1. 整体造船中的焊接工艺

整体造船法目前在船厂中用得较少,只有在起重能力小、不能采用分段造船法和中小型船厂才使用,一般适用于吨位不大的船舶。

整体造船法就是直接在船台上由下至上,由里至外先铺全船的龙骨底板,然后在龙骨底板上架设全船的肋骨框架、舱壁等纵横构架,最后将船板、甲板等安装于构架上,待全部装配工作基本完毕后,才进行主船体结构的焊接工作。这种整体造船法的焊接工艺是:

(1) 先焊纵横构架对接焊缝,再焊船壳板及甲板的对接焊缝,最后焊接构架与船壳板及甲板的连接角焊缝。前两者也可同时进行。

(2) 船壳板的对接焊缝应先焊船内一面,然后外面碳弧气刨扣槽封底焊。甲板对接焊缝可先焊船内一面(仰焊),背面刨槽进行平对接封底焊或采用埋弧焊。也可以采用外面先平对接焊,船内采用刨槽仰焊封底。两种方法各有利弊,一般采用后者较多,其易保证焊接质量,减轻了劳动强度。或者直接采用先进的单面焊双面成形工艺(有焊条电弧焊和 CO_2 气体保护焊)。

(3) 按船体结构顺序的基本原则要求,船壳板和甲板对接焊缝的焊接顺序是:若是交叉接缝,则先焊横缝(立焊),后焊纵缝(横焊);若是平列接缝,则应先焊纵缝,后焊横缝,如图 7 - 47 所示。

(4) 船首外板缝的焊接顺序应待纵横焊缝焊完后,再焊船首柱与船壳板的接缝,如图 7 - 48 所示。

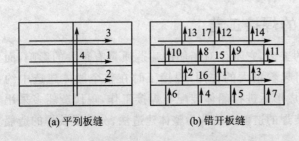

(a) 平列板缝　　　　　　(b) 错开板缝

图 7 - 47　船壳板和甲板的焊接顺序

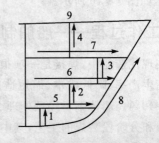

图 7 - 48　船首外板缝的焊接顺序

（5）所有焊缝均采用由船中向左右，由中向首尾，由下往上的焊接，以减少焊接变形和应力，保证船体的建造质量。

2. 分段造船中的焊接工艺

目前在建造大型船舶时，都是采用分段造船法。分段是由两个或两个以上零件装焊而成的部件和零件组合而成。它可分为平面分段、半立体分段和立体分段3种。平面分段有隔舱、甲板、舷侧分段等；立体分段有双重底、边水舱等；半立体分段介于二者之间，如甲板带舷部、舷部带隔舱、甲板带围壁及上层建筑等。下面介绍几种典型分段的焊接工艺。

（1）甲板分段的焊接工艺。

1）甲板拼板的焊接。甲板是具有船体中心线的平面板材构件，虽具有较小的曲形（一般为船宽的 1/50～1/100 梁拱），但可在平台上进行装配焊接，焊接顺序可与一般拼板接缝顺序相同。确定焊接顺序时，应保证在船体中心线左右对称地进行，如图 7-43 所示。

2）甲板分段的焊接。将焊后的甲板吊放在胎架上，为了保证甲板分段的梁拱和减小焊接变形，将甲板与胎架应间隔一定距离进行定位焊。按构架位置划好线后，将全部构件（横梁、纵桁、纵骨）用定位焊装配在甲板上，并用支撑加强，以防构件焊后产生角变形。焊接顺序应按下列工艺进行：

① 先焊构架的对接缝，然后焊构架的角焊缝（立角焊缝）及构架上的肘板，最后焊接构架与甲板的平角焊缝。甲板分段焊接时，应由双数焊工从分段中央开始，逐步向左右及前后方向对称地进行焊接。

② 为了总段或立体分段装配方便，在分段两端的纵桁应有一段约 300 mm 暂不焊，待总段装配好后再按装配的实际情况进行焊接。横梁两端应为双面焊，其焊缝长度相当于肘板长度或横梁的高度。

③ 在焊接大型船舶时，为了采用埋弧焊或重力焊，加快分段建造周期，提高生产率，可采用分段装配的焊接方法。分段为横向结构时，先装横梁，重力焊焊后再装纵桁，然后进行全部焊接工作，但对纵向结构设计的分段则相反。也可采用纵横构架单独装焊成整体，然后与甲板合拢，焊接平角焊。

④ 焊接小型船舶时，宜采用混合装配法，即纵横构架的装配可以交叉进行，待全部构件装配完成后，再进行焊接，这可减小分段焊后变形。

（2）舷侧分段的焊接工艺。舷侧分段又称为旁板分段，由旁板、肋骨和舷侧纵桁等组成。根据不同舷侧分段的线型特点，可分为平直形状和弯曲形状两种。平直的舷侧分段，可在平台装焊，旁板的接缝可用埋弧焊进行，然后装配上面的构件，按与甲板分段相同的焊接顺序，焊接构件及构件与旁板的角焊缝。弯曲的舷部分段应在胎架上进行。装配和焊接顺序如下：

1）把旁板铺放在胎架上，用定位焊将它与胎架焊牢定位。为了防止分段焊后变形，旁板对接缝用"马"板强制，然后采用焊条电弧焊进行旁板对接缝焊接。焊接顺序同样参照图 7-43。

2）旁板对接焊完后，装配肋骨和舷侧纵桁，并用定位焊固定构件，然后进行构件之间的对接缝焊接，再进行构件之间的立角焊缝的焊接，最后焊构件与旁板的角接焊缝。焊接顺序都采用由旁板分段的中央向两端对称逐步向外展开的原则进行焊条电弧焊或 CO_2 气体保护焊。

3）为了方便装配，同甲板分段一样，构件的两端离旁板端 300mm 范围内的角接焊缝暂不施焊。

4）舷侧分段内侧的所有焊缝结束后，将分段翻身，根据情况分别采用埋弧焊或焊条电弧焊进行封底焊,封底焊前,均需用碳弧气刨清根,以保证焊接质量,封底焊焊接顺序与正面焊缝相同。

(3)双层底分段的焊接工艺。双层底分段是由船底板、内底板、肋板、中桁板(中内龙骨)、旁桁材(旁内龙骨)和纵骨组成的小型立体分段。根据双层底分段的结构和钢板的厚度不同,有两种建造方法:一种是以内底板为基面的"倒装法",对于结构强大、厚板的或单一生产的船舶,多采用"倒装法"建造;另一种是以船底板为基面的"顺装法",它在胎架上建造,能保证分段的正确线型。

1)"倒装法"的装焊工艺。

① 在装配平台上铺设内底板,进行装配定位焊,并按图 7-43 的顺序进行埋弧焊。

② 在内底板上装配中桁材、旁桁材和纵骨。定位焊后,用重力焊或 CO_2 气体保护焊等方法,进行对称平角焊,焊接顺序如图 7-49 所示。或者暂不焊接,等肋板装好一起进行手工平角焊。

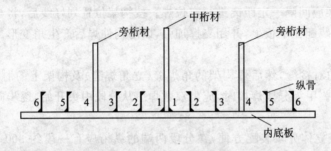

图 7-49　内底板与纵向构件的焊接顺序

③ 在内底板上装配肋板,定位焊后,用焊条电弧焊或 CO_2 气体保护焊焊接肋板与中桁材、旁桁材的立角焊,其焊接顺序如图 7-50 所示。然后焊接肋板与纵骨的角缝。焊接顺序的原则是由中间向四周;由双数焊工(图上为 4 名焊工)对称进行;立角焊长度大于 1 m 时,要分段退焊,即先上后下焊接。

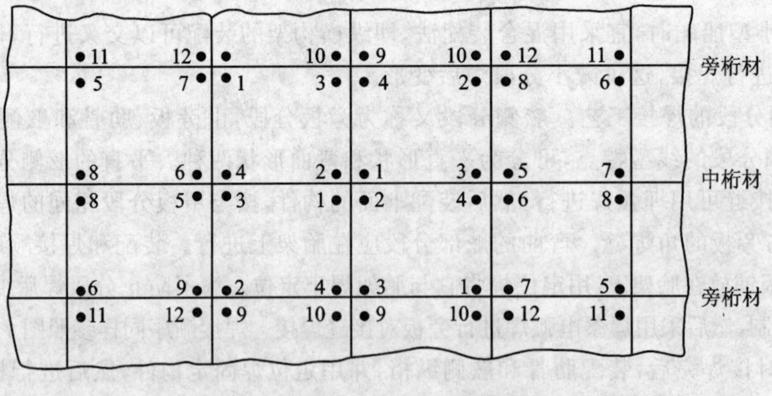

图 7-50　内底板分段立角焊的焊接顺序

④ 焊接肋板、中桁材、旁桁材与内底板的平角焊,焊接顺序如图 7-51 所示。

⑤ 在肋板上装纵骨构架,并做好铺设船底板的一切准备工作。

⑥ 在内底构架上装配船底板,定位焊后,焊接船底板对接内缝(仰焊),内缝焊毕,外缝采

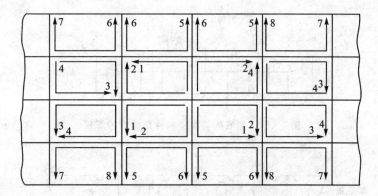

图 7-51　内底板分段平角焊的焊接顺序

用碳弧气刨清根封底焊(尽可能采用埋弧焊)。但有时为了减轻劳动强度,也可采用先焊外缝,翻转后碳弧气刨清根再焊内缝(两面都是平焊),或采用单面焊双面成形的方法,焊接顺序如图 7-52 所示。

⑦ 为了总段装配方便,只焊船底板与内底板的内侧角焊缝,外侧角焊缝待总段总装后再焊。

⑧ 分段翻转,焊接船底板的内缝封底焊(原来先焊外缝),然后焊接船底板与肋板、中桁材、旁桁材、纵骨的角焊缝,其焊接顺序参照图 7-51。

2)"顺装法"的装焊工艺。

① 在胎架上装配船底板,并用定位焊将它与胎架固定,再用碳弧气刨刨坡口(若预先刨好坡口就不用该工序),用焊条电弧焊焊接船底板内侧对接焊缝。如果船底板比较平直,则可采用焊条电弧焊打底埋弧焊盖面,如图 7-53 所示。

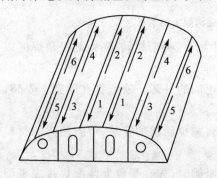

图 7-52　船底外板对接焊的焊接顺序

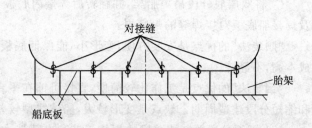

图 7-53　船底板在胎架上进行对接焊接

② 在船底板上装配中桁材、旁桁材、船底纵骨,定位焊后,用自动角焊机或重力焊、CO_2 气体保护焊等方法进行船底板与纵向构件的角焊缝的焊接,如图 7-54 所示。焊接顺序参照图 7-49。

③ 在船底板上装配肋板,定位焊后,先焊肋板与中桁板、旁桁板、船底纵骨的立角焊,然后焊接肋板与船底板的平角焊缝,如图 7-55 所示。焊接顺序参照图 7-50 和图 7-51。

④ 在平台上装配焊接内底板,对接缝采用埋弧焊。焊完正面焊缝后翻转,并进行背面焊缝的焊接。焊接顺序参照图 7-43。

⑤ 在内底板上装配纵骨,并用自动角焊机或重力焊进行纵骨与内底板的平角焊缝。

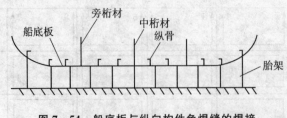

图 7-54　船底板与纵向构件角焊缝的焊接

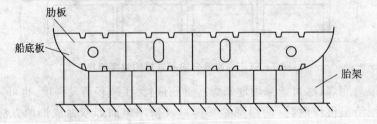

图 7-55　船底板与肋板的焊接

⑥ 将内底板平面分段吊装到船底构架上，并用定位焊将它与船底构架、船底板固定，如图 7-56 所示。

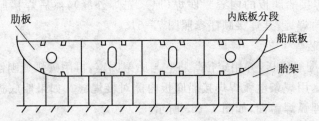

图 7-56　将内底板平面分段吊装到船底构架上的情况

⑦ 将双层底分段吊离胎架，并翻转后焊接内底板与中桁材、旁桁材、船底板的平角焊缝以及焊接船底板对接焊缝的封底焊。

"顺装法"的优点是安装方便，变形小，能保证底板有正确的外形。缺点是在胎架上安装，成本高，不经济。

"倒装法"的优点是工作比较简便，直接可铺在平台上，减少胎架的安装，节省胎架的材料和缩短分段建造周期。缺点是变形较大，船体线型较差。

(4) 平面分段总装成总段的焊接工艺。在建造大型船舶时，先在平台上装配焊接成平面分段，然后在船台上或车间内分片总装成总段，如图 7-57 所示。最后吊上船台进行总段装焊（大合拢）。平面分段总装成总段的焊接工艺如下：

1) 为了减小焊接变形，甲板分段与舷侧分段、舷侧分段与双层底分段之间的对接缝，应采用"马"板加强定位。

2) 由双数焊工对称地焊接两侧舷侧外板分段与双层底分段对接缝的内侧焊缝。焊前应根据板厚开设特定坡口，采用焊条电弧焊或 CO_2 气体保护焊焊接。

3) 焊接甲板分段与舷侧分段的对接缝。在采用焊条电弧焊时，先在接缝外面开设 V 形坡口，进行平焊，焊完后，内面用碳弧气刨清根，进行焊条电弧焊仰焊封底；也可采用接缝内侧开坡口焊条电弧焊仰焊打底，然后在接缝外面采用埋弧焊；有条件也可以直接采用 FAB 衬垫或

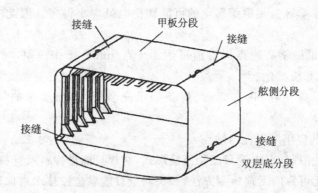

图 7 – 57 平面分段总装成总段

陶瓷衬垫使用 CO_2 气体保护焊单面焊双面成形工艺方法。

4）焊接肋骨与双层底分段外板的角接焊缝,焊完后焊接内底板与外底板外侧角焊缝,以及肘板与内底板的角焊缝。

5）焊接肋板与甲板或横梁间的角焊缝。

6）用碳弧气刨将舷侧分段与双层底分段间外对接焊缝清根,进行焊条电弧焊封底焊接。

任务四 车辆板壳结构

一、任务分析

本任务共有两个内容,一是轿车板壳结构的焊接工艺;二是货车板壳结构的焊接工艺。

二、相关知识

（一）轿车板壳结构的焊接工艺

油漆前的轿车车身也称为白车身。车身是一个复杂的薄壳焊接结构。一辆车身由重量小到十几克大到几十千克的数百个零件,经焊接、铆接或粘接装配而成。

车身焊接方法主要有电阻焊（点焊、凸焊、缝焊）、螺栓焊、气体保护电弧焊、激光焊和钎焊等,其中点焊应用最广。

为了实现高产、高效和高质量,在批量生产白车身的生产中采用装焊流水线,在流水线上配备各种快速装焊夹具和运送工具。其焊接方法从大量采用的悬挂式点焊机、点焊钳及以后的多点焊机到目前日趋完善的焊接机器人生产线,使白车身生产实现了自动化和柔性化。车身是高速行驶的载体,承受动载荷,因此必须保证装配焊接质量。

1. 点焊

点焊和其他焊接方法（如电弧焊）比较,有如下优点:

（1）点焊的熔核是在密封形态下形成,熔化核心被塑性环严密包围,熔化金属与空气隔绝,同时又是在压力条件下结晶,所以接头质量高。不易产生由于焊接冶金问题而引起的缺陷,如热裂纹、气孔等,而且晶粒被细化。

（2）焊接热时间短,一个焊点的焊接通电时间以周波数（cy）计,一般为 5～30cy。热量集中,热影响区小,热影响区金相组织恶化的可能性比电弧焊小得多。因此应力及变形小,无需焊后热处理。

(3) 生产率高,低碳钢高速点焊目前可达 100 点/min。操作简单,对焊工技术水平要求低,容易实现自动化和机械化。

(4) 不需要辅助焊接材料,如焊丝、焊条等填充金属,焊剂及保护气体等,所以焊接成本低。

但是点焊也有其应用局限性与缺点:

(1) 接头形式受限制,点焊缝只能是搭接形式,对焊只能是棒料及管材的对接形式。

(2) 焊接后尚无可靠的无损检测方法,接头质量只能靠监控技术来保证,以及通过工艺试验及工件的破坏性试验来抽查。

由于点焊效率高,可靠性好,投资少,所以它不适合于自动化程度高的大批量生产,只适合于主要用于手工操作的多车型、小批量生产。

1) 热源。电阻点焊的热源为通电时的电阻焦耳热。

$$Q = 0.24I^2Rt$$

式中　Q——产生的热量(J);

　　　I——焊接电流(A);

　　　R——电极间电阻(Ω);

　　　t——焊接通电时间(s)。

式中 I 和 t 将在焊接参数中详述。R 见图 7-58,由 3 部分组成,即电极与工件表面的接触电阻 R_{ew}、工件与工件间接触电阻 R_c 和工件本身电阻 R_w,所以有 $R = 2R_{ew} + R_c + 2R_w$

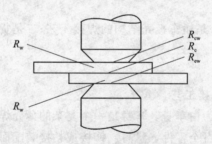

图 7-58　电焊时的电阻分布

接触电阻 R_c 及 R_{ew} 形成原因是表面氧化膜及其他脏物,还有加工不平生产的微观凸起的电流线集中。它的大小决定于预压力的大小,以及零件表面的清洁情况和粗糙度情况。

工件本身的电阻 R_w 的大小:①主要决定于材料的性质,材料的电阻系数大,体电阻大。②与温度有关,一般材料随温度的上升而电阻加大。③与电极端面直径有关,电极端面直径大,体电阻小。④与零件的厚度有关,厚度上升,体电阻上升。⑤电极端面直径与零件厚度之比有关,d_0/δ_0 上升,体电阻下降。

在焊接过程中,对于低碳钢,实测电极间电阻的变化规律曲线(见图 7-59)表明,接触电阻在焊核形成过程中并不起主要作用,虽然接触电阻很大,但在压力及加热条件下氧化膜及凸起很快会被压溃,当工作温度超过 600℃时,接触电阻消失。此外,初期较大的接触电阻所产生的热量因为不能积累而可能成为初期飞溅,将这部分热量带走。即使工件表面焊前清洗较好,由接触电阻产生的初期飞溅仍然不可能避免的。只有在热时间常数小的材料(有色金属及薄箔)点焊时,接触电阻才起主要作用。

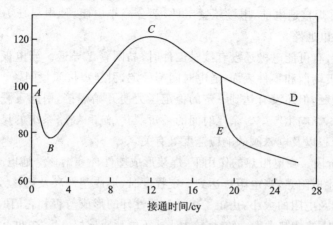

图 7 - 59　点焊动态电阻曲线

2) 熔核形成过程。焊点熔核的形成是焊接区的加热与散热共同作用的结果。焊接区的散热有 3 个方面,电极方向热传导是主要的,因为电极通冷却水进行了强制冷却。其次是在工件平面方向热传导及向工件表面辐射散热。在工频电源焊接时,焊点熔核形成的过程如图 7 - 60 所示。根据电流分布、电流密度及散热条件,随着焊接通电时间延长,最早熔化的是图 7 - 60(b) 所示的两点,而不是几何中心。由于趋肤效应,这两点电流密度最大,产生热量最多,散热条件也不好,热量最容易积累。随着熔化核心的出现,熔化区及塑性区同时扩展形成了图 7 - 60(d) 所示的椭圆形焊核(塑性环及熔核)。断电后熔核在压力下结晶,形成焊接接头熔核核心。

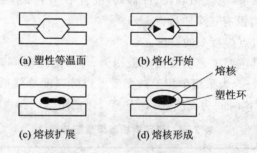

图 7 - 60　熔核形成过程

3) 点焊工作循环。点焊基本的工作循环由预压、焊接、维持、休止 4 部分组成,如图 7 - 61 所示。

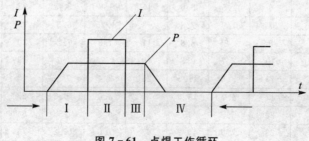

图 7 - 61　点焊工作循环

各部分的主要功能及各有关参数的影响如下：

① 预压阶段。焊接通电前,电极压紧工件,部分减小电阻,使电极压力稳定,工件间形成稳定而可重复的导电通路。

预压时间太短,有可能电极还没有接触工件时,晶闸管已导通。当电极接触工件时,引起早期飞溅,烧坏电极端面和零件表面,通电时间不稳定,引起焊接质量问题。预压时间不足,虽然电极与工件已接触,但还没有达到一定的稳定压力便开始焊接,引起飞溅,使焊接质量不稳定。预压时间太长,影响生产率。余压时间的长短,与气缸和气路系统的尺寸、灵活性、惯性、每个焊点的电极行程以及电磁阀的响应速度等有关。

② 焊接通电阶段。在电阻热的作用下,焊接形成塑性环和熔核。通电时由于接触电阻和体电阻的存在,产生电阻热,当电阻热达到一定程度时,形成塑性环及熔核。所以,通电电流的大小和时间长短以及电阻的大小,决定了熔核及塑性环的形成与否和它们的大小。

在通电阶段,如果电阻热太大,可能熔核太小或不能形成熔核。反之,也有可能形成飞溅。焊接通电时马上产生的飞溅称为早期飞溅,产生的原因是零件表面有赃物、氧化膜,又清理不好。预压时间不足,或上下电极严重不垂直于零件表面或上下电极不对中,造成局部电流密度太大,引起早期熔化又没有形成塑性环保护,产生飞溅。焊接时通电到后期产生的飞溅,称为后期飞溅,产生原因是通电电流太大或通电时间太长,使熔化的金属冲破了塑性环的保护而向外喷出。

③ 维持阶段。熔核在此时间内在压力状态下冷凝结晶,形成焊点。

通电焊接结束后一定要有一个维持阶段。如果马上撤去压力,那么熔化的熔核还没有凝固,容易产生飞溅、裂纹和缩孔。零件越厚,所需时间越长。但是,太长的时间将影响焊接速度。对于低碳钢,厚度<1 mm 的材料,维持时间在 2～4cy;1～3 mm 厚的材料,维持时间在 3～10cy。

④ 休止时间。焊接结束,电极抬起,工件移动,准备下一个工作循环。在连续点焊时,这个时间有要求。单点焊时,没有这个阶段。

4) 点焊规范参数和对点焊接头的要求。

① 点焊规范参数。其主要工艺参数是电极压力、焊接通电时间、焊接通电电流和电极端面直径等。表 7-4～表 7-6 为采用单相工频交流点焊等厚度冷轧低碳钢板、中碳钢板、镀锌钢板的工艺参数。表中焊接时间为周波数,对于 50 Hz 的电源,1cy＝20 ms。

表 7-4 低碳钢板点焊规范参数

板厚 /mm	电极端面直径 /mm	A 类 规 范			B 类 规 范			C 类 规 范		
		通电时间/cy	电极压力/kN	通电电流/kA	通电时间/cy	电极压力/kN	通电电流/kA	通电时间/cy	电极压力/kN	通电电流/kA
0.4	3.2	4	1.15	5.2	8	0.75	4.5	17	0.4	3.5
0.6	4.0	6	1.5	6.6	11	1.0	5.5	22	0.5	4.3
0.8	4.5	7	1.9	7.8	13	1.25	6.5	25	0.6	5.0
1	5.0	8	2.25	8.8	17	1.5	7.2	30	0.75	5.6
1.2	5.5	10	2.7	9.8	19	1.75	7.7	33	0.85	6.1
1.6	6.3	13	3.6	11.5	25	2.4	9.1	43	1.15	7.0
2	7.0	17	4.7	13.3	30	3.0	10.3	53	1.5	8.0
2.3	7.8	20	5.8	15	37	5.8	15	64	1.8	8.6
2.8	8.5	23	7.0	16.2	43	7.0	16.2	74	2.2	9.4
3.2	9.0	27	8.2	17.4	50	8.2	17.4	88	2.6	10

表 7-5　中碳钢板点焊规范参数(碳当量 0.25%～0.60%)

板厚/mm	电极端面直径/mm	电极压力/kN	焊接		冷却时间/cy	回火		熔核直径/kA	剪切力/kN
			通电时间/cy	通电电流/kA		通电时间/cy	通电电流/cy		
0.3	3.2	1.1	3	12.2	5	3	10.2	2.2	1.65
0.4	3.4	1.45	3	12.6	6	3	10.5	2.6	2.05
0.5	3.8	1.9	3	12.9	7	3	10.8	3	2.5
0.6	4.2	2.50	3	13.2	8	3	11.1	3.4	3.0
0.7	4.6	3.30	4	13.5	9	4	11.4	3.8	3.7
0.8	4.8	3.90	4	13.6	11	4	11.6	4.5	4.5
0.9	5.2	4.65	5	13.8	13	5	11.8	4.7	5.6
1.0	5.8	5.35	5	13.9	17	5	12	5.1	6.9
1.2	6.8	6.85	6	14.3	25	8	12.2	5.9	9.75
1.4	7.6	8.20	8	14.7	34	13	12.5	6.7	13.25
1.6	8.6	9.65	9	15.1	43	18	12.8	7.5	16.75
1.8	9.5	11.60	13	15.6	47	23	13.2	8.3	21.0
2.0	10.5	12.50	16	16.3	73	25	13.9	9.2	25.3
2.3	12.5	14.60	22	17.5	93.0	40.0	14.9	10.4	33
2.6	13.5	16.8	28	18.9	138	51	16.0	11.6	39.3

表 7-6　镀锌低碳钢板点焊规范参数

板厚/mm	A 类规范				B 类规范				C 类规范			
	通电时间/cy	电极压力/kA	通电电流/kA	剪切力/kN	通电时间/cy	电极压力/kN	通电电流/kA	剪切力/kN	通电时间/cy	电极压力力 kN	电流/kA	剪切力/kN
0.6					8	1.0	9.5	3.8	8	0.15	6.5	3.5
0.75	9	2.1	10.5	4.1	8	1.2	10.0	4.2	8	0.18	6.8	4.0
0.8	10	2.5	11.0	4.9	10	1.5	10.5	5.0	10	0.25	7.0	5.0
1.0	11	2.8	12.5	6.3	10	1.8	11.0	6.0	10	0.30	7.2	6.0
1.27	15	3.8	14.0	9.2	11	2.2	11.5	7.5	12	0.50	8.0	7.5
1.52	19	4.7	15.5	11.0	13	2.8	12.0	10.0	13	0.80	9.5	9.0
1.9	23	6.3	19.5	14.0								
2.4	28	8.1	24.0	18.0								

　　在车身焊接中,除等厚钢板双面点焊外,大多是不同板厚的焊接。不同板厚焊接的规范参数一般以薄板为依据,进行调整。生产中还可以用下列公式计算不同板厚的冷轧低碳钢板在单面和双面点焊时的焊接电流、焊接时间和电极压力。

　　焊接电流:$I_h = e(4H_v + 6)$kA　(kA:千安。适用于相对厚板范围 0.5～4.0 mm)。

　　通电时间:$T = 6H_v$cy(cy:50 Hz 电流的周波数。适用于相对厚板 0.5～2 mm)。

　　$T_i = 17H_v - 20$cy(适用于相对板厚 2～4 mm)。

　　电极压力:$F = 2.5H_v - 0.5$kN(适用于相对板厚范围 0.5～4.0 mm)。

　　双面点焊时 $e = 1$。

单面点焊时 $e = H_o/2.1 + 0.9$（H_o 为上板厚，最大厚度为 1.25 mm）。

$H_v = 0.2 H_{max} + 0.8 H_{min}$（其中 H_{max} 为厚板厚度，H_{min} 为薄板厚度）。

由上述各式，可制作图 7-62 点焊参数速查图。该图的用法：在图上画出 H_{max}（2 mm）和 H_{min}（1 mm）的连线，从连线与 H_v 交点处（1.2 mm）作一横线和各垂直线交点，即可查出对应的点焊参数。

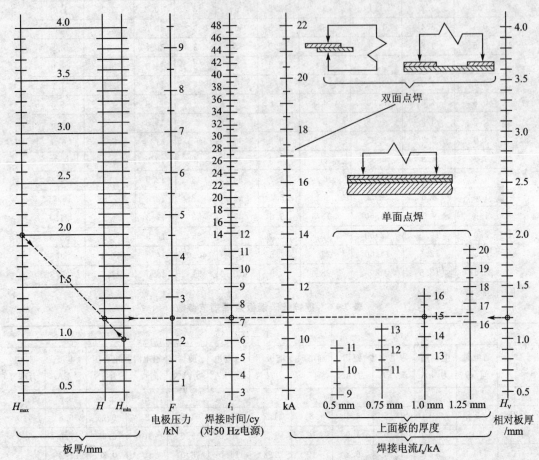

图 7-62 不同板厚双面、单面点焊参数速查图

从上述表中查出的参数和计算得出结果可以看出，范围变化很大。在车身焊接中，一般应根据焊机所能提供的焊接电流、电极压力，以选择硬规范为主。所谓硬规范，就是压力高、时间短、电流大的 A 类参数。初步选定焊接参数后，一定要按要求的焊点直径，进行试焊来修正和最后决定焊接参数。新电极时，电极端面直径可以与理想焊点直径接近或略小，试焊的焊点直径是压痕直径的 1.15 倍左右最好。工作中，要随时检查焊点情况，及时修磨电极。在 0.8 mm 以下的薄板焊接时，如果焊点直径达到要求，但焊点直径却小于 0.8 压痕直径，也认为不合要求，应该修正参数。

5）焊接参数间的相互关系。

① 焊接电流的影响。焊接电流是产生热量的参数，如果其他条件不变，焊接电流越大，则熔核直径越大，接头强度越高。当熔核的扩展速度大于塑性环的扩展速度时，就会产生后期飞

溅,熔化金属会穿透塑性环而喷出,接头强度急剧下降,焊点失败。反之,焊接区电流越小,焊核未达到或刚达到熔化温度,就已到了热平衡,那么通电时间延长熔核也不会生成或生成后也达不到标准要求。焊接电流太大,产生后期飞溅的电流,就是所谓的上线电流;焊接电流刚刚能达到焊点直径的最低标准要求,就是所谓的下线电流。

② 电极压力的影响。焊接电流决定熔核的扩展速度($V_{熔}$),而电极压力决定了塑性环的扩展速度($V_{塑}$)。当 $V_{熔} > V_{塑}$ 时,就会产生后期喷溅,发生焊接缺陷。电极压力越大,$V_{塑}$ 越快。焊接电流的上、下限范围也大。因此,在允许条件时,适当增加电极压力,有利于扩大焊接电流的上、下限范围,增加焊点质量的稳定性,即接头强度的稳定性。但是电极压力增大,接触面积加大,减小电流密度或压痕加深,使接头强度下降。焊接压力、焊接电流对接头强度的如图 7-63 所示。

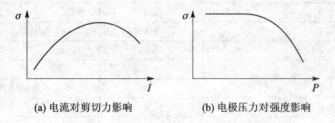

(a) 电流对剪切力影响 (b) 电极压力对强度影响

图 7-63 焊接压力和焊接电流对接头强度的影响

③ 焊接通电时间的影响。焊接电流时间既是生热参数,又是散热参数,焊接时间决定了焊接区生热过程中的发展阶段,即决定了断电时间焊接区的温度场。所以,一般来说焊接时间对接头强度的影响与焊接电流类同,但没有焊接电流影响强烈。

④ 电极端面直径的影响。熔核直径 $d_{核}$ 与电极端部直径 $d_{极}$ 有关。在焊接电流、焊接时间不变的情况下,$d_{极}$ 增大,则电流密度下降,$d_{核}$ 也下降,直至不能形成合格的熔核。焊接生产中电极磨损使直径增大后,焊点强度下降,所以要及时修磨或更换电极。通常取熔核直径 $d_{核} = (0.9 \sim 1.2)d_{极}$。

6) 对点焊接头的要求。

对于冷轧低碳钢板,只要焊核尺寸符合有关标准的要求,就认为工艺参数选择和设备使用是满足要求的。点焊熔核核心尺寸如图 7-64 所示。熔核直径是焊接时重熔后再结晶的直径,焊点直径是焊点重熔连接加塑性连接的总和,也就是在进行撕破试验时剥离点的直径。

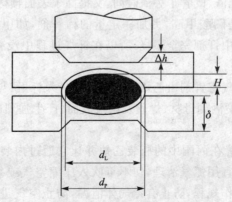

d_L—熔核直径 d_P—焊点直径 δ—工件厚度 H—熔深 Δ_h—压痕深度

图 7-64 低碳钢板点焊接头低倍磨片熔核核心尺寸

点焊接头的要求,各汽车公司都有自己的相应标准,但差不多。表7-7推荐某汽车公司对于熔核直径、焊点直径及剪切力的要求。

表7-7　对熔核直径、焊点直径和剪切力的要求

板厚/mm	最小熔核直径 d_{Lmin}/mm	最小焊点直径 $1.15d_{Lmin}$/mm	最小点焊直径（镀板）$1.2d_{Lmin}$/mm	焊点理想直径 d/mm	最小剪切力/kN	理想剪切力/kN
0.5	2.5	2.9	3.0	4	1.2	1.7
0.55	2.6		3.1			
0.6	2.7	3.1	3.2	4.3	1.5	
0.65	2.8		3.4			
0.7	2.9	3.3	3.5	4.5	1.9	
0.75	3.0		3.6			
0.8	3.1	3.6	3.8	4.8	2.3	3.6
0.85	3.2		3.9			
0.9	3.3	3.8	4.0	5	2.7	
1	3.5	4.0	4.2	5.2	3.2	4.3
1.2	3.8	4.4	4.6	5.6	4.2	5.4
1.5	4.3	4.9	5.2	6.1	5.1	6.8
1.75	4.6	5.3	5.6		6.1	
1.8	4.8		5.7	6.6		
2	4.9	5.7	6.0	6.9	7.2	10.6
2.25	5.3	6.0	6.4		8.3	
2.5	5.5	6.4	6.6	7.6	10.6	14.5
2.75	5.5	6.7	7.0		11.5	
3	6.1	7.0	8.0	8.3	12.4	16.3
3.5	6.5	7.5	8.0		15.0	18
4	7.0	8.0			18.5	

2. 钎焊

(1) 氧乙炔铜钎焊。在轿车车身焊接生产中,经常应用铜钎焊工艺,即用铜焊丝及液体钎剂进行氧乙炔钎焊。焊后无渣,既省了去渣时间,又提高了表面预热处理的磷化质量。

液体钎剂的成分主要是硼酸甲酯,另加一定量的稀释剂,如甲醇或丙酮等。丙酮价格较高,但毒性比甲醇小。使用中钎剂完全燃烧,所以在钎焊过程中没有有毒物质泄漏,有利安全生产。

钎剂极易挥发,挥发的气态钎剂由乙炔或其他燃气带入钎炬,与氧气一起发生燃烧并生成硼酐(B_2O_3)。硼酐随火焰喷洒到母材、焊丝及溶液表面,产生强烈的脱氧作用,到达去除氧化物的目的。

使用的乙炔应该是溶解在丙酮中的瓶装乙炔并让它通过内装活性氧化铝或硅胶的干燥器。系统内一旦发生堵塞,宜用氮气清理,切不可吹入压缩空气或氧气,以免发生爆炸。系统加料时,要严格遵守安全操作规程,防止有毒气体泄漏,防止空气进入。专用储存罐应能承受10MPa的压力。

液体钎剂手工钎焊时所用的设备如图7-65所示。乙炔(或其他燃气)由进口阀 A 进入

专用储存罐,然后乙炔与钎剂充分混合。混合气体通过出口阀 B 到达钎炬。旁通阀 C 控制进入气泡室的燃气量,以达到调节混合气体流量的目的。阀 D 和 E 可在工作状态下对液体钎剂容器加料。加料时拆下接头 F,从而可在远离生产的场地,通过阀 D 对贮液容器补充钎剂。

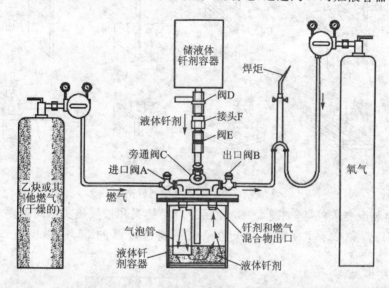

图 7-65　液体钎剂手工钎焊设备系统

(2)电弧铜钎焊。氧乙炔铜钎焊的热影响区大,对钢板表面镀层烧蚀严重,焊件变形大,已不适用于镀层钢板的焊接。电弧铜钎焊的焊缝成形好,无腐蚀,焊接时飞溅小、热影响区小。焊缝的力学性能与低碳钢母材相近。对于镀层低碳钢板,电弧铜钎焊已完全代替了氧乙炔铜钎焊,也部分代替了 CO_2 气体保护焊。电弧铜钎焊可以是 MIG 钎焊,也可以是 TIG 钎焊。

电弧铜钎焊所用的焊丝是 $CuSi_3$,其化学成分(%)为:

Cu	Mn	Si	杂质
余量	0.75~0.95	2.8~2.95	max0.5

焊缝金属的抗拉强度为 350MPa,伸长率为 40%,硬度为 80HB。

电弧铜钎焊时,所用的保护气体及其流量,与碳钢焊接差不多,也用纯氩。但是,由于在 MIG 铜钎焊时,对焊接的动特性要求与碳钢焊接不同,所以要用能供 MIG 电弧铜钎焊专用焊机。

(3)软钎焊。对车身表面的焊接小气孔、凹陷的缺陷,已不再使用非金属的填充材料进行填补,而采用熔化温度为 220~230℃ 的软钎焊焊料。该焊料含银低,价格也低,熔化问题范围小,适合于车身批量生产。

3. 激光焊

由于激光能量集中,焊接速度高,热影响区小,焊接变形小,所以有利于提高结构强度和生产效率。随着生产自动化水平的提高和激光焊接设备的不断完善,激光焊定会在大批量轿车生产中得到广泛应用。它部分取代电阻焊和电弧焊方法。例如 POLO 轿车上的激光焊焊缝,长度已超过 14m。

图 7-66 所示是激光焊接头形式,图 7-66(a)~图 7-66(c)所示为示出翻边接头力学流线。显然,图 7-66(b)和图 7-66(c)的力学性能比图 7-66(a)好,而且其翻边尺寸比图 7-66

（a）小 1/3 以上。图 7-66（h）所示是使用越来越多的不同厚度镀锌钢板的焊接接头。

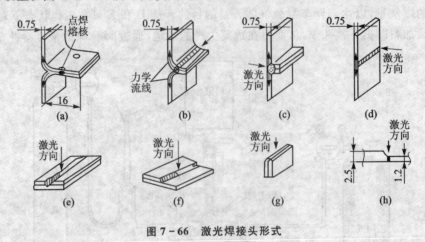

图 7-66　激光焊接头形式

激光焊对装配要求较高，如图 7-67 所示。对接接头和搭接接头的间隙要求分别不超过工件厚度的 15％和 25％，对接接头板边错位不超过板厚的 25％，纵向直线度偏差不超过 0.13 mm。

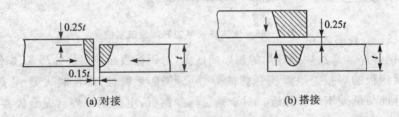

图 7-67　激光焊接头的间隙

图 7-68 所示为用激光间断焊接方法连接轿车门内外板翻边，焊接质量良好。

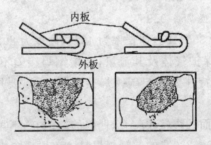

图 7-68　车门包边处的焊接

一个零件进行激光焊前，首先在柔性拼焊夹具上对零件作初步加紧定位处理，并在要进行激光焊的部位做好标记，然后推至激光焊室待焊。激光焊室接到任务后，查阅在第一次焊接编程时做好的焊接说明书，调出相关机器人调整程序，找到夹具的定位位置，对该夹具做出正确的定位和固定。再用大力钳将零件进一步夹紧，以满足激光焊对夹紧的要求。然后开始机器人的示教编程，对原有程序所定义的机关焦点位置和大小进行重新调整，以适应新的位置要求。最后，先以小功率（一般 400 W）进行试焊，以保证编程的准确，再以所要求的满功率（一般 4000 W）进行激光焊接。激光焊程序如图 7-69 所示。

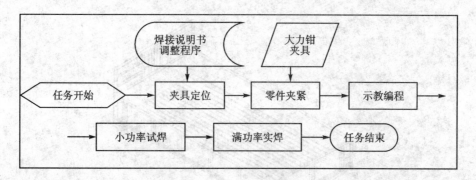

图 7 - 69　激光焊程序框图

大型激光几何加工台(LGG)是车身生产的新设备,如图 7 - 70 所示。车身的底板、侧围板和车底由机器人在一个工作站中用激光透镜进行焊接。与传统的车身批量加工相比,采用该设备后对人员、设备、物流的要求低很多,每个车身的焊装时间大大缩短,且激光焊实现了极高的加工精度和重复精度,使车身表面的焊缝达到无缺陷。LGG 主要由可以动的夹紧框架组成,由机器人控制,以很高的精度把车身上的基本组件固定在将要进行装配的位置上,然后由至少 12 个熔焊机器人和 2 个钎焊机器人同步作业,将其焊接起来。

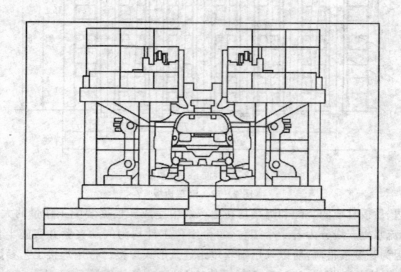

图 7 - 70　车身装焊平台

(二) 货车板壳结构的焊接工艺

为了节省材料和增加使用寿命,目前我国国产载货汽车车厢已经全部改为钢结构。典型车种如 CAl41(或 EQl40)型载货汽车车厢,均由车厢底板、左右边板、前后板五大总成(部件)所组成,如图 7 - 71 所示。这五大总成分别在各自的装配焊接生产线上装配焊接,然后总装成车厢。车厢为薄板结构,焊缝多而短。

1. 车厢左、右边板的焊接

车厢左、右边板及后板总成的结构形状基本相同,差别仅在于后板总成的长度较短,仅为2 284 mm。某型汽车边板结构形状尺寸如图 7 - 72 所示,它是由一块 1.2 mm 厚的整体冷弯成形的瓦棱板、6 个 2.5 mm 厚的冲制而成的栓钩所组成。焊接接头为搭接形式,焊缝总长约 3 800 mm。

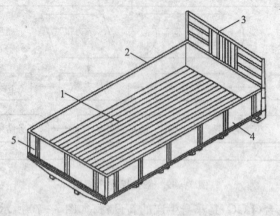

1—底板　2—左边板　3—前板　4—右边板　5—后板

图 7 - 71　CAI41 汽车车厢

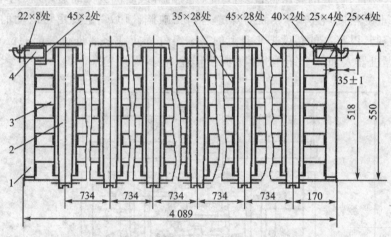

1—端包铁　2—上页板　3—瓦棱板　4—栓钩

图 7 - 72　汽车边板

车厢的边、后板总成的装配和焊接均在生产线中完成。根据装配工作量的大小和生产节拍的长短,将流水生产线分为若干个工位,每个工位工件均为气动夹紧并实施半自动 CO_2 气体保护焊。因为瓦棱板很薄,所以采用细丝短路过渡形式焊接。常用焊接工艺参数为:电弧电压 18～20 V,焊接电流 110～130 A,焊丝干伸长 10 mm,气体流量 500L/h。

2. 车厢前板组成的焊接

车厢前板如图 7 - 73 所示,它是由两根槽钢前板边框、两根冲压槽钢中支柱、一根冲压槽钢前板上框、一根角钢前板下框、三根角钢前板中框、九根点焊压制支承杆和一块前盖板等组成。

前板、骨架与前盖板的连接可以采用电阻点焊工艺,这样生产效率高,但设备投资大而且焊点质量不易保证。因此,实际生产中采用粗丝 CO_2 气体保护半自动点焊,使用 NZVl—500 型半自动焊机,以 $\phi6$ mm 焊丝,电弧电压 26～30 V、焊接电流 400～430 A 的规范,可获每分钟 40 个焊点的高效率,而且焊点的质量好,结合强度高。采用 CO_2 气体保护电弧点焊工艺,可以大大简化对装配焊接夹具的设计要求,减少移位工作量和操作工人的数量,明显提高生产率和降低成本。当大批量生产和生产技术基础较好时,前板与骨架的 CO_2 气体保护半自动点焊也

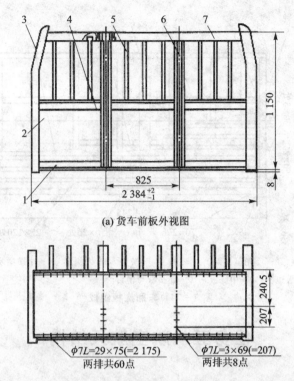

(a) 货车前板外视图

(b) 货车前板内视图

1—前板下框　2—前盖板　3—前板边框　4—前板中框
5—支承杆　6—骨架　7—前板上框

图 7−73　车厢的前板组成

可以采用熔焊机器人取代。前板总成也是在流水生产线中的各种专用装配焊接夹具中完成装配焊接的,达到工件夹紧气动化,工件移位辊道化程度。骨架的短焊缝适宜采用 $\phi1.2$ mm 焊丝的 CO_2 气体保护半自动焊,焊接电源为 NBC—400 型,电弧电压为 $22\sim25$ V,焊接电流为 $180\sim200$ A。

3. 车厢底板组成的焊接

车厢底板组成的结构如图 7−74 所示,它是由两根纵梁、六根横梁、两根底板边框、一根底板后框、十块中底板等零部件组成。它是车厢的主要受力构件,是一个比较复杂的焊接组合件。底板的尺寸、形状及焊接质量的要求都比较高。此框架结构所用钢板较薄($\delta\leqslant4$ mm),焊缝短,适合选用 CO_2 气体保护半自动焊。由于车厢底板总成是一个轮廓尺寸比较大的焊接结构件,焊接工作量很大,尽管都是短焊缝,也很难在少量工位中全部完成。现在都是按生产纲领的要求,将焊接工作量按生产节拍的需要,分别安排在不同的工位来装配焊接,所以流水生产线的工位较多,生产线较长,占用车间面积较大。因为焊接工作量大,所以生产环境不理想,工人劳动强度较大。在批量生产的条件下,可以考虑采用弧焊机器人进行焊接,尤其是在中底板和横梁之间有大量规则焊缝,应首先使用弧焊机器人。

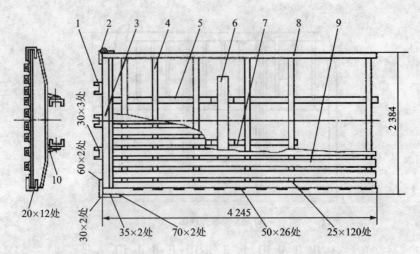

1—下页板 2—反光镜支架 3—后框 4—横梁 5—左纵梁 6—小横梁及其支架
7—右纵梁 8—底板边框 9—中底板 10—连接板与铆钉

图 7 - 74 车厢底板组成

任务五 航空航天结构

一、任务分析

本任务共有两个内容,一是飞机起落架的焊接工艺;二是飞机油箱的焊接工艺。

二、相关知识

(一)飞机起落架的焊接工艺

1. 起落架的结构特点

(1)结构形式。按结构设计和制造方法可分为整体锻件和拼焊结构两类,其特点列入表 7 - 8。

表 7 - 8 整体锻件和拼焊结构起落架比较

序 号	整体锻件	拼焊结构
1	起落架各部件由一个整体锻件组成,经机械加工成所需形状	每个部件由几个分体零件焊接连接组成,然后加工成所需尺寸和形状
2	需大吨位的锻压设备	不需大的锻压设备
3	零件毛坯尺寸大,切削加工量大,材料利用率低,自由锻件材料利用率为 5%～10%,模锻件为 30%左右	分体零件结构简单,毛坯尺寸小,易加工,切屑量少,材料利用率高
4	结构的静强度和疲劳性能好,使用故障率低	采用通常的焊接方法焊接接头力学性能有所降低
5	制造费用高	制造费用低

由表 7 - 8 看出拼焊结构具有制造费用低的优越性,但必须提高焊接接头性能,消除和减少焊缝缺陷才能与整体锻件相媲美。例如,采用先进的焊接方法——真空电子束焊、闪光对

焊、摩擦焊，并辅以精确的焊缝质量无损检测技术。

　　（2）按在飞机上的功能和安装部位可分为前起落架和主起落架（简称前起、主起），其组成部分一般包括：减振支柱、活塞杆、收放作动筒、防扭臂、减摆器、各种支承杆等。下面列举两种飞机拼焊结构起落架组装示意图，如图 7 - 75 和图 7 - 76 所示。

　　（3）起落架典型焊接件及焊接方法列入表 7 - 9。

表 7 - 9　起落架典型焊接件

序　号	典型图例	名　称	材料	外形尺寸/mm	结合厚度/mm	可选用焊接方法
1	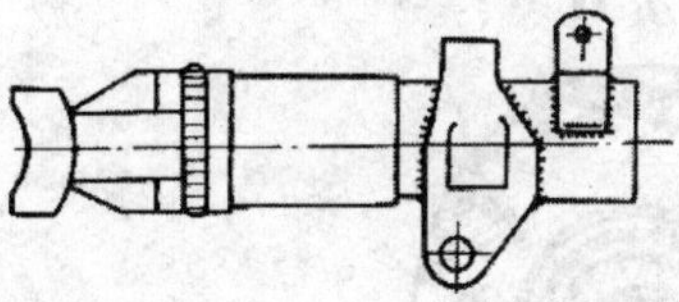	轰 6 缓冲支柱外筒	30CrMnSiNi2A	φ216×1 200	26＋26 16＋16	埋弧焊手弧焊脉冲氩弧焊
2	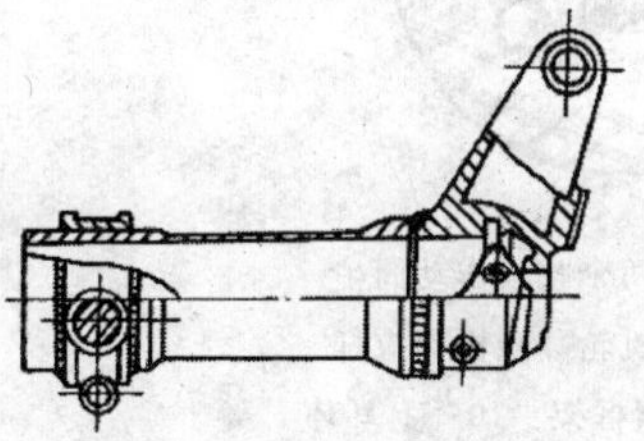	运 8 主起外筒	30CrMnSiNi2A	φ154×1 000	23＋23 16＋18.5	电子束焊手弧焊脉冲氩弧焊埋弧焊电子束焊
3	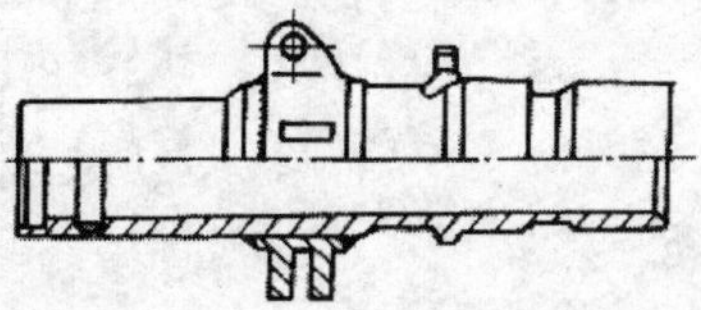	运 8 前起中部搭接焊缝	30CrMnSiNi2A		16＋12	手弧焊埋弧焊脉冲氩弧焊
4	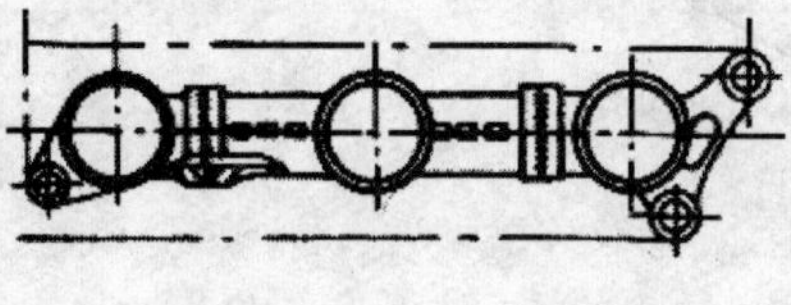	运 7 杆子类	30CrMnSiA	φ50～70×950～1 348	2.5～4.5	手弧焊脉冲氩弧焊
5	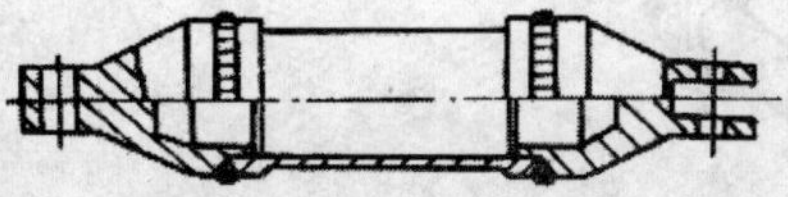	伊尔 — 86 主起下组件	30CrMnSiNi2A	1 920×300		电子束焊

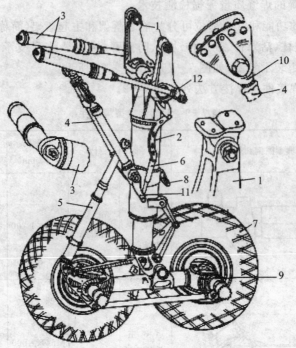

1—上部框架　2—缓冲支柱　3—两个收放作动筒

4—斜支柱　5—稳定缓冲支柱　6—机轮翻转机构拉杆

7—机轮　8—收上位置吊环　9—轮组框架　10—上耳环

11—拉杆6的下耳环　12—叉形接头

图7-75　轰6主起落架焊接结构组装图

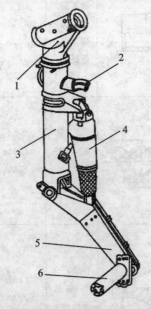

1—上部接头　2—支臂　3—主支柱

4—主缓冲器　5—半轮叉　6—机轮轴

图7-76　歼6主起落架焊接结构组装图

2. 起落架的材料

起落架是飞机重要受力部件,要求采用强度高,抗裂纹扩展能力强,加工性能好的优质材料,如高强度钢(30CrMnSiA、40CrNiMoA)、超高强度钢(30CrMnSiNi2A、40CrMnSiNi2A、40CrNi2Si2MoVA、30CrMnSiNiVMo、30XFCHA·B2I)、高强度铝合金(LC9)、钛合金(BT14、TC4),其中以高强度与超高强度钢应用最为普遍。

为了保证起落架焊接质量,必须严格控制材料质量,如硫和磷的含量不应大于 0.025%,最好采用双真空冶炼的材料。

3. 起落架的工艺流程

起落架的制造工艺必须满足起落架的力学性能和几何尺寸的要求。

高强度和超高强钢的焊接裂纹敏感性较大,加工困难。这类材料的起落架最合理的制造工艺是在退火状态下焊接,焊后进行最终热处理。这样既可防止焊接冷裂纹的产生,又可获得设计要求的力学性能。但当构件热处理后难以加工或焊后热处理不能保证获得所需尺寸时,必须将构件预先热处理到最终强度,然后进行焊接。在这种情况下,应采用低强度高韧性的材料,以避免焊接裂纹的产生,但焊缝和近缝区的强度会降低,故应尽量避免在最终热处理后进行焊接。

表 7-10 和表 7-11 分别列举出热处理前和热处理后进行装配焊接典型件的工艺流程。表 7-12 给出典型焊接件的装配焊接工艺举例。

表 7-10　运 7 主起减振活塞杆制造工艺流程

序号	主要工序名称	技术要求
1	钳工清理	清洗、除油、预装配
2	吹砂	全部或待焊区
3	定位焊	手弧焊定位
4	焊前预热	250~280℃　70~90min
5	焊接	手弧焊或脉冲脉冲氩弧焊
6	高温回火	650~680℃　70~90min
7	吹砂	焊缝区
8	校正	
9	高温回火	650~680℃　70~90min
10	X 射线探伤检查	焊缝内部缺陷
11	磁粉探伤检查	焊接接头表层缺陷
12	精机械加工	
13	焊后热处理	$\sigma_b = 1\,570~1\,770$MPa
14	检验	
15	X 射线探伤检查	焊缝内部缺陷
16	磁粉探伤检查	焊接接头表层缺陷
17	终检	

表 7-11　热处理后焊接工艺流程

序　号	主要工序名称	技术要求
1	钳工清理	汽油除油污
2	焊接部位吹砂	保护好螺纹
3	定位焊	采用定位焊夹具
4	焊前低温预热	200~250℃　50~60min
5	焊接	采用焊接夹具
6	后热	焊后 30min 内,放入 200~250℃炉中保温 4h
7	焊缝区吹砂	保护好螺纹
8	校正	压力机缓慢加压,压力逐渐增大
9	回火	200~250℃ 3h
10	检验	目视检查螺纹质量、焊件尺寸
11	X 射线探伤检查	焊缝内部缺陷
12	着色探伤检查	焊接接头表层缺陷
13	总检	零件尺寸、焊缝、各种验印
14	精机械加工	

表 7-12　起落架典型焊接件的装配焊接工艺举例

焊件名称	材料牌号	厚度/mm	焊前状态	装配焊接要求	焊接方法	焊接材料 牌号	d/mm	I_h	I_m	I_w	U_m	U_w	V_h	V_s	Q(L/min) Ar	CO_2
								/A			/V		/(m/min)			
运 7 主起减振活塞(见图 7-77)	30CrMnSiNi2A	11.5 +11.5	退火	1、2 零件对称定位焊 4 处	手弧焊	HTJ/HOBA	3.0	100~150								
				焊接 4 层,焊丝偏距 5~10mm,偏角 13°~16°	熔化极脉冲氩弧焊	10Mn2SiCrMoVA	1.4~1.6		120~150	80~90	54~56	26~24	0.2~0.4	1.5~3.3	0.5	
带横梁的前起减振支柱焊接(见图 7-78)	30CrMnSiNi2A (1、2) 30CrMnSiA (3、4、5)	4~10	退火	1 焊件由 6 个零件焊成	手弧焊	HTG/HGH 3030										
				2 焊件由 2 个零件焊成												
				1,2 焊件焊后热处理至 σ_b=1 670MPa												
				3,4,5 焊件未淬火												
1 与 5 焊接	30CrMnSiNi2A+ 30CrMnSiA	6.5+6.2	淬火回火未淬火	定位焊 2 处(丁形焊)			3.0	100~140								
				焊接 2 层 第 1 层			3.0	60~70								
				第 2 层			4.0	120~140								

焊件名称	材料牌号	厚度/mm	焊前状态	装配焊接要求		焊接方法	焊接材料		焊接工艺参数								
							牌号	d/mm	I_h	I_m	I_w	U_m	U_w	V_h	V_s	Q(L/min)	
									/A			/V		/(m/min)		Ar	CO$_2$
1与3焊接	30CrMnSiNi2A＋30CrMnSiA	6.5＋6	淬火回火	定位焊2处（丁形焊）				3.0	100～140								
				焊接2层	第1层			3.0	60～70								
					第2层			4.0	120～140								
2与4焊接	30CrMnSiNi2A＋30CrMnSiA	10＋4.0	淬火回火未淬火	定位焊2处焊缝长5～7mm，高3 mm(搭接)				3.0	100～140								
1与2焊接	30CrMnSiNi2A	6.5＋7.5	淬火回火	定位焊4处焊缝长10～15mm，高3～5 mm(搭接)				3.0	100～140								
				焊接2层	第1层			4.0	120～140								
					第2层			5.0	175～200								

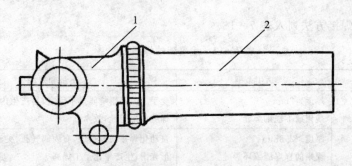

1—接头　2—管子

图 7－77　运 7 主起减振活塞杆焊接结构

4．焊接工艺

（1）焊接方法。

1）对起落架焊接方法的要求。

① 材料强度高，硬度大，难加工，所以零件设计的加工余量小，零件的相对位置、尺寸要求严格，需采用热量集中、变形小的焊接方法，不允许采用氧乙炔焊。

② 起落架的工作状态有急速的相对运动，承受复杂的动、静载荷，要求焊缝光滑，减少应力集中，提高疲劳寿命，自动焊焊缝成形优于手工焊。

③ 大部分零件焊后需要精加工，然后进行镀层处理，因而对焊缝内外表面要求高，不允许有表面缺陷存在，也不允许在焊缝加工后有露出表面的内部缺陷，如气孔等。采用惰性气体保护焊优于手弧焊和埋弧焊。

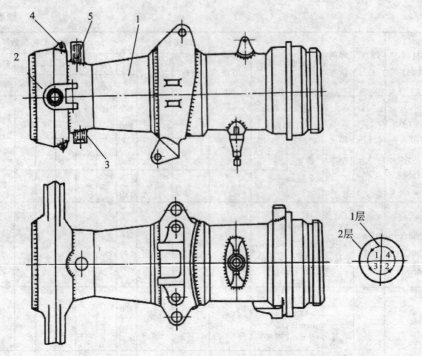

1—减振支柱外筒　2—横梁　3—接管嘴　4—耳子　5—接管嘴

图 7 - 78　带横梁的前起减振支柱焊接结构

④ 高强度材料的裂纹倾向性大,所用焊接方法必须有相适应的防止裂纹的措施,如焊前预热、后热等。

2) 起落架的焊接方法列入表 7 - 13。

表 7 - 13　起落架的焊接方法

焊接方法	适用范围	质量和效率
手弧焊	厚度>2mm 规则或不规则焊缝	受手工因素影响质量不稳定,易产生内部气孔、夹渣、焊缝外形粗糙,效率低
埋弧焊	厚度>2.5mm 规则的直焊缝或环焊缝	自动化焊接质量稳定,有内部气孔、夹渣产生,焊缝外形光滑,生产率比手工焊高
钨极氩弧焊	一般厚度<3mm 多层焊时用于打底层应力集中处补焊	焊缝外形优于手弧焊
熔化极脉冲氩弧焊	自动焊用于规则的环缝和直缝 半自动焊用于不规则的焊缝 厚度>1.5mm	焊缝成形好,内部气孔少,效率高
等离子弧焊	厚度 1~8mm	焊缝外形平整,光滑,内部气孔少,效率高
电子束焊	适合起落架任意厚度规则环缝和直缝	高能束热量集中,焊接变形小,焊缝内部缺陷少,效率高
闪光对焊	规则对称截面	焊缝质量好,变形小,生产效率高
摩擦焊	一般适用于对称旋转体	焊接接头为锻造组织,质量优异,性能稳定,自动化程度高,效率高,成本低

（2）焊接工艺。高强度钢的碳与合金元素量均较高，焊接时淬硬性高，焊接冷裂敏感性较大。为防止焊接裂纹的产生，获得理想的焊接接头，必须采取一系列的工艺措施，如选择合理的焊接方法、焊接材料、工艺参数和焊前预热、后热等。

1）采用合理的焊接方法。按表 7-13 应尽量选用热量集中、加热迅速的焊接法，使金属在高温的停留时间短，晶粒长大倾向小，裂纹倾向小。最宜采用不加或少加焊丝的熔焊方法，如等离子弧焊、电子束焊。又如淬硬性高的 40CrNi2Si2MoVA 钢一般不推荐熔焊，而推荐闪光焊或摩擦焊。

2）合理选用焊接材料。

① 定位焊点冷却速度快，焊点容易淬硬，裂纹倾向性大，需要采用含碳量低、塑性好的焊条。H08A 焊丝和 HTJ—5/t08A 焊条具有这些特点，可以避免定位焊时裂纹。

② 焊接时既要防止裂纹，又要保证焊缝与母材具有较高的力学性能，应选用 HTJ—2/H18CrMoA、HTJ—3/H18CrMoA 焊条，气体保护焊选用 H18CrMoA 焊丝焊接。

③ 最终热处理后的缺陷补焊应选用塑性、韧性好的焊条，如 HTG—1/HGH3030、HTG—2/HGH3041。

3）焊前必须将焊条烘干，烘干规范为：120℃ 保温 30min，250℃ 保温 30min，350℃ 保温 1.5h，400℃ 保温 2h，然后随炉冷却。烘干后的焊条应置于 120℃ 的保温箱中随用随取。

4）焊前预热。预热有利于减少或避免热影响区中马氏体相变，控制热影响区的硬度。预热还可减少焊接应力，从而减少裂纹的产生。一般预热温度如表 7-14 所列。过高的预热温度会使焊工操作困难，而且接头表面易于氧化，氧化物在焊缝中形成缺陷，故实际采用的预热温度较低。其温度和时间的选择与材料厚度及零件的复杂程度有关。

在整个焊接过程中都应保持焊缝及近缝区的温度不低于 250℃（40CrMnSiMoVA 不低于 350℃）。形状简单和刚性不大的零件可以不预热。

表 7-14　几种材料焊前预热温度

钢　种	厚度范围/mm	最预热温度和层间温度/℃
4130	≤12.7	150
	15.2～25.4	200
	29.7～50.8	230
4340	≤12.7	90
	15.2～25.4	120
	29.7～50.8	150
30CrMnSiA	厚度大和形状复杂的零件	250～350
30CrMnSiNi2A		250～400
40CrMnSiMoVA		350

5）焊后回火。未经最终热处理的零件，焊接结束至送入炉中回火时间间隔不超过 10min，回火温度 650～680℃，保温时间按 HB/Z5025《航空结构钢的热处理》的有关规定，根据零件厚度确定，保温后在空气中冷却。

已经最终热处理的零件，焊后 30min 内入炉回火，回火温度 200～250℃，保温时间同上，保温后在空气中冷却。

（3）焊接工艺参数的选择。采用合适的焊接线能量是防止裂纹的重要措施，通常选用比较低的线能量。几种起落架零件的焊接工艺举例如表 7-15 所列。

表 7-15　几种起落架零件的焊接工艺举例表

零件名称	材料牌号	接合厚度/mm	焊接方法	牌号	d/mm	装配焊接要求	Ih /A	Im /A	Iw /A	Ih /A	Um /V	Uw /V	Vh /(m/min)	Vs /(m/min)	Q·Ar (L/min)	Q·CO_2 (L/min)
歼XX起落架外筒(见图 7-79)	40CrMnSiMoVA 焊后处理至 σ_b=1 863MPa	14+14 (对接)	手弧焊,定位焊接	HTJ-5	3	相隔 90°定位 4 处	100~130									
				H08A		底层 φ3.0mm	90~120									
				HTJ-3	3.0~4.0	填充层焊条直径 35mm	130~160									
				H18CrMoA		盖面层焊条直径 4mm	160~200									
撑杆(见图 7-80)	30CrMnSiA 焊后处理至 σ_b=1 180MPa	4.5(对接)	手弧焊定位	HTJ-5 /H08A	2.5	相隔 90°定位 4 处	100~120									
			手弧焊焊接	HTJ-3 /H18MoA	3.0~4.0	焊接 2 层	130~180									
			熔化极脉冲氩弧焊	10Mn2SiCrMoVA	1.4~1.6			100~450		5	52	27.5		3.5~4.0	7	
运 8 主起外筒(见图 7-81)	30CrMnSiNi2A 焊后处理至 σ_b=1 670MPa	23+23(对接) 18.5+9(对接)	手弧焊定位	HTJ-5 /H08A	3.0~3.5	定位 5~6 处焊缝长 15~20mm	100~150									1.7
			熔化极脉冲氩弧焊	10Mn2SiCrMoVA	1.4~1.6	1 和 2 焊接	145	35			52.5	32	0.2	2.6	0	2.3
						1,2 与 3 焊接	145	35			52.5	32	0.2	2.6	0	2.3
轰 6 主起活塞杆(见图 7-82)	30CrMnSiNi2A 焊后处理至 σ_b=1 570MPa	φ203×26	手弧焊定位	HTJ-5 /H08A	3.0~3.5	定位 4~5 处对称均匀分布,定位焊缝 15~20mm	100~150									
			埋弧自动焊	H18CrMoA	4.0	焊丝偏心距 16~18mm	280~350						Vh (r/min)			
						1 圈	340~440						0.5~0.6			
						2~4 圈	380~450						0.5			
						5 圈	380~450						0.35~0.45			
						表层焊缝							0.45			

续表 7-15

零件名称	材料牌号	接合厚度/mm	焊接方法	焊接材料		装配焊接要求	焊接工艺参数									
				牌号	d/mm		Ih	Im	Iw	Ih	Um	Uw	Vh	Vs	Q(L/min)	
							/A			/V			/(m/min)		Ar	CO_2
筒子(见图 7-83)	30CrMnSiA焊后处理至 σb=1 180MPa	ϕ90×6	等离子弧焊定位焊接	H18CrMoA	δ1.0	定位3处均布 间隙≤0.3mm 错边≤0.25mm	150～160			8			0.135		0	
				HTJ-5/H08A	2.5	2与3定位 2处对称	90～110									
			手弧焊，定位焊接	HTJ-3/H18CrMoA	3.0～3.5	焊3层	100～140									

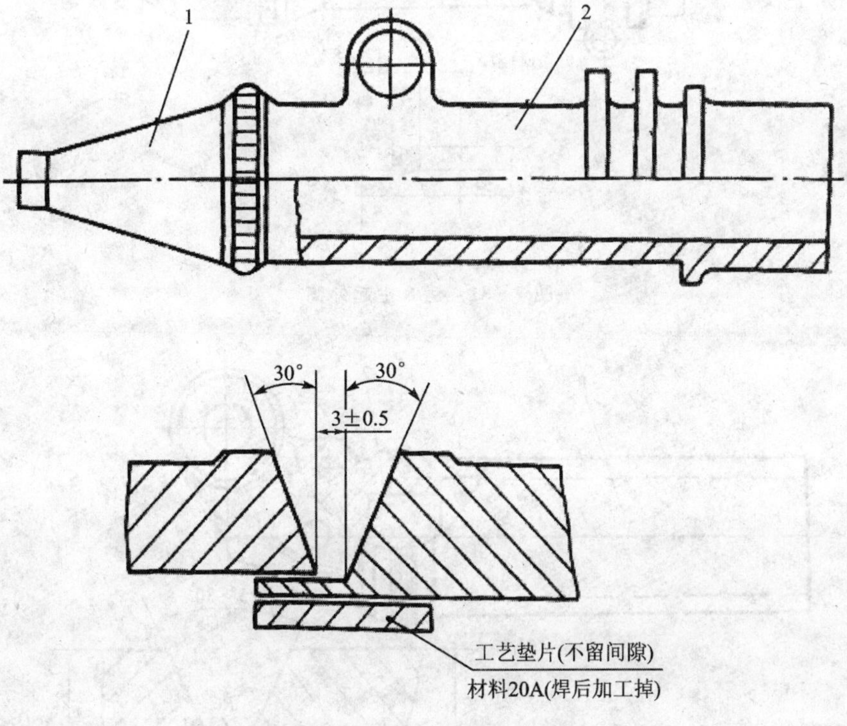
1
2
30°
30°
3±0.5
工艺垫片(不留间隙)
材料20A(焊后加工掉)

图 7-79　歼××起落架外筒

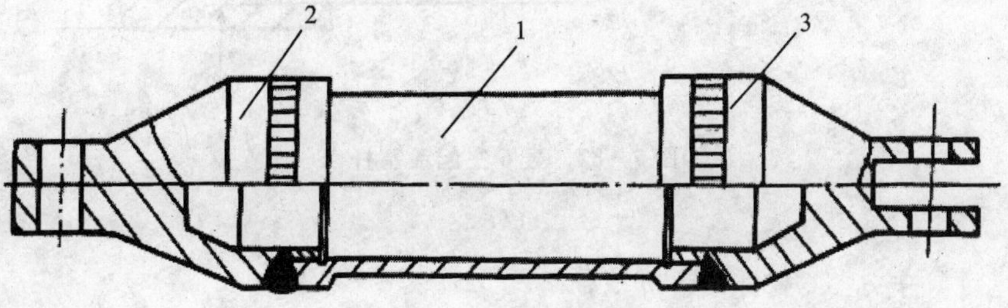
2
1
3

图 7-80　起落架撑杆

（二）飞机油箱的焊接工艺

飞机油箱按储存油料分为燃油箱（存储燃油，供飞机发动机燃烧用）；液压油箱（存储液压油，为飞机液压操纵系统提供液压油，给助力器供压）；滑油箱（存储润滑油，为飞机发动机提供滑油润滑冷却用）。各类油箱按其结构形式和所处飞机部位的不同具体分类见图 7-84。

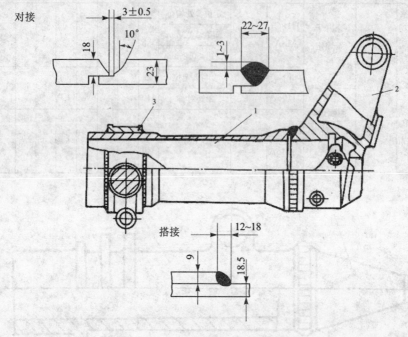

图 7-81　运 8 主起外筒

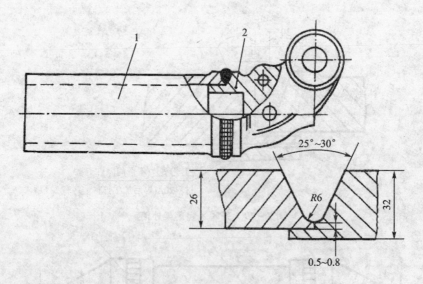

图 7-82　轰 6 主起活塞杆

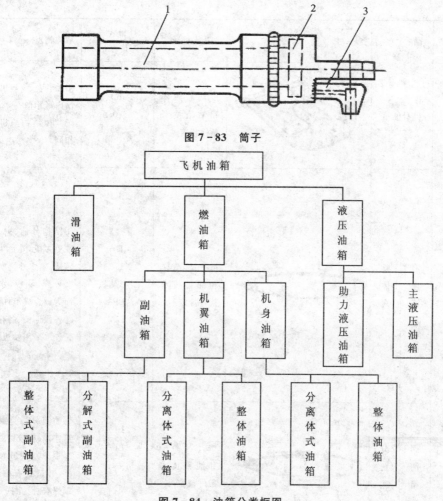

图 7 - 83 筒子

飞机油箱分类框图

图 7 - 84 油箱分类框图

1. 油箱结构特点

飞机上各类金属油箱特点、材料及技术要求如表 7 - 16 所列。

表 7 - 16 金属油箱结构特点

类 别	名 称	简 图	技术要求	材料牌号 厚度/mm	结构特点
燃油箱	机翼油箱		按产品图样和油箱技术条件规定	LF21 $\delta=0.8$ 1.0 1.2	①外壳、隔板、底盖由钣金成形件构成。外壳、底盖上制有加强筋或窝,隔板上制有减轻孔和弯边 ②隔板与外壳连接采用铆接后堆焊 ③外壳与底盖、接嘴,法兰盘连接为卷边焊 ④油箱外形剖面为翼剖面的一部分

类　别	名　称		简　图	技术要求	材料牌号 厚度/mm	结构特点
燃油箱	机身油箱			按产品图样 和油箱技术 条件规定	LF21 δ＝0.8 1.2	①油箱外形与机身油箱 槽内形相似 ②其他结构与机翼油箱 相同
燃油箱	副油箱	整体式		按产品图样 和油箱技术 条件规定	LF21 δ＝1.0 1.2 1.5 1.8 2.0 LF3 LF6 δ＝1.8 2.0 1.5	①结构分前、中、尾三段 或更多段，外形为梭形回 转体 ②外壳、隔板、水平安定 面为钣金成形件 ③各段连接、各接嘴与外 壳连接采用卷边焊
	副油箱	分解式		按产品图样 和油箱技术 条件规定	LF3 LF6 δ＝1.5 1.8 2.0	①油箱分段连接采用 F 箍连接，橡胶密封圈密封 ②中段制成开口式筒形 件，开口处有安装边，两 端焊有对接圈 ③其他与整体式相同
液压 油箱	液压 油箱			按产品图样 和油箱技术 条件规定	LF3 LF6 δ＝1.8 2.0 LF21 δ＝1.0	①油箱分内外两层：内层 耐液压，并装有倒飞活门 的隔板；外层为散热罩， 用于通风散热 ②隔板与 1 勺壁为插接 焊；接嘴与内壁采用卷 边焊
	力液压油箱			按产品图样 和油箱技术 条件规定	LF3 LF6 δ＝1.5 1.8 2.0 LF21 δ＝1.0	同主液压油箱

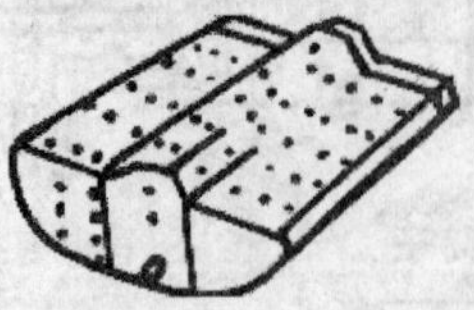

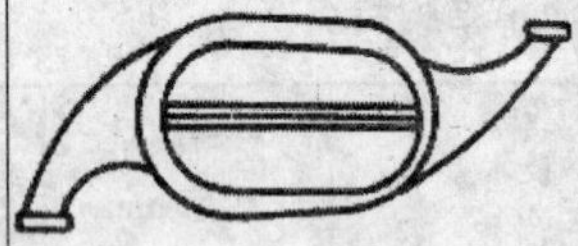

类　别	名　称	简　图	技术要求	材料牌号 厚度/mm	结构特点
	滑油箱		按产品图样和油箱技术条件规定	LF21 δ=1.0 1.2	①外壳、底盖为钣金成形件 ②底盖与外壳、接嘴与外壳卷边焊,隔板与外壳铆接后堆焊

各类油箱结构图分别如图 7–85～图 7–88 所示。

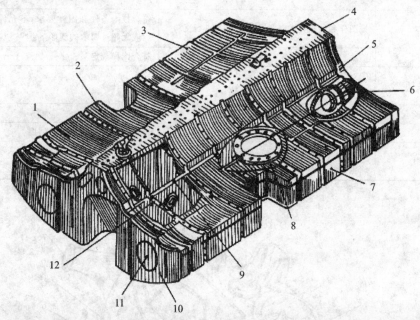

1—接嘴　2—上外壳　3—支架　4—接耳　5—后底盖　6—单向活门　7—下外壳　8—法兰盘
9—纵隔板　10—前底盖门　11—堵片　12—横隔板

图 7 - 85　机身燃油箱结构图

2. 油箱装配焊接工艺流程

油箱装配焊接工艺流程根据油箱的结构不同而有所差异,但其共同点有:外壳与隔板、底盖铆接,外壳与底焊接,接嘴与外壳或底盖焊接,试验,表面处理,清洗,油封包扎等。机身燃油箱的装配焊接工艺流程如表 7–17 所列。

表 7 - 17　机身燃油箱装配焊接工艺流程

工序名称	主要内容	要求与注意事项
零件配套	按工艺规程或指令配套	所有零件均应有合格印记
表面处理	化学除油或机械打磨	符合化学除油说明书

工序名称	主要内容	要求与注意事项
隔板、外壳、底板的铆接	①在装配架上钻出纵、横隔板上的孔 ②将上、下外壳和隔板装配好按隔板上的孔钻出外壳上的铆钉孔 ③清除各铆钉孔毛刺 ④由中间向两端依次铆接	符合生产说明书和油箱技术条件
铆钉堆焊	①用酒精清洗铆钉及周围 ②焊铆钉头	符合油箱技术条件和焊接说明书
外壳和底盖的焊接	①定位焊 ②焊接	符合油箱技术条件和焊接说明书
接嘴与外壳(底盖)的焊接	①按图样装配并定位焊 ②焊接	符合油箱技术条件和焊接说明书
试验	按图样和油箱技术条件规定的要求进行试验	符合技术条件和图样要求;不允许渗漏,试验后应无超过要求的变形
表面处理	喷漆	符合图样规定
螺纹回丝装接头	①对各接嘴螺纹回丝 ②装接头	符合图样
气密试验	在水槽内试验	不允许漏气
清洗	用汽油清洗内腔	符合技术条件规定的清洁度
油封包扎	按技术条件和说明书规定的油料油封,用专用堵塞塞好接嘴,打上铅封	符合技术条件和油封说明书

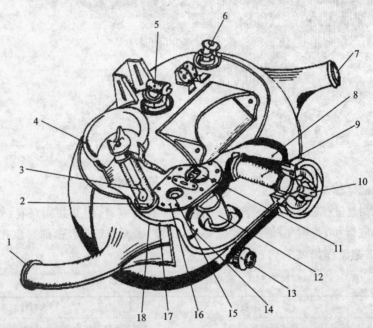

1—散热空气出口　2—油滤　3—油量尺　4—加油口　5—增压空气接嘴　6—残油回油接嘴

7—散热空气入口　8—隔板　9—油滤　10—回油接嘴　11—回油活门　12—吸油短管

13—出油接嘴　14—排气孔　15—加油活门　16—倒飞活门　17—油箱内壁　18—散热罩

图 7 - 86　主液压油箱结构图

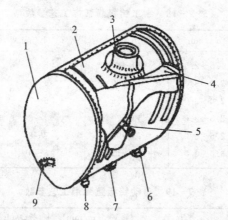

1—底盖　2—外壳　3—加油口　4—斜盘　5—卡箍

6—出油接嘴　7—回油接嘴　8—通气管　9—接耳

图 7-87　滑油箱结构图

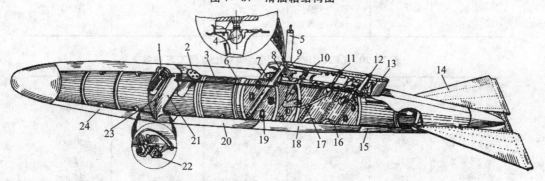

1—前加油口　2—后加油口　3—空气导管　4—球形接头　5—侧支柱　6—隔板　7—真空活门

8—前支柱　9—增压管接头　10—吊挂接头　11—输油接头　12—后支柱　13—整流罩　14—安定面

15—尾段　16—纵隔板　17—输油管　18—中段　19—横隔板

20—前段　21—气密隔板　22—换油塞　23—输油管　24—油箱头部

图 7-88　副油箱结构图

3．焊接工艺

（1）油箱的焊接特点。油箱结构材料多为防锈铝，焊接时容易氧化而生成高熔点 Al_2O_3 氧化膜。合金中镁在焊接时易烧失，会造成焊接夹渣并降低强度。氧化膜易吸附水分使焊缝形成气孔。铝合金的导热系数和比热容较大，焊接时要使用较大功率、热量集中的焊接热源。线膨胀系数比较大，焊接易产生应力变形。焊接时由固态金属转变为液态金属时，颜色无明显变化，故焊接时难掌握。高温强度低，容易引起焊缝金属塌陷和裂纹。

由于油箱结构的特点，铝合金薄板成形件在焊接时，因焊接应力使外壳产生波浪式的凹凸变形。隔板与外壳连接采用铆钉头堆焊，若焊接顺序掌握不好容易引起油箱翘曲变形。油箱接嘴、法兰盘与外壳不等厚度，给焊接操作带来困难。

鉴于油箱有气密要求，在选用焊接方法时多采用熔焊和缝焊。

（2）焊接方法的选择。铝合金表面有一层高熔点氧化膜，采用氧乙炔焊接时需配用铝焊剂，焊后焊剂残渣不易清理，目前各类油箱的熔焊普遍用交流钨极氩弧焊代替氧乙炔焊。铝合金油箱钨极氩弧焊、电阻点焊和缝焊的工艺参数如表 7-18～表 7-23 所列。

表 7 - 18　手工钨极氩弧焊工艺参数

材料厚度/mm	d_w/mm	I_h/A	Q/(L/min)	D_Z/mm
0.8	1.5~2.5	20~40	5~6	6~10
1.0	2.0~3.0	40~50	6~7	8~10
1.2	2.0~3.0	40~55	6~7	8~10
1.5	2.5~3.0	50~70	7~8	8~10
2.0	2.5~3.0	75~90	7~8	10~12
3.0	3.0~4.0	100~130	8~9	10~12

表 7 - 19　自动钨极氩弧焊工艺参数

材料厚度/mm	d_w/mm	I_h/A	V_h/(m/min)	Q/(L/min)	D_Z/mm
1.0	1.5~2.5	60~100	0.3~1.0	7~9	6~8
1.5	1.5~2.5	90~130	0.3~0.85	8~10	8~10
2.0	2.0~3.0	120~160	0.3~0.7	9~12	10~12
3.0	2.0~3.0	160~210	0.2~0.6	10~15	12~14

表 7 - 20　LF21、LF2 在交流点焊机上点焊工艺参数

厚度/mm	d_j/mm	r_d/mm	p_j/N	t_h/s	I_h/A
0.5+0.5	8	25	979	0.06~0.08	15 000
0.8+0.8	8	40	1 469	0.06~0.10	18 000
1.1+1.1	10	50	1 958	0.08~0.10	20 000
1.2+1.2	12	75	2 447	0.10~0.12	24 000
1.5+1.2	16	75	2 938	0.10~0.12	26 000

表 7 - 21　LF21、LF2 在直流脉冲点焊机上点焊工艺参数

厚度/mm	d_{jmin}/mm	r_d/mm	变压器级数	p_j/N	p_d/N	t_h/s
1.0+1.0	10	50	1	1 958	1 958	0.06~0.10
1.2+1.2	12	75	5	2 447	2 447	0.08~0.16
1.5+1.5	16	75	10	2 938	2 938	0.08~0.16
2.0+2.0	16	100	15	3 428	5 386	0.12~0.20

表 7 - 22　LF21、LF2 在直流脉冲缝焊机上缝焊工艺参数

材料 厚度/mm	p_j/N		变压器级数		t_h/s		步距 s /mm	V_h /(点/min)
	LF2	LF21	LF2	LF21	LF2	LF21		
1.0+1.0		2 746~3 432	—	7	—	0.06	2.2	100
1.2+1.2	2 942~3 432	—	2~3	—	0.1~0.14	—	2.2	100~130
1.5+1.5	2 923~4 413	2 923~4 413	2~3	4~5	0.1~0.12	0.1	2.2~2.5	100~130
2.0+2.0	4 903~5 394	—	4~5	—	0.12~0.14	—	2.5	70~100
2.0+1.5	4 903~5 394	—	3~4	—	0.12~0.14	—	2.5	70~100
2.5+2.0	5 394	—	4~6	—	0.12~0.14	—	2.5	70~100

表 7 - 23　F3、LF6 在直流脉冲缝焊机上缝焊工艺参数

材料	p_j/N		变压器级数		t_h/s		步距 s	V_h/(点/min)
厚度/mm	LF3	LF6	LF3	LF6	LF3	LF6	/mm	
1.2+1.2		4 413	—	2	—	0.1	2.2	70~100
1.5+1.5	4 413~5 394	5 394~6 374	2~3	3	0.3~0.4	0.1	2.2	100
2.8+2.8	6 365~6 374	—	4~5	—	0.16~0.2	—	2.2~2.9	70
1.2+2.8	4 413		3		0.16~0.18	—	2.9	70
1.5+3.0		50		3		0.16	2.5	100
1.8+3.0	80		5		0.12	—	2.5	100

（3）准备。焊前对焊件、焊丝表面应仔细清除氧化物、油脂及脏物。清理程序按表 7 - 24 进行。对于一级、二级焊缝和化学清洗后超过期限的焊件，待焊边缘 15~20 mm 范围内，用 ϕ0.15 mm 的不锈钢丝刷，去除表面氧化膜，呈金属白亮色，并用刮刀去除待焊边缘毛刺，用白细布擦干净后立即焊接。

表 7 - 24　表面清理程序

序　号	清理方法	技术要求
1	化学除油 (1)溶液成分： 磷酸钠（$Na_3PO_4 \cdot 12H_2O$） 合成洗衣粉 水玻璃 (2)温度 (3)时间	工业级 50~70g/L 8~12g/L 工业级 25~35g/L 25~35℃ 3~15min
2	在 30~60℃流动温水中洗涤	
3	在流动冷水中冲涤	
4	碱腐蚀 溶液成分 苛性碱（NaOH） 温度 时间	
5	流动温水洗	
6	流动冷水洗	
7	光化处理 溶液成分： 硝酸（HNO_3） 温度 时间	工业级 300~500g/L 25~35℃ 光化为止（1~4min）
8	流动冷水中洗	
9	干燥	35℃（去除水分为止）

熔焊焊丝的选择见表 7-25 和表 7-26。

表 7-25　熔焊焊丝的选择

母材牌号	LF21	LF22	LF3	LF6
焊丝牌号	LF21 LT1	LF3 LT1	LF3	LF6

表 7-26　不同牌号材料焊接时焊丝选择

焊丝 母材　　母材	ZL201	ZL101	ZL104	LF6	LF3	LF2
LF21	LT1 ZL201	LT1 ZL201	ZL104 LT1	LF6 LF3	LF3	LF3 LT1
LF3				LF3 LF6		

（4）定位焊。定位焊是保证焊件装配尺寸，保证合理间隙，防止工件错边不可少的工序。熔焊定位焊缝宽度、高度应小于焊缝尺寸的 75%，定位焊缝出现裂纹、夹渣、尺寸不符规定时应排除，定位焊缝避免分布在应力集中处；定位焊应在夹具上进行。定位焊缝数和顺序按表 7-27 选用。

表 7-27　定位焊缝数和顺序

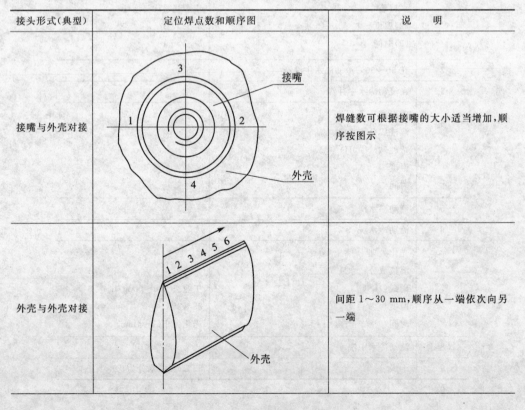

接头形式（典型）	定位焊点数和顺序图	说　明
接嘴与外壳对接		焊缝数可根据接嘴的大小适当增加，顺序按图示
外壳与外壳对接		间距 1~30 mm，顺序从一端依次向另一端

续表 7 - 27

接头形式（典型）	定位焊点数和顺序图	说　明
底板与外壳对接	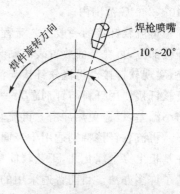 外壳　底盘	间距 1～30 mm 按图示顺序依次定位焊

采用自动钨极氩弧焊在夹具上焊接时,可不进行定位焊,只需预留收缩变形间隙。

（5）油箱焊接技术。在油箱焊接中,若采用多种焊接方法,应先进行电阻点焊和缝焊,然后熔焊。在夹具上进行自动钨极氩弧焊时,两端头应分别装引弧板和引出板。焊环形焊缝时,焊枪喷嘴应按图 7 - 89 所示要求放置,焊接结束时,焊缝应重叠 20～30mm。自动钨极氩弧焊焊接工艺参数按表 7 - 19 选用。焊接不等厚度材料时,电弧应偏于厚度大的一侧。铆钉头堆焊采用手工钨极氩弧焊,其焊接工艺参数见表 7 - 28。

图 7 - 89　环焊时焊枪喷嘴位置图

表 7 - 28　手工钨极氩弧焊堆焊铆钉头工艺参数

I_h/A	d_w/mm	Q/L/min	D_z/mm	d/mm
70～80	2.5	7～8	8～10	3

焊后应根据需要可采用退火和滚压焊缝的方法消除焊缝应力,改善焊接接头的性能。点焊、缝焊时,采用化学清洗后的零件应于 72h 内完成焊接,超过时应采用机械清理方法补充清理,并在 24h 内焊完。点焊时装配间隙不大于 1mm,缝焊间隙不大于 0.3mm。装配前应先进行预装配。点焊时,定位焊点尺寸与正式焊点相同,缝焊的定位焊点熔核直径应为缝焊熔核宽度的 70%～80%。缝焊的焊接工艺参数可按表 7 - 22 和表 7 - 23 选用。

（6）油箱焊接工艺装备。油箱焊接工艺装备主要有定位焊夹具、焊接夹具及检验夹具等。其技术要求如表 7 - 29 所列。

表 7 - 29　油箱焊接工艺装备技术要求

工艺装备名称	技术要求
定位焊夹具	卡板工作面贴布,按嘴定位器应考虑放收缩量,可旋转 360°,底座装滚轮,焊接可达性好,刚性好
焊接夹具	卡板工作面贴布,可旋转 360°,底座装滚轮,可达性好,结构简单,刚性好
自动钨极氩弧焊夹具	采用气动琴键式夹紧装置;焊缝背面置开槽垫板,槽内钻有送气孔;可移动式,底座装滚轮;应有焊缝对中装置,装夹方便、可靠
检验夹具	刚性好,卡板工作面贴布;底座装滚轮,按技术条件规定最大公差制造卡板
点焊、缝焊夹具	采用无磁性材料制造,定位可靠,可达性好、轻便

拓展与延伸——其他典型焊接结构的加工实例

1. 印制电路板组装中的软钎接

印制电路板基板只有装上各种微电子元器件,才有使用功能。微电子元器件按其装设方法的不同,分为表面贴装元器件、穿孔插装元器件和贴装插装的混装元器件。常用的焊接方法有流动软钎接和再流软钎接。

流动软钎接的一般工艺流程为:先在印制电路板待钎接面涂上一层液体钎剂,经过适当加热以干燥钎剂,同时预热印制电路板的待钎接处以缩小温差,避免热冲击。然后加热钎料进行软钎接,钎接后自然冷却或用风扇冷却。一般采用 Sn63%、Pb37%的钎料,其熔融温度控制在240~260℃范围内。

再流软钎接的一般工艺流程为:先通过印制、滴注等方法将软钎膏涂敷在印制电路板的待钎接部位,再在上面放置表面贴装元件。然后加热软钎膏使之熔化,即再次流动,润湿待钎接处,实现软钎接。再流软钎接与流动软钎接的不同处是流动软钎接先后使用钎剂、钎料,而再流软钎接使用钎料与钎剂融为一体的软钎膏。加热再流前必须预热,使软钎膏适当干燥,同时缩小温差,以避免热冲击。再流软钎接后,同样让其自然冷却或用风扇冷却。

再流软钎接特别适用于表面贴装元器件。在印制电路板装配中,由于表面贴装法不需要在基板上穿金属化孔,工艺较简单,获得更多应用。随之,再流软钎接在热源及加热方法上创造了许多办法。目前普遍采用的有热板传导软钎接、红外线辐射软钎接、热风对流软钎接、气相加热软钎接、激光束加热软钎接、脉冲加热软钎接以及热氮与电热头加热软钎接等。上述这些加热法中,除激光束加热是局部加热外,其余都是整体加热。整体加热时,元器件本体和电路板都要经受高温加热,一些热敏感性强的元器件易遭损坏或留下隐患,所以要特别注意温度和时间的控制。激光束对准钎接部位加热,加热区域小,时间短,不会损伤元器件,但费用昂贵。与激光法同样是局部加热的还有光束加热法,氙灯光经椭球面镜聚焦形成焦点,对钎接处进行照射加热。光束法的缺点是焦点直径 ϕ13 mm,比激光束大,能量密度低,作用距离近,因而使用局限性大。表 7-30 列出几种再流软钎接的特性比较,供读者根据印制电路板装焊要求及生产条件选用。

表 7-30　几种再流软钎接的特性比较

加热方法	初始投资	操作费用	生产量	温度稳定性	适应性				
					曲线温度	双面装配	工艺装备适应性	温度敏感元件	钎接误差率
热板传导	低	低	中高	好	极好	不能	差	影响小	低
红外线辐射	低	低	中	取决于吸收	尚可	能	中	影响大	高
热风对流	中	低	高	好	好	能	中	影响大	低
汽相	中高	高	中	极好	改变困难	能	好	有损坏危险	中
激光束	高	中	低	要求精确控制	根据试验	能	好	无影响	中

图 7-90 所示为表面贴装法的工艺流程,元器件在印制电路板上的装设和软钎接,完全在基板的一侧表面进行。图 7-91 所示为穿孔插装法的工艺流程,元器件通过印制电路板上的金属化孔来固定位置,再在基板反面进行软钎接。图 7-92 所示为表面贴装法与穿孔插装法混合安装及软钎接工艺流程,实际使用较多。

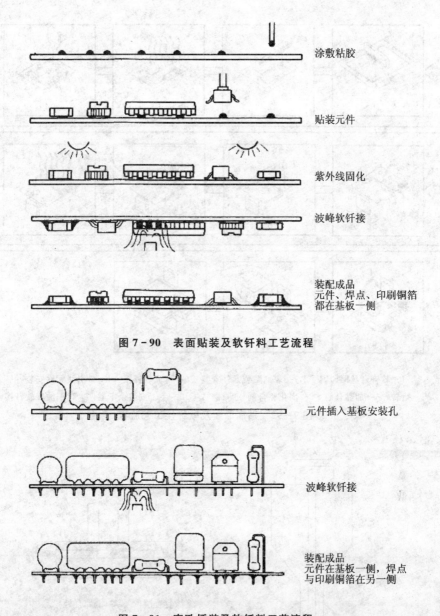

图 7-90　表面贴装及软钎料工艺流程

涂敷粘胶

贴装元件

紫外线固化

波峰软钎接

装配成品
元件、焊点、印刷铜箔
都在基板一侧

元件插入基板安装孔

波峰软钎接

装配成品
元件在基板一侧，焊点
与印刷铜箔在另一侧

图 7-91　穿孔插装及软钎料工艺流程

2. 硅太阳电池的电阻焊

在航天硅太阳电池的方阵组装焊接中，焊接方法采用平行间隙电阻点焊。所谓平行间隙电阻焊(ParallelGap Resistance Welding,PGRW)是将两电极布置在焊件同一侧，而非上、下布置。

平行间隙电阻焊的基本原理如图 7-93 所示，图中两电极的间隙值正常，形成两个焊点，无熔核，但能将上、下两焊件点焊连接。如果增大两电极之间的间隙，则两电极间的焊件金属会发生熔化，两个焊点熔化成一个焊点，但仍非熔核。

(1) 对平行间隙电阻点焊的技术要求。根据人造卫星的运行轨迹高度，宇航中的航天硅太阳电池方阵的焊接接头一般要经受−150～＋100℃的周期性热循环。以往采用的软钎接不

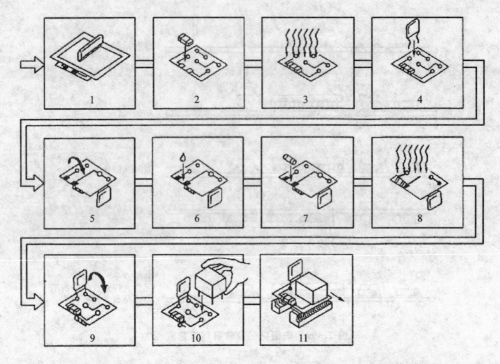

1—软钎膏丝网印刷　2、7—表面贴装元件安装　3—再流软钎接　4—带引线元件安装
5—堑转　6—加黏合剂　8—固化黏合剂　9—翻转　10—手工安装余下器件　11—波峰软钎接

图7-92　贴插混装及软钎接工艺流程

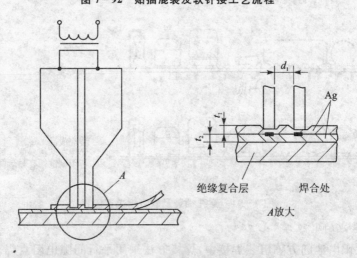

图7-93　平行间隙电阻焊原理

能满足此工况要求,已趋淘汰。航天硅太阳电池厚度为0.24mm或更薄,质地极脆。电池光照面P—N结的结深仅为$0.1\sim0.25/\mu m$。电池银电极的厚度也只有$3\sim10/\mu m$。航天太阳电池与银互连带的连接即是这$3\sim10/\mu m$厚的蒸银层与厚度为$10\sim50/\mu m$的银箔带的相互连接。采用的平行间隙电阻焊工艺应在确保搭接接头质量的同时,不能对硅片的电性能产生变化率大于1%的影响,更不能在点焊时压碎硅片或在点焊后产生巨大的残余内应力,以致使用不久,硅片自行破裂。

　　基于上述质量要求,对平行间隙电阻焊的供电方式、焊接电压(电流)、焊接通电时间、电极压力的控制及其随动性等,都应有特殊的要求。普通电阻焊出现的火花飞溅,包括微飞溅,在这种要求的条件下绝不允许出现。

　　(2)电阻点焊工艺要点。航天太阳电池的电极与互连带,即银蒸层与银箔带电阻点焊时,采用直流双脉冲电源,以恒压、恒流和恒功率的方式供电。控制器与电源组合在一起,成为一台焊接设备。控制器为一举片机,进行实时控制。

　　图 7-94 所示为直流双脉冲电源的恒压模式供电原理。由图可以看出,在两个直流脉冲,前一脉冲用于预热,后一脉冲用于焊接。因此,前脉冲又称为预热脉冲,后脉冲又称为焊接脉冲。任何脉冲本身的上升沿、平行段和下降沿,以及两个脉冲之间的间歇时间,都可以在 0～99 ms 范围内任意设定。电压值也可以在 0～2 000 mV 范围内任意设定。

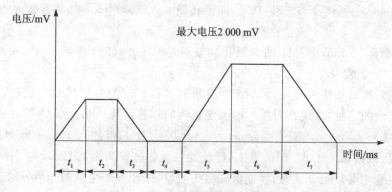

图 7-94　直流双脉冲的供电原理

　　前脉冲的主要作用是预热及帮助压服被焊件之间的接触面。这就有助于消除在后脉冲期间可能产生的因接触面处局部接触过热而导致的飞溅及电极粘连现象。后脉冲可以调成方波或矩形波,这与被焊材料、工况和焊接接头的形式有关。当然,在某些特殊条件下,例如要求焊后热处理的材料,也可以采用大功率的前脉冲加小功率的后脉冲。但这种情况较少。

　　每焊一次,同时出现两个焊点。每一电极尖端的压力一般为 20～80 MPa,焊点表面有压痕,但无熔化现象。两个平行电极的材料为钼,之所以采用钼电极,除了基于其具有高的高温硬度及远低于紫铜的热导率之外,还基于它不易与被焊件粘连。

　　采用直流双脉冲供电,可以使电极间隙及电极端面处理的次数大幅度减少,同时保证了点焊接头的工作可靠性。这是任何直流单脉冲所不能实现的。银箔带厚度为 50 μm 时,点焊接头可承受的拉力不低于 5N。经实测,不同厚度的银箔带,其焊点强度皆大大超过宇航标准规定的每点最低拉力 2N 的要求。

　　根据对平行间隙电阻点焊航天硅太阳电池温度场的测定及有限单元法的计算,焊接时焊点处的最高温度在 950℃ 以下,即在焊点处的温度并来达到银的熔点,但很接近银的 960 ℃ 熔点。由此肯定了太阳电池方阵焊接的焊点内并无熔核产生。它的接头形成,靠的是扩散再结晶。

　　3. 光波导线的对接焊

　　光波导线是一种透明的光导纤维,其材料为二氧化硅。在光波导线制造中,常常要把其端头对接起来,基本方法是熔化对接或称对接焊。光波导线用于信息传送,比起电通信来有明显优点。下面叙述光波导线的焊接方法要点。

光波导线目前已能制造出直径极细的(如线直径 $\phi \leqslant 200 \mu m$)导线,其对接接头要求有足够的强度,同时光波导通时不能有减弱现象。对接焊质量的好坏,首先取决于熔化温度的设定是否正确。而这一熔化温度的设定,则依据连接时玻璃的黏度。光导纤维连接的最佳动力黏度 $\eta = 10^3 Pa \cdot s$。这 $10^3 Pa \cdot s$ 黏度值意味着待连接的玻璃处于熔融流动状态。玻璃可产生流变,有利于对接接头相互靠近时的连接。$\eta = 10^3 Pa \cdot s$ 的相应加热温度,对二氧化硅玻璃为 2 838 K。动力黏度与加热温度的关系式为

$$\lg \eta = A + B/(T - T_0)$$

式中,常数 $A = -1.487$;$B = 15\,004$;$T_0 = 253K$。

对于含 10mol% Ge(锗)的光导纤维芯部玻璃来说,黏度与温度的关系式为

$$\eta = \eta_0 \exp Q/RT$$

η_0 对于 GeO_2 来说,等于 5.75×10^{-8},而活化能 $Q = 516kJ/mol$,气体常数 $R = 8.314W \cdot s/(mol \cdot K)$。

因此,对于含 10 mol% GeO_2 的二氧化硅玻璃,则 $\lg \eta = 6.6$,相当于 $T = 1\,806K$,$\lg \eta = 3$ 时,则相当于 $T = 2\,435K$。

焊接光导纤维对接接头时,必须对不同含量的芯部玻璃与外层纯二氧化硅(SiO_2)玻璃的膨胀系数有充分的了解,以便在对接焊时确定正确的加热步骤。虽然 SiO_2 的热膨胀系数不高(体膨胀系数 $\beta = 3a_A$,a_A 为线膨胀系数,$a_A = 0.5 \times 10^{-6} 1/K$),但加入 10mol% GeO_2 的二氧化硅玻璃,其线膨胀系数 $a_A = 1.62 \times 10^{-6} 1/K$,即比纯二氧化硅玻璃大 $1.122 \times 10^{-6} 1/K$。这一特点在焊接加热过程中必须十分注意,才能保证接头质量,保证不产生减弱光传导的现象。加热熔化光波导线的热源是用微机控制的辉光放电的等离子弧柱。将待连接的接头置于等离子弧柱内,由于等离子弧的高温,在时间 $t \leqslant 1s$ 内即把光导纤维加热到动力黏度 η 由 $\lg \eta = 6$ 至 $\lg \eta = 3$。一般的连接过程分为两个阶段。当熔化时芯部 $\lg \eta$ 接近于 3 时,由于芯部的热膨胀系数大于外皮的纯 SiO_2,所以形成芯部向外突出,从而在待连接的两侧对口形成一凸面,这非常有利于把芯部焊接好。这时把两个端面互相靠拢并焊合。再继续加热并顶锻,使外皮 SiO_2 也焊合。然后停止顶锻,撤开顶锻。由于芯部与外皮热膨胀系数不同,外皮的 SiO_2 层会自然形成平缓一致的外壳连接。在焊接之前,必须把待连接部位的保护外层仔细剥离,并处理干净。在焊接过程中,必须有精确的夹持工具,不使接头变形及翘曲。光导纤维的焊接加热有时也用微型火焰或螺旋形电热器。

小　结

本章重点讲述了 5 种典型焊接结构的加工工艺,即压力容器的加工工艺、桥式起重机桥架的加工工艺、船舶焊接结构的加工工艺、车辆板壳结构的加工工艺和航空航天结构的加工工艺。

1. 压力容器的加工工艺

(1)压力容器的分类方式。

1)按作用分类:反应压力容器、换热压力容器、分离压力容器和储存压力容器。

2)按厚度分类:薄壁容器($K \leqslant 1.2$)和厚壁容器($K > 1.2$)。

3)按承压方式分类:内压容器和外压容器。

4) 按压力等级分类:低压容器($0.1\ \text{MPa} \leqslant p < 1.6\ \text{MPa}$)、中压容器($1.6\ \text{MPa} \leqslant p < 10\ \text{MPa}$)、高压容器($10\ \text{MPa} \leqslant p < 100\ \text{MPa}$)和超高压容器($p \geqslant 100\text{MPa}$)。

5) 按安装方式分类:立式容器和卧式容器。

6) 按安全技术管理分类:第一类压力容器、第二类压力容器和第三类压力容器。

(2) 压力容器的结构:封头、筒体、法兰、开孔与接管、支座。

(3) 压力容器焊接接头的分类:A 类焊缝、B 类焊缝、C 类焊缝、D 类焊缝。

(4) 压力容器的制造工艺。

1) 中、低压压力容器的制造工艺:封头的制造、筒节的制造、容器的装配工艺、容器的焊接。

2) 高压容器的制造工艺。

3) 球形容器的制造工艺:瓣片制造、支柱的制造、球罐的装焊、球罐的整体热处理。

2. 桥式起重机桥架的加工工艺

(1) 桥式起重机桥架组成:主梁 、栏杆、端梁、走台、轨道、操作室。

(2) 桥式起重机桥架结构形式:中轨箱形梁桥架、偏轨箱形梁桥架、偏轨空腹箱形梁桥架、箱形单主梁桥架。

(3) 主梁制造工艺要点:拼板对接焊工艺、肋板的制造、腹板上挠度的制备、装焊 n 形梁、下翼板的装配、主梁的矫正。

(4) 流水线生产主梁的实例。

(5) 端梁的制造工艺要点:备料和装焊。

(6) 桥架的装配与焊接工艺。

3. 船舶焊接结构的加工工艺

(1) 船舶板架结构的类型:纵骨架式结构、横骨架式结构、混合骨架式结构。

(2) 船舶结构的焊接工艺原则:焊接顺序的基本原则和工艺守则。

(3) 船舶制造中的焊接工艺。

1) 整体造船中的焊接工艺。

2) 分段造船中的焊接工艺:甲板分段的焊接工艺、舷侧分段的焊接工艺、双层底分段的焊接工艺、平面分段总装成总段的焊接工艺。

4. 车辆板壳结构的加工工艺

(1) 轿车板壳结构的点焊焊接工艺。

1) 点焊热源。

2) 熔核形成过程。

3) 点焊工作循环:预压、焊接、维持、休止。

4) 点焊规范参数:低碳钢板点焊规范参数、中碳钢板点焊规范参数、镀锌低碳钢板点焊规范参数。

5) 对点焊接头的要求。

(2) 轿车板壳结构的钎焊:氧乙炔铜钎焊、电弧铜钎焊、软钎焊。

(3) 轿车板壳结构的激光焊。

(4) 货车板壳结构的焊接工艺:①车厢左、右边板的焊接;②车厢前板组成的焊接;③车厢底板组成的焊接。

5．航空航天结构的加工工艺

（1）飞机起落架的焊接工艺。

1）起落架的结构形式及组成。

结构形式分为：整体锻件和拼焊结构两类。组成：前起落架和主起落架。

2）起落架典型结构及焊接方法见列表 7－9。

3）起落架用材料：高强度钢（30CrMnSiA、40CrNiMoA）、超高强度钢（30CrMnSiNi2A、40CrMnSiNi2A、40CrNi2Si2MoVA、30CrMnSiNiVMo、30XFCHA•B2I）、高强度铝合金（LC9）、钛合金（BTl4、TC4）。

4）起落架的工艺流程：主起减振活塞杆制造工艺流程、热处理后焊接工艺流程。

5）表 7－12 为起落架典型焊接件装配焊接工艺举例。

6）焊接工艺：采用合理的焊接方法、合理选用焊接材料、焊前焊条烘干、焊前预热、焊接工艺参数的选择、焊后回火。

（2）飞机油箱的焊接工艺。

1）飞机油箱的分类及各类油箱结构图。分类：燃油箱、液压油箱、滑油箱；油箱结构图见本章图 7－85～图 7－88。

2）飞机油箱的结构特点、材料及技术要求见表 7－16。

3）油箱装配焊接工艺流程：零件配套→表面处理→隔板→外壳、底板的铆接→铆钉堆焊→外壳和底盖的焊接→接嘴与外壳（底盖）的焊接→试验→表面处理→螺纹回丝装接头→气密试验→清洗→油封包扎。

4）焊接工艺：油箱的焊接特点、焊接方法的选择、焊前准备、定位焊、油箱焊接技术、油箱焊接工艺装备。

6．拓展与延伸：印制电路板组装中的软钎接、硅太阳电池的电阻焊、光波导线的对接焊。

思考与练习题

1．桥式起重机的桥架由哪些主要部件组成？各部件的结构有什么特点？

2．分析桥式起重机主梁及端梁制造的工艺要点。

3．箱形主梁的上挠度可否采用焊后加热梁的下部来完成？为什么？

4．桥架组装有哪些技术要求？如何保证？

5．压力容器有哪些类型？Ⅰ、Ⅱ、Ⅲ类压力容器是如何划分的？

6．圆筒形压力容器有哪些主要部件？为什么压力容器制造必须严格执行国家标准？

7．分析中、低压压力容器各主要部件的装焊工艺要点。

8．高压容器的制造有何特点？分析球形容器的制造工艺。

9．制定船体结构焊接顺序的基本原则有哪些？

10．在船体结构的焊接过程中，遇到坡口间隙过大时，应采取哪些措施补救？

11．当构件连续角焊缝与已焊完的拼接缝相交时，应采用什么工艺措施？

12．船体的哪些构件和结构的焊接应选用低氢型焊条？

13．船体分段拼板的焊接顺序是什么？

14．十字、T字形交叉对接焊缝的焊条电弧焊焊接顺序是什么？

15. 船体主要结构中对接焊缝之间、对接焊缝与角焊缝之间的平行距离有什么规定？

16. 何谓"倒装法"，简述船体双层底分段采用"倒装法"时的焊接工艺。

17. 简述轿车板壳结构中常用的 3 种焊接方法及其区别。

18. 点焊与其他焊接方法比较的优点有哪些？

19. 简述点焊工作循环的组成及其各部分的主要功能。

20. 货车车厢板壳结构由哪五大总成（部件）所组成？

21. 飞机起落架的组成部分一般包括哪些？

22. 简述飞机起落架热处理前和热处理后进行装配焊接典型件的工艺流程。

23. 列举几种起落架典型焊接件装配焊接工艺。

24. 飞机油箱的分类有哪些？飞机油箱装配焊接工艺流程有哪些？

25. 分析飞机油箱焊接的工艺要点。

学习情境八　焊接结构生产组织与安全技术

知识目标

1. 了解焊接车间的组成与平面布置。
2. 了解焊接车间的空间组织和时间组织,学会计算生产周期。
3. 了解焊接生产中的质量管理和安全技术;掌握劳动保护的基本技能。

任务一　焊接车间

一、任务分析

通过学习,了解焊接生产车间的主要部门,熟悉车间的平面布置,有利于尽快适应车间的生产环境。

二、相关知识

(一) 焊接车间的组成

焊接车间有很多种类型,按产品对象可分为容器车间、管子车间、钢结构车间、锅炉汽包车间等;按工作性质可分为备料车间、装配焊接车间和成品车间等。不管哪种类型,焊接车间一般由生产部门、辅助生产部门、行政管理部门及生活间等组成。各部门的具体组成如下:

1) 生产部门。人数较多、产量较大的焊接车间设立工段一级,包括备料工段、装配工段、焊接工段、检验试验工段和成品及包装工段等,工段以下成立小组。人数少于 300 人,年产量低于 5 000t 的车间,一般只成立小组。

2) 辅助生产部门。辅助生产部门主要依据车间规模大小、类型、工艺设备以及协作情况而定,一般包括:机电维修组、焊接材料库、金属材料库、辅助材料库、中间半成品库、模具夹具库、计算机房、工具室、焊接试验室、成品库。

3) 行政管理部门及生活设施。包括车间办公室、技术科(组、室)、会议室、资料室、更衣室、淋浴室、休息室等。

根据各生产单位的具体情况,也可不分部门而直接设立工段或小组。对于大型专业化生产厂,也有将工段内容设立成车间,配备相应的辅助生产部门。

(二) 焊接车间的工艺平面布置

车间工艺平面布置就是将车间各个生产工段、作业生产线、辅助生产用房、仓库、服务生活设施等有机排列布置。这种有机排列布置是根据它们的作用和相互关系,按照既有利于生产方便管理,又适应发展的思路来进行布置的。

1. 车间平面布置的基本原则

车间平面布置与车间工艺方法(设备)及批量大小有密切的关系。在平面布置时应使工艺路线尽量成直线进行,避免零部件在车间内发生迂回现象。基本原则如下:

1) 合理布置封闭车间(即产品基本上在本车间内完成)内各工段和设备的相互位置,应尽量使运输线路最短,尽量不出现倒流现象。

2) 对散发有害物质,产生辐射、噪声的地方,有防火、防爆等特殊要求的工段(作业区),应布置在靠外墙的一边并尽可能隔离,如油漆工段、照光室、加热炉、水压试验区等。

3) 主要部件的装配焊接生产线的布置,由于涉及的零配件多,应使零配件能经最短的路线运到装配地点。

4) 应根据生产方式划分专业化的部门和工段,经济合理地选用占地面积,并对长远的发展有一定的适应性。

5) 辅助部门(如工具室、机电维修室、试验检验室等)应布置在总生产流水线的一边,即在边跨内,便于车间通风和采光。

6) 设备应布置在生产流水线上,满足工艺流向的要求,保证设备操作方便且相互不干扰。

7) 车间通道尽可能保持直线形式,运输通道应在行车吊钩可以到达的范围内。

2. 车间平面布置的基本形式

焊接结构车间平面布置主要根据车间规模、产品对象、总图位置等情况加以确定。其基本形式可分为纵向、迂回、纵横混合布置等形式。

1) 图 8-1 a 所示为合理的纵向生产线方向。这种方式是通用的,即车间内生产线的方向与工厂总平面图上规定的方向一致,或者是产品流动方向与车间长度同向。其工艺路线紧凑,空运路程最少,备料与装焊同跨布置,但车间两端有仓库限制了车间在长度方向的发展。纵向生产线适用于加工路线短、不太复杂的焊接产品的生产。

2) 图 8-1 (b)所示为图 8-1 a 的改进,工艺路线相同,只是将仓库布置在车间一侧。仓库与厂房柱子合用,可节省一些建筑投资。这种形式适用于产品加工路线短、外形尺寸不太长、备料与装焊单件小批生产的车间。

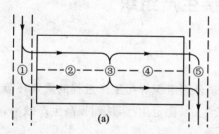 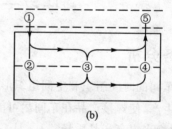

图 8-1　纵向生产线

3) 图 8-2 a 所示为迂回生产线方向。备料与装焊分开跨间布置,厂房结构简单,经济实用。备料设备集中布置,调配方便,发展灵活,但是空行程较多,长件越跨不便。适用于零部件加工路线较长,单件小批或成批生产车间。

4) 图 8-2 (b)所示为迂回生产线方向的另一种方案,只是车间面积大,按照不同的加工工艺在各个车间进行专业化生产,适用于成批生产性质的车间。

5) 图 8-3 a 所示为纵横向生产线混合布置。车间工艺路线为纵横向混合生产方向布置方案,备料设备既集中又分散布置,调配灵活。各装焊跨间可根据多种产品的不同要求分别组织生产,路线顺而短,灵活经济,但厂房结构复杂,建筑成本较贵。此方案适用于多品种,单件小批、成批生产性质的车间。

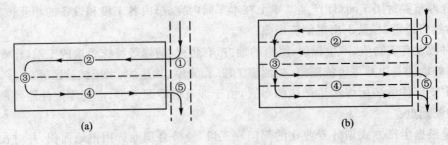

图 8-2　迂回生产线

6）图 8-3（b）所示为纵横向生产线混合布置的另一种方案，工艺路线短而紧凑。同类设备布置在同一跨内便于调配使用，工段划分灵活，中间半成品库调度方便。备料设备可利用柱间布置，面积可充分利用。共用设备布置在两端，装焊各跨可根据产品不同要求分别布置。适用于产品品种多而杂、且质量大的重型机器矿山设备生产类型的车间。

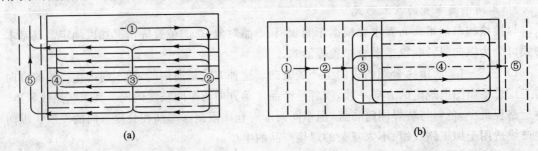

图 8-3　纵横向混合生产线

任务二　焊接生产组织

一、任务分析

焊接车间的时间组织和空间组织形式是科学合理组织焊接生产过程的重要环节。科学合理地安排生产，使焊接产品在车间尽可能地连续生产、稳定生产，从而提高生产效率，缩短生产周期，同时稳步提高产品质量。

二、相关知识

（一）焊接生产的空间组织

焊接生产过程的空间组织，包括焊接车间由哪些生产单位（工段）组成及布置这些生产单位组成所采取的专业化形式和平面布置等内容。车间生产单位的专业化形式直接影响车间内部各工段之间的分工与协作关系、组织计划的方式、设备与工艺选择等方面的工作。专业化形式对合理组织生产起到关键作用，主要有工艺专业化和对象专业化两种形式。

1. 工艺专业化形式

工艺专业化形式就是以工艺工序或工艺设备相同性的原则来建立生产工段。按这种原则组成的生产工段就是专业化工段，如材料准备工段、机械加工工段、装配焊接工段、热处理工段等,如图 8-4 所示。

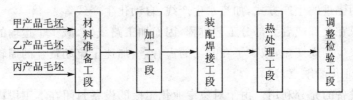

图 8-4　工艺专业化形式

工艺专业化工段内集中了同类设备和同种工人,加工方法基本相同,而加工对象有多样化的特点,适用于小批量产品的生产。

(1) 工艺专业化的优点。

1) 对产品变动有较强的应变能力。当产品变动时,生产单位的生产结构、设备布局、工艺流程不需要调整,就可以适应新产品生产过程的加工要求。

2) 能够充分利用设备。同类或同工种的设备集中在一个工段,便于相互调节使用,提高了设备的负荷率,保证了设备的有效使用。

3) 便于提高工人的技术水平。工段内同工种具有工艺上的相同性,有利于工人之间交流操作经验和相互学习工艺技巧。

(2) 工艺专业化的缺点。

1) 加工路线长。一件焊接产品要经过几个工段才能实现全部生产过程,因此加工路线较长,必然造成运输量的增加,成本的上升。

2) 生产周期长,在制品增多,导致流动资金占有量的增加。

3) 工段之间相互联系比较复杂,增加了管理协调工作。

工艺专业化的形式适用于小单件、小批量产品的生产。

2. 对象专业化形式

对象专业化形式是以加工对象相同性作为划分工段的原则。加工对象可以是整个产品的焊接,也可以是一个部件的焊接。按照这种原则建立起来的工段就是对象专业化工段,如梁柱焊接工段、管道焊接工段、储罐焊接工段等。

在对象专业化工段中要完成加工对象的全部或大部分工艺过程,因而这种工段又称为封闭工段。在该工段内,集中了制造焊接产品整个工艺过程所需的各种设备,并集中了不同工种的工人,如图 8-5 所示。

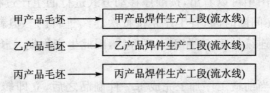

图 8-5　对象专业化形式

工段内集中了同类设备和同工种工人,加工方法基本相同,而加工对象有多样化的特点,适用于大批量、定型产品的生产。

(1) 对象专业化的优点。

1) 由于加工对象固定,品种单一或只有尺寸规格的变化,生产量大,所以可以采用专用的设备和工夹量具,因而生产效率高。

2) 便于选用先进的生产方式,如流水生产线、自动化生产线等。

3) 加工对象在全部或者大部分工艺过程,因而加工路线短,减少了运输的工作量。

4) 加工对象生产周期短,减少了在制品的占有量,加速了流动资金的周转。

(2) 对象专业化的缺点。

1) 不利于设备的充分利用。由于对象专业化工段的设备封闭在本工段内,为专门的加工对象使用,所以不与其他工段调配使用,设备利用率低。

2) 对产品变动的应变能力差。对象专业化工段使用的专用设备及工夹量具是按一定的加工对象进行选择和布置的,因此很难适应品种的变化。

对象专业化的形式适用于大批量、定型产品的生产。

(二) 焊接生产的时间组织

焊接生产过程在时间上的衔接,主要反映在加工对象的生产过程中各工序之间移动方式特点上。在生产过程中,生产对象的移动方式可分为 3 种:顺序移动方式和平行移动方式和平行顺序移动方式。

1. 顺序移动方式

顺序移动方式是一批制品只有在前道工序全部加工完成之后才能整批地转移到下一道工序进行加工的生产方式,如图 8-6 所示。采用顺序移动方式时,一批制品经过各道工序的加工时间称为生产周期。假设工序间其他时间(如运输、检查、设备调整等时间)忽略不计,则生产周期的计算公式如下:

$$T_{顺} = n \sum_{i=1}^{m} t_i$$

式中　$T_{顺}$——顺序移动方式的生产周期;

　　　n——加工批量;

　　　m——工序数;

　　　t_i——第 i 工序单件工时。

实例　设一批制品批量 $n=4$ 件,经过工序数 $m=4$,各道工序单件的工时分别为:$t_1 = 10$ min;$t_2=5$ min;$t_3=15$ min;$t_4=10$ min,则生产周期为

$$T_{顺} = n \sum_{i=1}^{m} t_i = 4 \times (10 + 5 + 15 + 10) \text{ min} = 160 \text{ min}$$

从顺序移动方式的示意图中可以看出,按顺序移动方式进行的生产过程组织,就设备与工人操作而言是连贯的,不存在间断时间,各工序是按批次连续进行的。但就每一个制品而言,还没有立即转到下一工序且连续加工,存在着工序等待,因此生产周期较长。

2. 平行移动方式

平行移动方式就是当前道工序加工完成每一件制品之后,立即转移到下一道工序继续进行加工,工序间制品的传递不是整批的,而是以单个制品为单位分别地进行,从而工序与工序之间形成平行作业状态,如图 8-7 所示。假设工序间其他时间(如运输、检查、设备调整等时间)忽略不计,一批制品采用平行移动方式进行加工时,则生产周期的计算公式如下:

$$T_{平} = \sum_{i=1}^{m} t_i + (n-1)t_长$$

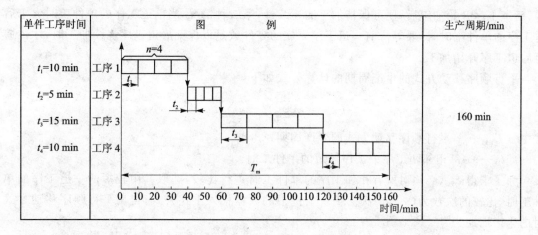

图 8 - 6　顺序移动方式示意图

式中　$T_平$——平行移动方式的生产周期；

t_k——各工序中最长的工序单件工时。

现将上例中的数据代入上述公式,得出平行移动方式时的生产周期为

$$T_平 = \sum_{i=1}^{m} t_i + (n-1)t_k = (10 + 5 + 15 + 10) + (4-1) \times 15 \text{ min} = 85 \text{ min}$$

平行移动方式较顺序移动方式生产周期大为缩短。生产一批制品的周期从 160 min 缩短为 85 min,共缩短 75 min。同时也看到:由于前后相邻工序的作业时间不等,当后道工序作业时间小于前道工序时,就会出现设备和工人工作中产生停歇时间,因此不利于设备和工人有效工时的利用。

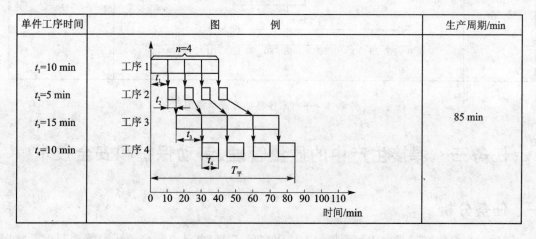

图 8 - 7　平行移动方式示意图

3. 平行顺序移动方式

顺序移动方式保持了工序的连续性,但生产周期长;平行移动方式虽然缩短了生产周期,但有些工序不能保持连续进行。平行顺序移动方式综合了两者的优点,排除了两者的缺点。

平行顺序移动方式就是一批制品每道工序都必须保持既连续,又与其他工序平行作业的一种移动方式。为了满足这一要求,可分两种情况加以考虑:第一种情况,当前道工序的单件工时小于后道工序的单件工时时,每一个零件在前道工序加工完成之后可立即向下道工序传

递,后道工序开始加工后,便可保持加工的连续性;第二种情况,当前道工序的单件工时大于后道工序的单件工时时,要等待前一道工序完成的零件数足以保证后道工序连续加工时,才传递至后道工序开始加工。

平行顺序移动方式的生产周期的计算公式如下:

$$T_{平顺} = n\sum_{i=1}^{m} t_i - n\sum_{i=1}^{m-1} t_{i短}$$

式中　$T_{平顺}$——平行顺序移动方式的生产周期;

　　　$t_{i短}$——每相邻两工序中工序较短的单件工时。

为了求得 $t_{i短}$,必须对所有相邻工序的单件工时进行比较,选取其中较短的一道工序的单件工时,比较的次数为 $(m-1)$ 次。仍将上例中的数据代入上述公式,得出平行顺序移动方式时的生产周期为

$$T_{平顺} = n\sum_{i=1}^{m} t_i - n\sum_{i=1}^{m-1} t_{i短} = 4 \times (10+5+15+10) - (4-1) \times (5+5+10) = 100 \text{ min}$$

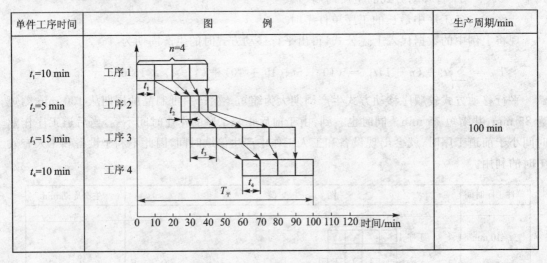

单件工序时间	图　　例	生产周期/min
t_1=10 min t_2=5 min t_3=15 min t_4=10 min		100 min

图 8-8　平行顺序移动方式示意图

任务三　焊接生产中的质量管理、劳动保护和安全技术

一、任务分析

通过对焊接生产过程中质量管理的主要内容的了解,自己遵守公司质量管理制度。掌握焊接生产中的劳动保护的基本技能和安全技术,避免受到伤害。

二、相关知识

(一) 焊接生产中的质量管理

焊接生产过程中的质量管理是指从事焊接生产或工程施工的企业通过建立质量保证体系发挥质量管理职能,进而有效地控制焊接产品质量同时优化生产成本的全过程。最终,焊接产

品质量满足用户使用的性能及合同要求,满足相应的标准和法规的要求。对企业来说,规范的焊接质量管理不仅有利于产品质量的提高,而且可以推动企业技术进步和技术创新;不仅增强产品的市场竞争能力,而且降低生产成本,提高企业经济效益。

质量管理体系是企业内部建立的、为保证产品质量或质量目标所必需的系统的质量活动。它根据企业特点选用若干体系要素加以组合,加强从设计研制、生产、检验、销售、使用全过程的质量管理活动,通过制度化、标准化,成为企业内部质量工作的要求和活动程序。在现代企业管理中,大多数的企业采用 ISO9000 质量管理体系。质量管理体系应综合考虑利益、成本和风险,通过质量管理体系持续有效运行使其最佳化。

焊接质量管理的主要内容如下:

(1) 焊接工艺评定。公司下达《焊接工艺评定任务书》,焊接技术人员根据工艺评定任务书的要求,编制相应的焊接工艺评定方案并具体组织、实施评定工作,在评定合格后,形成焊接工艺评定报告。

(2) 焊接人员。焊接人员包括焊接技术人员、焊工、焊接检查人员、焊接试验室焊接检验人员和焊接热处理人员。各类焊接人员应具备相应的专业技术知识和现场实践经验,并经专业培训考试合格。焊接试验室应建立焊接人员技术档案,根据工作业绩确定以后培训和使用方向。

(3) 焊接材料。焊接材料管理应满足"焊接材料管理办法"的要求。在生产车间或施工现场设立焊材二级库,并设专人管理。进入二级库的焊接材料应是经检验合格的材料,并做好标志管理工作。焊接材料的保管、焊条烘焙应按说明书或焊接规范执行,保证焊接材料符合要求规定。焊接材料发放应有记录台账,使材料使用具有可追溯性。从二级库领出的焊条,应放入专用焊条保温桶内,到达现场接通电源,随用随取,预防受潮。未使用完的焊条,应及时退回二级库。

(4) 焊接工艺控制。焊接技术人员负责焊接工艺的制定和控制,依据图样、资料和规程、规范等编制焊接技术措施,其中应有在特殊环境下的质量保证措施。焊接前,焊接技术人员应依据焊接工艺评定编制各项目的焊接作业指导书和工艺卡,并经焊接责任工程师审核、批准后指导施工。焊接过程应严格执行焊接作业指导书和工艺卡,若实际工作条件与指导书不符,则需报技术员核实、处理。焊工施焊完后,应及时清理、自检、做好标志,上交焊接及自检记录。焊接质检员必须掌握整个现场各个项目的焊接质量情况,与技术员共同做好工艺监督,及时对完工项目检查、验评和报验。焊接质检员应按规范要求及时委托光谱检验和探伤检验。焊接技术人员对出现的质量问题分析研究、找出对策,以便质量得到持续改进。

(5) 焊接检验。焊接检验人员依据有关规程、规范对焊接接头进行检验。无损检验必须及时进行,以免造成焊口大范围返工(修)。试验室试验、检验人员及时将试验、检验结果以通知单的形式反馈给生产管理人员,发现焊缝超标应填写焊缝返修通知单,返修后及时复检并按规定加倍抽检。

(二) 焊接生产中的劳动保护

在焊接结构生产中,焊工与冷作工需要与各种电机电器、机械设备、压力容器和易燃易爆气体接触,焊接过程中又会产生有毒气体、有害粉尘、弧光辐射、高频电磁场、噪声等危害因素。焊接生产过程中就可能发生触电、爆炸、烧伤、中毒和机械损伤事故,以及尘肺、慢性中毒等职业病。焊接对劳动卫生与环境危害的因素可分为物理因素(弧光、噪声、高频电磁场、热辐射、放射线等)和化学因素(有毒气体、烟尘)。

1. 光辐射

弧光辐射是所有明弧焊共同具有的有害因素。焊条电弧焊的弧温高达 $5\,000\sim6\,000℃$，可产生较强的光辐射，CO_2 气体保护焊的光辐射强度更强。这些光辐射由紫外线、红外线和可见光组成，光辐射作用到人体被体内组织吸收，致使人体组织发生急性或慢性的损伤。紫外线过度辐射会引起皮炎、急性角结膜炎、红斑等症状；红外线过度辐射则会造成灼伤、白内障及视力衰退。

对光辐射的防护主要是保护焊工的眼睛和皮肤不受伤害。为了防护弧光对眼睛的伤害，焊工在焊接时必须使用镶有特制滤光镜片的面罩，身着有隔热和屏蔽作用的工作服，以保护人体免受热辐射、弧光辐射和飞溅物的伤害。主要防护措施有护目镜、防护工作服、电焊手套和工作鞋等，有条件的车间还可以采用不反光而又有吸收光线的材料作为内墙壁的饰面，进行车间弧光防护。

2. 高频电磁场

氩弧焊和等离子弧焊都是采用高频振荡器来激发引弧，高频振荡器在焊接过程中的峰值电压可达 $3\,500V$。人体受高频电磁场的作用吸收一定的辐射能量，会产生生物学效应。长期接触强度较大的高频电磁场，会引起头晕、头痛、疲劳乏力、心悸、胸闷、神经衰弱及植物神经功能紊乱。

高频电磁场的防护措施：①使工件良好接地，降低高频电流。②在不影响使用的情况下，降低振荡器频率。脉冲频率越高，通过空间与绝缘体的能力越强，对人体影响越大。引弧完成后，立即切断振荡器线路。③在电缆线外加屏蔽层(如细铜丝编织网)，可以大大减少电磁场对外的辐射。④降低作业现场的温度和湿度。温度越高，肌体所表现的症状越突出；湿度越大，越不利于人体散热。加强通风降温，控制作业场所的温度和湿度，可以有效减少高频电磁场对肌体的影响。

3. 噪声

噪声存在一切焊接工艺中，旋转直流电弧焊、等离子焰切割、碳弧气刨、等离子弧喷涂都会产生相当强的噪声。等离子焰切割与喷涂时，等离子流的喷射速度可达 $10\,000m/min$，噪声强度在 $100dB$ 以上，噪声频率在 $1\,000Hz$ 以上。噪声的伤害主要是神经系统以及听觉，引起血压升高、心跳过速、听觉障碍甚至耳聋。

噪声的防护措施：①采用低噪声工艺及设备，如热切割代替机械剪切；逆变电源代替旋转直流电焊机等。②采取隔声措施对分散布置的噪声设备，采用隔声屏；对可集中布置的高噪声设备，安装在隔声间内。③采用吸声降噪措施，降低室内混响声。④操作者佩戴隔音耳罩或隔音耳塞等个人防护器具。

4. 射线

射线的来源：①射线探伤是无损检测的常用手段，必然产生射线。②氩弧焊与等离子弧焊带来钍的放射性污染，电子束焊接带来 X 射线污染。钍是天然的放射性物质，钍钨电极中的钍蒸发产生 α、β、γ 射线。当人体受到的射线辐射剂量不超过安全值时，不会对人体产生伤害；当人体长期受到超过允许剂量的辐射，则会引起中枢神经系统、造血器官和消化系统的疾病。X 射线主要引起眼睛晶状体和皮肤损伤。

放射性的防护措施：①综合性防护是对施焊区域实行密闭，用薄金属板制成密封罩，在其内部完成施焊；将有毒气体、烟尘及放射性气溶胶等最大限度地控制在一定空间内，通过排气、净化装置排到室外。②钍钨电极储存点应固定在地下室封闭箱内，钍钨电极修磨处应安装除尘设备。接触钍钨电极后，应用流动清水和肥皂洗手。③对真空电子束焊等放射性强的作业点，应采取屏蔽防护。

5. 粉尘及有害气体

焊接电弧的高温将使金属剧烈蒸发，焊条与母材在焊接时也会产生金属气体和烟雾，它们在空气中冷凝并氧化成粉尘；空气中的氧和氮受电弧的辐射会产生臭氧和氮的氧化物等有害气体。焊接粉尘和有害气体如果超过一定的浓度，而工人在这些条件下长期工作，又没有良好的保护条件，焊工就容易得尘肺病、锰中毒、焊工金属热等职业病。

焊接粉尘和有害气体的防护措施：①减低焊接材料中的发尘量和烟尘毒性，尽可能采用低尘、低毒、低氢型焊条，如 E5016 低尘焊条。②从工艺设备着手，提高焊接机械化和自动化程度。③加强通风，采用换气装置把新鲜的空气输送到厂房或工作场地，并及时把污染的空气排出。通风可以自然通风，也可机械通风，目前采用较多的是局部机械通风。

（三）焊接生产中的安全技术

安全技术措施与安全管理措施是互相联系、互相配合的，是做好焊接工作的两个方面，缺一不可。

1. 焊工安全教育和考试

焊工安全教育是搞好安全生产工作的一项基础工作，通过安全教育使广大焊工掌握焊接知识和焊接安全技术，提高安全操作技术水平，自觉遵守安全操作规程，避免工伤事故。

焊工刚入厂时，要接受公司、车间、生产班组的三级安全教育。同时，安全教育要坚持经常化和宣传多样化，例如定期安全培训、图片展览、设置安全标志、举办知识竞赛等多种形式。按照安全生产规则，焊工必须经过安全技术培训，并经过考试合格后才能上岗独立操作。

2. 建立焊接安全责任制

坚持"管生产必须管安全"的原则，通过建立焊接安全责任制，对企业中各级领导、职能部门、有关工程技术人员和岗位操作人员明确各自在焊接生产中的责任，形成书面文件。焊接安全技术与生产技术密不可分，工程技术人员在从事产品设计、焊接方法的选择、确定工艺方案、制定焊接工艺规程和选择工夹具时，必须同时考虑安全技术要求，并应当有相应的安全措施。

总之，企业各级领导、职能部门和工程技术人员，必须保证与焊接有关的现行劳动保护法令中所规定的安全技术标准和要求得到认真贯彻执行。积极采取措施，改善劳动条件，切实保护劳动从业人员的身体健康。

3. 焊接安全操作规程

焊接安全操作规程是焊接作业人员在长期从事焊接操作实践中，为克服各种不安全因素和消除工伤事故的科学经验总结。经过众多的焊接安全事故的原因分析表明，焊接设备和工具的管理不善以及操作者失误是产生事故的两个主要原因。因此，建立和执行必要的安全操作规程是保障焊工安全健康和促进安全生产的一项重要措施。

应当根据不同的焊接工艺来建立各类安全操作规程，如气焊与气割安全操作规程、焊条电弧焊安全操作规程、气体保护焊安全操作规程等。还应当根据企业的专业特点、作业环境和焊接设备制定相应的安全操作规程，如水下焊接与切割安全操作规程、氩弧焊安全操作规程、自动焊安全操作规程等。

4. 焊接工作场地的组织

在焊接与气割工作地点上的设备、工具和材料等应排列整齐，不得乱丢乱放，并要保持必要的通道，便于一旦发生事故时的消防、撤离和医务人员的抢救。安全规则中规定，车辆通道的宽度不小于 3 m，人行通道不小于 1.5 m。操作现场的所有气焊胶管、焊接电缆等不得相互缠绕。用完的气瓶应及时移出工作场地，不得随便横躺竖放。焊工作业面积不应小于 4 m²，地面应基本干燥。工作地点应有良好的天然采光或局部照明，需保证工作面照度 50～100 lx。

焊割操作点周围 10m 范围内严禁堆放各类可燃易爆物品，如木材、油类、棉纱、化工原料等。如果不能清除，则应采取可靠的安全措施，如用水喷湿或用防火盖板、湿麻袋、石棉覆盖，以隔绝火星，然后才能开始焊割。若操作现场附近有隔热保温等可燃材料的设备和工程结构，必须预先采取隔绝火星的安全措施，防止在其中隐藏火种，酿成火灾。

室内作业应通风良好，不使可燃易爆气体滞留。

室外作业时，操作现场的地面与登高作业以及起重设备的吊运工作之间，应密切配合，秩序井然而不得杂乱无章。在地沟、坑道、检查井、管段或半封闭区域作业时，应先用仪器判明其中有无爆炸和中毒的危险。用仪器进行检查分析时，禁止用火柴及燃着的火焰在安全未明确的地方进行检查。对施焊现场附近的敞开的孔洞和地沟，应用石棉板盖严，防止焊接火花进入其中。

小　结

1. 焊接车间一般由生产部门、辅助生产部门、行政管理部门及生活间等组成。

2. 车间工艺平面布置就是将车间各个生产工段、作业生产线、辅助生产用房、仓库、服务生活设施等有机排列布置。这些基本形式可分为纵向、迂回、纵横混合布置等形式。

3. 焊接车间的组织分时间组织和空间组织两种形式，只有科学组织形式，才能使焊接车间快速高效地生产。

4. 焊接生产质量管理主要包括：焊接工艺评定、焊接人员、焊接材料、焊接工艺控制、焊接检验等内容。

5. 焊接过程中会产生有毒气体、有害粉尘、弧光辐射、高频电磁场、噪声等危害因素，焊接车间必须采取安全技术措施，做好安全防护，切实保护劳动从业人员的身体健康。

思考与练习题

1. 焊接生产车间的平面布置有哪些基本形式？
2. 什么空间组织？什么时间组织？
3. 焊接生产质量管理主要包括哪些方面？
4. 焊接安全生产中要注意防止受到哪些伤害？

学习情境九　焊接结构课程设计及实例分析

知识目标

1. 明确课程设计的目的。
2. 熟悉课程设计说明书规范。
3. 通过实例分析,熟悉焊接结构课程设计的流程,培养独立完成课程设计任务的能力。

任务　课程设计工作规范

一、任务分析

通过课程设计环节,培养学生能独立地解决焊接结构件制造、维修中的问题,会查阅技术文献和资料,全面考虑设计内容及过程,培养学生分析问题和解决问题的能力。

二、相关知识

(一) 课程设计的目的

1. 培养知识应用能力
2. 培养动手能力
3. 培养科学创新及相互合作能力

(二) 课程设计的选题原则

1. 切合实际原则

理论设计的题目和内容应符合课程设计教学大纲的要求和生产实际,有正确的技术参考资料,能够使学生得到较全面的综合训练。

2. 注重深浅度原则

课程设计的深度和广度应根据该课程在教学计划中的地位与作用决定。设计工作量应综合考虑教学计划规定的学时数以及学生的知识和能力状况,既能使学生获得充分的能力训练,又能在规定的时间内经过努力完成任务。

3. 程序与教师工作量原则

课程设计的题目一般由指导教师拟订,教研室主任初审,系主任最终审定。课程设计的题目也可由学生自拟,但必须经指导教师审核,报系主任审批同意后方可执行。同一课题原则上不允许超过 10 名学生,且每个学生独立完成的部分不应少于课程设计总工作量的 30%。

4. 资料存档与成绩评定原则

课程设计要根据教学计划和教学大纲要求,制定课程设计计划(方案),在设计前交实习实训中心(或教务处)、教学评估中心备案。设计计划应包括:制定设计进程、设计组织、答疑检查、成绩评定等方面。

（三）课程设计任务书、指导书

（1）课程设计任务书应由指导教师填写并经教研室主任、系主任签字后，在布置课程设计任务之前印发给学生。

（2）课程设计任务书的内容应包括：

1）设计题目。

2）已知技术参数和设计要求。

3）设计工作量。

4）工作计划。

5）指导教师与系主任签字。

（3）课程设计任务书的格式因课程设计类型和课程的不同而不同，具体格式由承担课程设计的系或教研室制定。纸幅大小为 16 开，由学院统一印制。

（4）课程设计任务书装订位置在设计计算说明书封面之后，目录页之前。

（5）课程设计指导书可根据需要通过教材科订购，或由指导教师编写，并经系主任审定。编写的指导书应包括设计步骤、设计要点、设计进度安排及主要技术关键的分析、解决问题思路和方案比较等内容。

（四）课程设计说明书规范

说明书（论文）是体现和总结课程设计成果的载体，一般不应少于 5 000 字。

1. 说明书（论文）基本格式

说明书（论文）要求打印。打印时正文采用 5 号宋体，16 开纸，页边距均为 20mm，行间距采用 18 磅。文中标题采用小四号宋体加粗。

2. 说明书（论文）结构及要求

（1）封面。由学院统一印刷，到实习实训中心（或教务处）领取。包括：题目、系、班级、指导教师及时间（年、月、日）等项。

（2）任务书。

（3）目录。要求层次清晰，给出标题及页次。其最后一项是无序号的"参考文献"。

（4）正文。正文应按照目录所定的顺序依次撰写，要求计算准确，论述清楚、简练、通顺，插图清晰，书写整洁。文中图、表及公式应规范地绘制和书写。

（5）参考文献。

1）期刊杂志。

作者姓名：《所引用文章的题目》，《杂志名称》，杂志出版年份，期号。

2）著作。

作者、编者姓名：《著作名称》，出版社名称，出版年份第几版，引文所在的页码。

（五）对指导教师的要求

1. 指导教师资格

（1）课程设计的指导教师一般由讲师（或相当于讲师、技师）及以上职称的教师担任。

（2）第一次承担指导工作的教师需由系组织他们亲自做一遍，并且审查合格后方可上岗。

2. 指导教师职责

（1）认真选择题目，确保题目质量。

（2）拟订并下达任务书。

（3）对学生的出勤率、工作进度和质量进行检查，对学生进行有计划地、耐心细致地指导，及时解答和处理学生遇到的问题。

（4）审查学生完成的设计图样和资料，确认学生的答辩资格。

（5）参与答辩工作，客观公正地评价学生成绩。

（6）按照要求在规定的时间内填好成绩单，并分送学生所在系和实习实训中心（或教务处）。

（7）在指导课程设计的过程中，注意言传身教，教书育人。

（8）按照要求填好《学院课程设计情况分析表》，与课程设计资料一起存档。

3. 指导教师工作量

每位指导教师指导课程设计的人数因课程而异，在条件允许的情况下，以 20 人左右为宜，一般不能超过 30 人。

4. 对指导教师的纪律要求

在指导课程设计期间，指导教师应保证足够的指导时间，平均每个工作日指导时间不少于 4 学时。若因工作需要出差，则必须经系主任审核，报主管院长批准，并委托相当水平的教师代理指导。

（六）对学生的要求

（1）学生应端正学习态度，勤于思考、刻苦钻研，按照要求独立分析、解决问题，按计划完成课程设计任务。

（2）注意在课程设计中自觉培养创新意识和创新能力。

（3）必须独立完成课程设计任务，不得抄袭或找人代做，否则成绩以不及格记，并视情节轻重给予相应纪律处分。

三、工作过程——课程设计实例

（一）实例一 桥式起重机箱形梁的制造工艺实例

1. 设计题目

桥式起重机箱形梁的焊接制造工艺。

2. 设计要求

桥式起重机箱形梁的长度（即起重机的跨距）L 一般在 $10\sim40m$，用厚 $6\sim12mm$ 的低碳结构钢 Q235 作为原材料，其结构形式如图 9-1 所示。设计出一种此类桥式起重机箱形梁的焊接制造工艺。

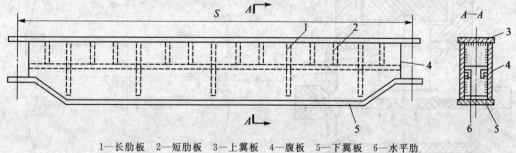

1—长肋板 2—短肋板 3—上翼板 4—腹板 5—下翼板 6—水平肋

图 9-1 桥式起重机箱型梁的结构形式

3. 设计任务

要求在规定的时间内独立完成下列工作量。

设计说明书需包括：

目录。

前沿。

正文。

起重机箱形梁的焊接制造工艺。

1）钢板的对接。单面焊双面成形埋弧焊对接焊接工艺。

无论上下翼板，还是腹板，在其长度方向总必须对接。对接在专门的设备上进行，如图 9-2 所示。工件 2 摊在紫铜衬垫 3 上，上面用门式压紧框架 1 压紧。紫铜衬垫置于承压框架 4 内，当压缩空气进入气压室 8 后，橡胶布 7 受压，推动顶杆 6 沿杆套 5 均衡上升，把工件进一步顶紧。工件即在这种状态下进行埋弧焊对接。

操作要领如下：

① 工件的焊接部位必须严格清除油、锈、水、污。

② 焊道应对准紫铜衬垫的沟槽，前后偏移不得超过 1mm；紫铜衬垫的形状见图 9-3，其上沟槽的尺寸列于表 9-1。

表 9-1　紫铜衬垫尺寸

（单位：mm）

工件厚度	槽深 h	槽宽 b	曲率半径 r
6	3	12	7.5
8	3.5	14	9
10	4	15	10.5
12	4	16	11

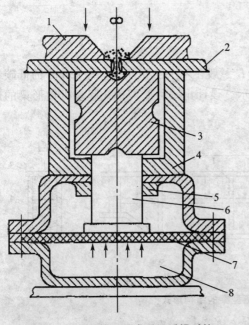

图 9-2　单面焊双面成形埋弧焊对接

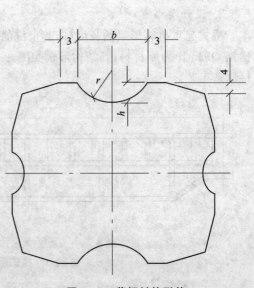

图 9-3　紫铜衬垫形状

③ 务必使工件处于密贴状态。

④ 焊前用火焰烘干紫铜衬垫的沟槽部位。焊道前后必须焊装引弧板和熄弧板。

⑤ 焊接时使用烘焙过的 40 目焊剂 431,先撒放一部分于紫铜衬垫的沟槽内。焊接参数列于表 9-2。

表 9-2　单面焊双面成形埋弧焊对接的焊接参数

工件厚度/mm	装配间隙/mm	焊丝直径 d/mm	焊接电流 I/A	电弧电压 U/V	焊接速度 v/(cm/min)	焊丝伸出长度/mm	电源种类
6	2.5~3	Φ4	550~670	34~37	52.8~58.2	18~25	
8	3~4	Φ4	650~750	34~37	52.2~52.8	18~25	
10	4~4.5	Φ4.8	850~950	36~40	46.8~49.8	18~25	AC
12	4.5~5	Φ4.8	950~1100	37~41	36.6~43.2	18~25	

2) 箱形梁的焊接。在工作台上摊平上翼板,在上面焊长肋板和短肋板。使用 CO_2 气保焊法,从中间分开,分别由焊工 A 和焊工 B 同时施焊,焊接顺序如图 9-4 所示。焊接参数如表 9-3 所列。

表 9-3　CO_2 气保焊焊接参数

简　　图	焊道	焊　丝	焊接电流 I/A	电弧电压 U/V	焊接速度 v/(cm/min)
	1		170~210	22~25	10~15
		H08Mn2Si Φ1.2			
	2		250~300	25~30	10~14

装配腹板和水平肋定位焊后,侧过来使用 CO_2 气保焊法依次焊接两侧内部的各条焊缝。从中间分开,分别由两名焊工同时施焊,焊接顺序如图 9-5 所示。决定焊接顺序的原则是:先焊长度方向中间的焊缝,依次向两端渐进;先焊靠近下翼板的焊缝,逐渐推向靠近上翼板的焊缝。

装配下翼板定位焊后,吊正箱形梁,用半自动埋弧焊工艺焊角焊缝,如图 9-6(a)所示。先焊下部的,后焊上部的。由 4 名焊工同时施焊,从中间焊开,焊接方向如图 9-6(b)所示。焊接参数列于表 9-4。

表 9-4　不开坡口平角焊的焊接参数

焊脚高度	H08A 焊丝直径 d/mm	焊接电流 I/A	电弧电压 U/V	送丝速度/(cm/min)	焊接速度 v/(cm/min)
6	Φ2	280~300	32~34	25.2~26.4	33.6~43.2
8	Φ2	300~350	34~36	25.8~28.2	30~40.2

在这里,焊接顺序和焊接方向至关重要,只有按照上面的规定做,才能保证整个箱形梁有足够的上拱,而不致出现下挠。

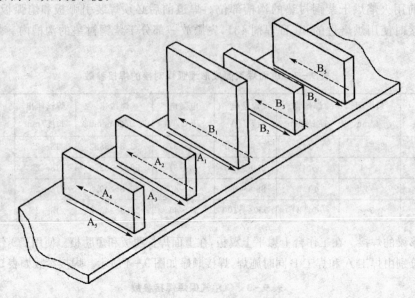

图 9-4 在翼板上焊长短肋板

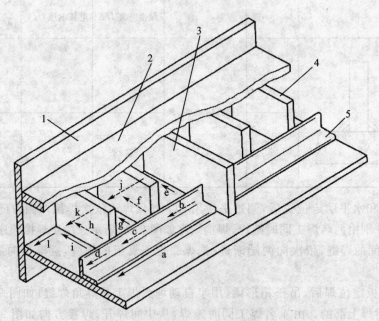

1—上翼板 2—腹板 3—长肋板 4—短肋板 5—水平肋

图 9-5 侧面的焊接

(二)实例二 40t 液化气储罐筒体合拢环焊缝焊接实例

1.设计题目

40t 液化气储罐筒体合拢环焊缝焊接工艺。

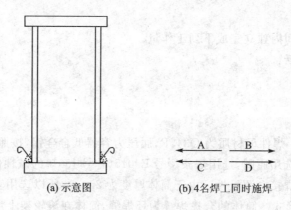

(a) 示意图　　　　　(b) 4 名焊工同时施焊

图 9-6　四角焊缝的半自动埋弧焊

2. 设计要求

根据指导教师的要求,学生结合所学的知识,编制出该储罐筒体合拢环焊缝内外侧焊道的焊接工艺。

3. 题目来源背景

在压力容器制造行业,液氨、液氯、液化石油气等储罐属于三类压力容器,实物如图 9-7 所示。图 9-8 是一台 40t 液化气储罐筒体的筒体简图。筒体材质为 Q345R,板厚为 20mm。生产中,筒体的纵焊缝 A1、A2、A3、A4、A5、A6 和筒体的环焊缝 B1、B2、B3、B4、B5、B7 等焊缝长度较长,钢板较厚,筒体直径足够埋弧焊机头伸入通体内部施焊,所以采用双面埋弧焊方法焊接筒体是最佳的焊接方法。但是 B6 焊缝为筒体最后的合拢焊缝,筒体两端焊完以后合拢装配,筒体将成为一基本封闭的容器。埋弧焊机无法通体内部施焊,所以 B6 焊缝的内侧焊道要采用焊条电弧焊,外侧采用生产效率高的埋弧焊。

图 9-7　压力容器储罐实物图

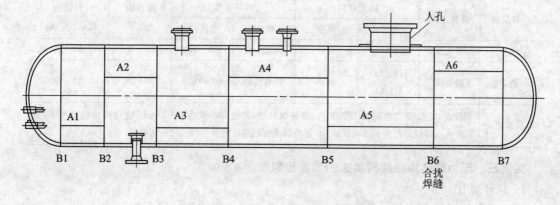

图 9-8　压力容器筒体焊缝示意图

4. 设计任务

要求在规定的时间内独立完成下列工作量。

设计说明书需包括：

目录。

前沿。

正文。

(1) 焊条的选择。焊件母材质为 Q345R，属压力容器低合金钢，按照焊条与母材等强度及压力容器结构的焊条选用原则，选用焊条型号 E5015(牌号 J507)的碱性低氢钠型焊条。同时，确定采用直流反接的焊接电源极性。由于筒体厚度为 20mm，所以选用直径为 4 mm 的焊条。

(2) 接头及坡口形式。筒体的合拢焊缝为环焊缝，筒体在滚轮架上滚动，焊缝可以随时调整为平位焊缝，所以该焊缝可以理解为 20mm 厚的板对接焊缝，内坡口的坡口角度为 60°，钝边为 4mm，装配间隙为 1~2mm。接头及坡口形式和焊道分配见表 9-5。

(3) 焊前准备。焊前准备包括坡口及两侧 20mm 区域的去油、锈清理，点固装配，保证 1~2mm 的装配间隙。

(4) 焊接工艺参数。根据焊条直径为 4mm，选用焊接电流为 150~170A，电弧电压为 22~26V，焊接速度为 13~15cm/min。根据接头形式，内侧焊缝需要焊接 5 层，层间温度要保证小于 200 ℃。内侧焊缝焊完以后，外侧采用碳弧气刨清焊根，然后采用埋弧焊工艺。B6 焊缝焊接工艺卡如表 9-5 所列。

表 9-5 B6 焊缝焊接工艺卡

	母材 1	Q345R $\delta=20$ mm		
	母材 2	Q345R $\delta=20$ mm		
	焊接顺序	内 5 外 1	接头位置	平焊
	坡口形式	V 形内坡口		
	坡口角度	60°	层间温度	<200℃
	钝边	4 mm		
	组对间隙	1~2 mm	焊后热处理	消除应力热处理
	背面清根	碳弧气刨		

焊接层数	焊接方法	填充材料		焊接电流		焊接电压/V	焊接速度/(cm/min)
		型号	规格	极性	电流/A		
内 1~5	焊条电弧焊	J507	φ4	直流反接	150~170	22~26	13~15
外 1	埋弧焊	H10Mn2 HJ431	φ4	直流反接	600~650	35~38	45~48
定位焊要求	装配时，定位焊工艺同内 1 层工艺，定位焊尺寸：定位焊厚度为 2~5 mm，定位焊焊缝长度 50~100 mm，焊缝间距为 50~200 mm。定位焊表面不得有裂纹、夹杂、气孔等缺陷						

实例三 压力容器焊接结构加工的质量控制

1. 设计题目

产品质量控制技术。

2. 设计要求

掌握质量控制的基本原理:质量管理的一项主要工作是通过收集数据、整理数据,找出波动的规律,把正常波动控制在最低限度,消除系统性原因造成的异常波动。把实际测得的质量特性与相关标准进行比较,并对出现的差异或异常现象采取相应措施进行纠正,从而使工序处于控制状态,这一过程就称为质量控制。

掌握质量控制的步骤如下:

1) 选择控制对象。

2) 选择需要监测的质量特性值。

3) 确定规格标准,详细说明质量特性。

4) 选定能准确测量该特性值的监测仪表标准或自制测试手段。

5) 进行实际测试并做好数据记录。

6) 分析实际与规格之间存在差异的原因。

7) 采取相应的纠正措施。

在上述 7 个步骤中,最关键有两点:

1) 质量控制系统的设计。

2) 质量控制技术的选用。

3. 设计内容

内容之一:质量控制系统设计。

在进行质量控制时,对需要控制的过程、质量检测点、检测人员、测量类型和数量等几个方面进行决策,这些决策完成后就构成了一个完整的质量控制系统。

(1) 过程分析。一切质量管理工作都必须从过程本身开始。在进行质量控制前,必须分析生产某种产品或服务的相关过程。一个人的过程可能包括许多小的过程,通过采用流程图分析方法对这些过程进行描述和分解,以确定影响产品或服务质量的关键环节。

(2) 质量检测点确定。在确定需要控制的每一个过程后,就要找到每一个过程中需要测量或测试的关键点。一个过程的检测点可能很多,但每一项检测都会增加产品或服务的成本,所以要在最容易出现质量问题的地方进行检验。典型的检测点包括以下几个方面。

1) 生产前的外购原材料或服务检验。为了保证生产过程的顺利进行,首先要通过检验保证原材料或服务的质量。如果供应商具有质量认证书,则此检验可以免除。另外,在 JIT(准时化生产)中,不提倡对外购件进行检验,认为这个过程不增加价值,是"浪费"。

2) 生产过程中产品检验。典型的生产中检验是在不可逆的操作过程之前或高附加值操作之前。因为这些操作一旦进行,将严重影响质量并造成较大的损失。例如在陶瓷烧结前,需要检验。因为一旦被烧结,不合格品只能废弃或作为残次品处理。再如产品在电镀或油漆前也需要检验,以避免缺陷被掩盖。这些操作的检验可由操作者本人对产品进行检验。生产中的检验还能判断过程是否处于受控状态,若检验结果表明质量波动较大,则需要及时采取措施纠正。

3) 生产后的成品检验。为了在交付顾客前修正产品的缺陷,需要在产品入库或发送前进行检验。

(3) 检验方法。要确定在每一个质量控制点应采用什么类型的检验方法。检验方法分为:计数检验和计量检验。计数检验是对缺陷数、不合格率等离散变量进行检验;计量检验是对长度、高度、重量、强度等连续变量的计量。在生产过程中,质量控制还要考虑使用何种类型控制图问题:离散变量用计数控制图,连续变量采用计量控制图。

(4)检验样本大小。确定检验数量有两种方式:全检和抽样检验。确定检验数量的指导原则是比较不合格品造成的损失和检验成本相比较。假设有一批 500 个单位产品,产品不合格率为 2%,每个不合格新产品造成的维修费、赔偿费等成本为 100 元,如果不对这批产品进行检验,则总损失为 $100 \times 10 = 1\,000$ 元。若这批产品的检验费低于 1 000 元,则可对其进行全检。当然,除了成本因素,还要考虑其他因素。例如,涉及人身安全的产品,就需要进行 100%检验;对破坏性检验,则采用抽样检验。

(5)检验人员。检验人员的确定可采用操作工人和专职检验人员相结合的原则。

内容之二:质量控制技术。

质量控制技术包括两大类:抽样检验和过程质量控制。

抽样检验通常发生在生产前对原材料的检验或生产后对成品的检验,根据随机样本的质量检验结果决定是否接受该批原材料或产品。过程质量控制是指对生产过程中的产品随机样本进行检验,以判断该过程是否在预定标准内生产。抽样检验用于采购或验收,而过程质量控制应用于各种形式的生产过程。

小　结

焊接结构课程设计及实例分析作为本书的最后一章,其重点介绍了焊接结构课程设计的目的、课程设计的选题原则、课程设计说明书规范、对指导教师的要求、对学生的要求和课程设计实例分析等内容。

1．课程设计的目的

(1)培养知识应用能力。

(2)培养动手能力。

(3)培养科学创新及相互合作能力。

2．课程设计的选题原则

(1)切合实际原则。

(2)注重深浅度原则。

(3)程序与教师工作量原则。

(4)资料存档与成绩评定原则。

3．课程设计说明书规范

(1)说明书(论文)基本格式:说明书(论文)要求打印。打印时正文采用 5 号宋体,16 开纸,页边距均为 20mm,行间距采用 18 磅。文中标题采用小四号宋体加粗。

(2)说明书(论文)结构及要求。

1)封面:由学院统一印刷,到实习实训中心(或教务处)领取,包括:题目、系、班级、指导教师及时间(年、月、日)等项。

2)任务书。

3)目录:要求层次清晰,给出标题及页次。其最后一项是无序号的“参考文献”。

4)正文:正文应按照目录所定的顺序依次撰写,要求计算准确,论述清楚、简练、通顺,插图清晰,书写整洁。文中图、表及公式应规范地绘制和书写。

5) 参考文献。期刊杂志:作者姓名,《所引用文章的题目》,《杂志名称》,杂志出版年份,期号;著作:作者、编者姓名,《著作名称》,出版社名称,出版年份第几版,引文所在的页码。

4. 对指导教师的要求

(1) 指导教师资格。

(2) 指导教师职责。

(3) 指导教师工作量。

(4) 对指导教师的纪律要求。

5. 对学生的要求

(1) 学生应端正学习态度,勤于思考、刻苦钻研,按照要求独立分析、解决问题,按计划完成课程设计任务。

(2) 注意在课程设计中自觉培养创新意识和创新能力。

(3) 必须独立完成课程设计任务,不得抄袭或找人代做,否则成绩以不及格记,并视情节轻重给予相应纪律处分。

6. 工作过程——课程设计实例

(1) 桥式起重机箱形梁的制造工艺实例。

(2) 40t 液化气储罐筒体合拢环焊缝焊接实例。

(3) 压力容器焊接结构加工的质量控制。

思考与练习题

1. 2 000m³ 球罐的焊接制造工艺。

球罐设备参数:球罐内径 15.7m,容积 2 000m³。板厚为 25mm、28mm(赤道带)两个规格。设计压力 0.7MPa,工作压力为 0.64MPa,水压试验压力为 1.03MPa,气密试验压力为 0.72MPa,设计温度为常温,介质为丁烯、丁二烯。球罐自重 162t,水压试验时(注水后)球罐总重 2 200t。

根据教师给出的球罐参数,学生调研掌握 GB12337—1998《钢制球形储罐》标准、GB/T150—1998《钢制压力容器》标准、储罐储存介质的特性、储罐的工作条件等。制定 2 000m³ 球罐的焊接制造工艺。

2. 在课程设计实例二完成后,经 X 射线检查需要返修。发现 A_3 焊缝中有超过探伤标准的、密集的气孔缺陷,如图 9 - 9 所示。

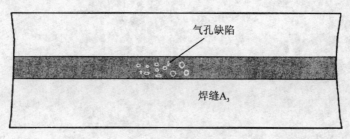

图 9 - 9　筒体 A_3 焊缝气孔缺陷示意图

压力容器焊缝的返修焊一般采用焊条电弧焊的方法进行。根据 X 射线探伤底片显示的位置和深度，确定该焊缝返修焊的焊接工艺。

3. 简述压力容器焊接结构加工车间生产组织管理。

参考文献

[1] 中国机械工程学会焊接学会. 焊接手册(第二卷)[M]. 北京:机械工业出版社,2007.

[2] 中国机械工程学会焊接学会. 焊接手册(第一卷)[M]. 北京:机械工业出版社,2007.

[3] 上海市焊接协会. 现代焊接生产手册[M]. 上海:上海科学技术出版社,2007.

[4] 周浩森. 焊接结构生产及装备[M]. 北京:机械工业出版社,2008.

[5] 宗培言. 焊接结构制造技术与装备[M]. 北京:机械工业出版社,2010.

[6] 赵岩. 焊接结构生产与实例[M]. 北京:化学工业出版社,2008.

[7] 朱小兵,张祥生. 焊接结构制造工艺及实施[M]. 北京:机械工业出版社,2011.

[8] 刑晓林. 焊接结构生产[M]. 北京:化学工业出版社,2009.

[9] 李亚江,王娟,刘鹏,等. 低合金钢焊接及工程应用[M]. 北京:化学工业出版社,2003.

[10] 邓洪军. 焊接结构生产[M]. 2版,北京:机械工业出版社,2009.

[11] 王文先,等. 焊接结构[M]. 北京:化学工业出版社,2012.

[12] 陈裕川. 我国锅炉压力容器焊接技术的发展水平[J]. 现代焊接,2009,(10):1-4.

[13] 乔俊杰. 自动焊接装备在重型压力容器行业的应用现状与发展趋势[J]. 现代焊接,2005,(1):3-5.

[14] 柴鹏,张小剑,等. 飞机铝合金型材结构FSW焊接[J]. 电焊机,2005,35(9):23-26.

[15] 郭必新,祝长春,等. 飞机起落架的TIG焊工艺[J]. 航空制造技术,2008,(3):89-91.

[16] 李晓峰,谢素明,等. 车辆焊接结构疲劳寿命评估方法研究[J]. 航空制造技术,2005,28(3):75-78.